浙江省高职院校"十四五"重点立项建设教材

高等职业教育大数据工程技术系列教材

数据分析 Python 项目化实践

陈清华　主　编

黄莹达　朱燕民　谢　悦　副主编

电子工业出版社

Publishing House of Electronics Industry

北京·BEIJING

内 容 简 介

本书以项目化实践为设计理念，专注于引导读者通过 Python 探索并提升数据分析的实战技能。在数据驱动时代，本书结合前沿技术和实际操作，通过精选案例，使读者能够在实践中理解并掌握数据分析的关键技术和方法。本书以掌握 Python 基础为前提，从 10 个项目入手，循序渐进地介绍数据分析工具在不同业务领域中的应用。本书强调实用性和操作性，每个项目都给出了具体实施步骤，帮助读者在实际操作中不断试错、学习和提高。

无论是初学者，还是希望提升技能的进阶读者，本书都能为他们提供有效的指导和帮助。本书可作为高等职业院校、应用型本科院校学生学习数据分析相关课程的教材，也可作为工程技术人员的实践参考书。通过阅读本书，读者可以提升 Python 技能，更深入地理解数据分析，以适应新质生产力的发展需求，为未来职业发展奠定基础。

图书在版编目（CIP）数据

数据分析 Python 项目化实践 / 陈清华主编. -- 北京：
电子工业出版社, 2025. 2. -- ISBN 978-7-121-49435-2

Ⅰ. TP274；TP312. 8

中国国家版本馆 CIP 数据核字第 2025YB1837 号

责任编辑：杨永毅
印　　刷：涿州市京南印刷厂
装　　订：涿州市京南印刷厂
出版发行：电子工业出版社
　　　　　北京市海淀区万寿路 173 信箱　　　邮编：100036
开　　本：787×1092　　1/16　　印张：18　　字数：484 千字
版　　次：2025 年 2 月第 1 版
印　　次：2025 年 2 月第 1 次印刷
印　　数：1200 册　　定价：59.00 元

凡所购买电子工业出版社图书有缺损问题，请向购买书店调换。若书店售缺，请与本社发行部联系，联系及邮购电话：（010）88254888，88258888。

质量投诉请发邮件至 zlts@phei.com.cn，盗版侵权举报请发邮件至 dbqq@phei.com.cn。

本书咨询联系方式：（010）88254570，xujj@phei.com.cn。

前　言

在数字化、信息化的新时代背景下，数据已然成为推动社会进步的新质生产力。它与劳动力、资本、土地等传统要素并驾齐驱，并且在诸多领域中展现出不可或缺的作用。随着数据量的爆炸式增长，如何高效提取、精准分析、有效利用数据，已经成为当下的重要议题。

近年来，我国高度关注数据要素的价值，通过出台一系列政策积极推动大数据产业的发展，并且鼓励企业利用数据分析优化决策、提高运营效率和服务质量。

Python 凭借其强大的功能和易上手的特性，迅速在数据处理和分析领域崭露头角，成为主流工具。它不仅拥有丰富的数据处理库和强大的数据分析能力，而且语法简洁明了，容易学习和掌握，因此深受数据分析师、数据科学家和广大数据爱好者的青睐。

为了满足数字化时代对数据分析人才的需求，众多高等职业院校和应用型本科院校纷纷开设数据分析相关课程，涵盖大数据技术、金融大数据、电子商务等多个专业方向。这些课程致力于培养学生收集、处理、分析和应用数据的能力，为学生在未来职场中应对挑战奠定坚实的基础。

然而，当前市场上的数据分析教材普遍存在理论性强、缺乏实践案例、与实际应用场景脱节等问题。为了弥补这些不足，我们亟须编写一本可读性强、实践性强、灵活性强的项目化教材，以满足高等职业院校和应用型本科院校学生提升职业技能的需求。

基于多年的教学经验、竞赛指导和数据开发经历，教材编写团队积极探索"岗课赛证"综合育人模式，于 2020 年启动本书的编写工作。在编写过程中，教材编写团队根据职业教育学生的特点和培养目标，不断改良项目，以帮助学生掌握岗位所需的知识和技能，使学生掌握数据分析的流程、常用的数据分析工具和方法，培养学生精益求精、追求卓越的工匠精神。

为使语言更准确、讲解更清楚，本书结合 Python 3.11 实现了对应项目。本书特色如下。

（1）案例精简，图文并茂，可读性强。本书尽量使用简化后的案例，围绕具体任务讲解知识和技能要点，使学生能够快速阅读本书，快速掌握数据分析的思想、工具和基本方法。

（2）"岗课赛证"融通，内容实用，注重应用。本书对接《国家职业技术技能标准 大数据工程技术人员（2021 年版）》，结合《大数据应用开发（Python）职业技能等级标准》等，根据全国工业和信息化技术技能大赛"工业大数据算法"赛项和全国职业院校技能大赛（高职组）"大数据应用开发"赛项的大纲制定内容。根据知识结构和数据分析流程，本书针对不同行业领域开发了 10 个独立项目，如新能源汽车登记数据统计分析、发电量数据推断统计分析、房屋租赁数据可视化分析等。

（3）应用导向，任务驱动，有利于学习。本书以应用为出发点，通过任务驱动的方式引入相关知识和技能要点，并且有针对性地设计了包含问题引导、评价细则等内容的任务单，读者可以边学边练，实现知识与技能的有机融合，满足职业教育人才建设的需求。

（4）提供源代码、课件、微课视频，方便学生参考和学习。为配合本书的教与学，编者制作了高质量的教学课件、配套实训项目和题解，供教师和学生使用。在后期，还会不断更新应用案例，建立"智慧职教"在线课程。

本书的编写得到了浙江省"十四五"教学改革研究项目立项支持（项目编号：jg20230057）、浙江省公益计划项目立项支持（项目编号：No.LQ23F02004），编者在此表示衷心的感谢。

本书由陈清华担任主编，由黄莹达、朱燕民、谢悦担任副主编，田启明、章逸丰、邵剑集、王永军等参与了编写。其中，项目 1～3 由黄莹达、陈清华编写，项目 4～5 由陈清华、田启明编写，项目 6 由朱燕民、陈清华编写，项目 7 由谢悦、陈清华编写，项目 8～9 由陈清华编写，项目 10 由陈清华、章逸丰编写，全书由陈清华统稿，章逸丰、邵剑集、王永军等参与修订与审核。此外，要特别感谢温州职业技术学院、温州科技职业学院、上海交通大学、杭州景业智能科技股份有限公司的相关人员，他们为本书内容的形成提供了很好的建议和帮助。

由于本书是黑白印刷，彩色无法在书中呈现，请读者结合软件界面进行辨识。为了方便教师教学，本书配有电子教学课件及相关资源，请有此需要的教师登录华信教育资源网注册后免费下载，如有问题可在网站留言板留言或与电子工业出版社联系（E-mail：hxedu@phei.com.cn），还可与本书编者联系（E-mail：kegully@qq.com）。

教材建设是一项系统工程，需要在实践中不断完善和改进，同时由于编者水平有限，书中难免存在疏漏和不足之处，敬请同行专家和广大读者批评指正。

编　者

目　录

项目 1　环保调查问卷系统实现 1

　　任务 1　使用 Python 创建问卷 6

　　　　1.1.1　Python 脚本文件 8

　　　　1.1.2　Python 编码设置 9

　　　　1.1.3　print()函数 9

　　　　1.1.4　运行 Python 脚本文件 9

　　任务 2　实现用户信息交互 10

　　　　1.2.1　变量与字面量 12

　　　　1.2.2　数据类型 12

　　　　1.2.3　注释 13

　　任务 3　校验用户信息 14

　　　　1.3.1　控制结构 16

　　　　1.3.2　分支结构 17

　　任务 4　采集并评估用户问卷数据 18

　　　　1.4.1　for 循环 20

　　　　1.4.2　while 循环 21

　　　　1.4.3　第三方包的安装与导入 22

　　拓展实训：随机加减法出题程序的实现 23

　　项目考核 23

项目 2　疫苗物流信息监测系统实现 25

　　任务 1　管理员登录功能的实现 28

　　　　2.1.1　函数的定义 30

　　　　2.1.2　函数的调用 31

　　任务 2　疫苗数据添加功能的实现 31

　　　　2.2.1　函数的返回 35

　　　　2.2.2　变量的作用域 37

　　任务 3　疫苗信息统计功能的实现 38

　　　　2.3.1　形参和实参 41

　　　　2.3.2　位置参数和关键字参数 42

　　　　2.3.3　默认参数 44

　　　　2.3.4　可变参数 45

　　任务 4　疫苗物流信息异常检测功能的实现 46

　　拓展实训：自定义难度的出题程序实现 49

　　项目考核 50

项目 3　寻宝游戏实现 51

　　任务 1　地图类的实现 54

　　　　3.1.1　面向对象 56

　　　　3.1.2　类的定义 57

　　　　3.1.3　类的实例化 58

　　任务 2　玩家类的实现 59

　　　　3.2.1　类的成员 61

　　　　3.2.2　构造函数和析构函数 62

　　　　3.2.3　类成员修饰符 63

　　　　3.2.4　私有函数 63

　　任务 3　战绩类的实现 64

　　　　3.3.1　公有属性和私有属性 67

　　　　3.3.2　get 方法和 set 方法 68

　　任务 4　超级玩家类的实现 70

　　　　3.4.1　父类和子类 73

　　　　3.4.2　属性的继承 73

　　　　3.4.3　方法的继承 74

　　拓展实训：飞机大战游戏的实现 75

　　项目考核 78

项目 4　新能源汽车登记数据统计分析 79

　　任务 1　登记数据的获取 82

　　　　4.1.1　数据来源 84

　　　　4.1.2　read_csv()函数 85

　　任务 2　登记数据的解析 86

　　　　4.2.1　数据解析 88

　　　　4.2.2　缺失值处理 89

　　　　4.2.3　数据筛选 89

　　任务 3　登记数据的描述性统计分析 90

　　　　4.3.1　描述性统计分析指标 92

　　　　4.3.2　groupby()函数 92

　　任务 4　登记数据的可视化展现 93

　　　　4.4.1　数据可视化 95

　　　　4.4.2　统计分析结果展现形式 96

4.4.3　Matplotlib 中的中文显示 96

4.4.4　Matplotlib 图表绘制基础 96

拓展实训：数据统计分析应用 99

项目考核 102

项目 5　用餐数据多维分析 104

任务 1　用餐数据的集成和处理 107

5.1.1　数据集成 110

5.1.2　数据映射 111

5.1.3　数据类型转换 111

任务 2　用餐数据的重复值检测和处理 112

5.2.1　检测重复值 113

5.2.2　处理重复值 113

任务 3　用餐数据的缺失值检测和处理 113

5.3.1　检测缺失值 115

5.3.2　处理缺失值 115

任务 4　用餐数据的异常值检测和处理 116

5.4.1　检测异常值 120

5.4.2　处理异常值 120

任务 5　对用餐数据进行多维分析 121

5.5.1　分组分析 125

5.5.2　分布分析 125

5.5.3　交叉分析 126

5.5.4　结构分析 126

5.5.5　相关分析 127

拓展实训：对观影数据进行统计分析 128

项目考核 129

项目 6　发电量数据推断统计分析 131

任务 1　从 MySQL 数据库中读取数据 134

6.1.1　连接 MySQL 数据库 136

6.1.2　读取数据 136

任务 2　对发电量进行时间序列分析 137

6.2.1　时间处理函数 139

6.2.2　时间序列分析 140

任务 3　对发电量进行假设检验 141

6.3.1　独立性检验和自相关函数 144

6.3.2　正态性和 S-W 检验 145

6.3.3 方差齐性和 Levene 检验 146

任务 4 对发电量进行方差分析 146

6.4.1 方差分析与 F 统计量 147

6.4.2 假设检验的步骤 147

拓展实训：风力发电数据推断统计 148

项目考核 149

项目 7 电商平台用户消费数据分析 151

任务 1 用户数据的创建 154

7.1.1 数组创建 156

7.1.2 数组数据类型 157

7.1.3 数组的索引和切片 159

任务 2 用户数据的更新 161

7.2.1 随机数生成 164

7.2.2 数组操作 164

任务 3 用户数据的分析 168

7.3.1 矩阵创建 169

7.3.2 基本数学函数 172

7.3.3 统计函数 175

拓展实训：用户数据 RFM 模型分析 176

项目考核 177

项目 8 AI 生成图像的处理和优化 179

任务 1 图像基本操作 181

8.1.1 图像读取和保存 186

8.1.2 数组索引和切片的应用 187

8.1.3 数组基本运算 187

8.1.4 meshgrid()函数 188

任务 2 图像缩放处理 188

8.2.1 repeat()函数 190

8.2.2 tile()函数 191

任务 3 为图像添加框线 191

8.3.1 pad()函数 194

8.3.2 数组赋值运算 194

任务 4 图像滤波和增强 195

8.4.1 NumPy 聚合函数 198

8.4.2 NumPy 随机数应用 199

8.4.3 clip()函数 199

任务 5　图像边缘检测 199
　　8.5.1　Sobel 算子 202
　　8.5.2　hypot()函数 202
拓展实训：医学影像的处理和优化 203
项目考核 204

项目 9　房屋租赁数据可视化分析 206

任务 1　房屋租赁价格统计分析 209
　　9.1.1　常用的统计分析函数 212
　　9.1.2　柱状图 213
　　9.1.3　直方图 214
　　9.1.4　hist()函数 214
任务 2　房屋租赁价格分布分析 215
　　9.2.1　箱形图 216
　　9.2.2　boxplot()函数 217
任务 3　房屋租赁价格相关因素分析 217
　　9.3.1　散点图 220
　　9.3.2　scatter()函数 221
任务 4　房源占比分析 222
　　9.4.1　饼图 224
　　9.4.2　pie()函数 224
任务 5　房屋租赁价格预测分析 225
　　9.5.1　sklearn 简介 227
　　9.5.2　sklearn 实现线性回归分析 227
　　9.5.3　折线图 228
　　9.5.4　plot()函数 228
任务 6　房源地理位置分布分析 228
拓展实训：二手房数据可视化分析 232
项目考核 235

项目 10　二手车数据可视化分析 237

任务 1　使用常见图表对二手车数据进行分析 240
　　10.1.1　Seaborn 简介 243
　　10.1.2　lineplot()函数 244
　　10.1.3　catplot()函数 244
任务 2　使用词云图展现二手车市场的热门车型和城市 245
　　10.2.1　词云图 247
　　10.2.2　wordcloud 简介 247

任务 3　使用热力图展现二手车地理分布情况 248

　　10.3.1　Pyecharts 简介 249

　　10.3.2　使用 Pyecharts 绘制地图 249

任务 4　对二手车车龄、里程数进行分布分析 250

　　10.4.1　histplot()函数 254

　　10.4.2　violinplot()函数 254

　　10.4.3　swarmplot()函数 255

任务 5　对二手车价格影响因素进行相关分析 255

　　10.5.1　heatmap()函数 258

　　10.5.2　jointplot()函数 258

　　10.5.3　pairplot()函数 259

任务 6　对二手车数据进行回归分析 259

　　10.6.1　多项式回归 262

　　10.6.2　使用 sklearn 实现多项式回归 262

拓展实训：招考数据可视化分析 263

项目考核 264

附录 A　本书使用的工具包 266

附录 B　参考答案 267

参考文献 275

项目 1

环保调查问卷系统实现

♲ 项目描述

地球是人类赖以生存的共同家园，保护生态环境始终是每个个体的基本责任。优质的生态环境对人类来说至关重要，它不仅深刻影响着个人的生活质量，更是社会经济发展的关键所在。2023 年 7 月 18 日，在全国生态环境保护大会上，习近平总书记的重要讲话强调，今后 5 年是美丽中国建设的重要时期，要深入贯彻新时代中国特色社会主义生态文明思想，坚守以人民为中心，牢固树立和践行绿水青山就是金山银山的理念，把建设美丽中国摆在强国建设、民族复兴的突出位置，推动城乡人居环境明显改善、美丽中国建设取得显著成效，以高品质生态环境支撑高质量发展，加快推进人与自然和谐共生的现代化。

2023 年 1 月 19 日，国务院发布了《新时代的中国绿色发展》白皮书，全面介绍了新时代中国绿色发展的理念、实践与成效，为社会进步、企业转型及民众生活方式的转变提供了有力的参考。中国正努力构建生态文明，已经将生态环境保护提升到了国家治理的层面。通过绿色基建、绿色能源、绿色交通、绿色金融等多项措施，政府和企业正联手推进环保与可持续发展的融合。与此同时，越来越多的中国公民开始重视环境保护，并且积极参与垃圾分类、节能减排等实践活动。

2023 年全年，全国生态环境保护和治理取得了良好成果。生态环境部部长黄润秋在 2024 年全国生态环境保护工作会议上的工作报告中表示，全国大气环境质量、水环境质量、土壤环境质量等方面都取得生态环境质量稳定改善的好成绩，总体质量向好。而改善环境质量需再接再厉，持续进行。

本项目通过使用 Python 编程工具来设计环保调查问卷，完成问卷的发放和数据的收集。

📖 拓展读一读

2023 年 12 月 27 日，《中共中央 国务院发布关于全面推进美丽中国建设的意见》中明确了全面推进美丽中国建设的总体要求，包括优化国土空间开发保护格局、积极稳妥推进碳达峰碳中和、统筹推进重点领域绿色低碳发展等。

2024 年 1 月 12 日，生态环境部有关负责人就《中共中央 国务院关于全面推进美丽中国建设的意见》答记者问时发表讲话，强调了持续深入打好蓝天、碧水、净土保卫战的重要性，以及推动各类资源节约集约利用的措施。

♲ 学习目标

知识目标

● 系统地理解和掌握 Python 的基础语法（《Python 程序开发职业技能等级标准》初级 1.2.2）。

- 掌握 Python 的数据类型（重点：《Python 程序开发职业技能等级标准》初级 1.2.2）。
- 掌握 Python 流程控制语句的使用方法（《Python 程序开发职业技能等级标准》初级 1.2.3）。

能力目标

- 熟练掌握创建和编辑 Python 程序的技能（《Python 程序开发职业技能等级标准》初级 1.1.4）。
- 能熟练使用集成开发工具编写 Python 程序。
- 具备独立运行和调试 Python 程序的能力。
- 能正确使用 Python 基础数据类型（《Python 程序开发职业技能等级标准》初级 1.2.2）。
- 能正确、高效地使用 Python 控制流语句（难点：《Python 程序开发职业技能等级标准》初级 1.2.3）。

素质目标

- 通过编程实践和逻辑思维的训练，提升分析和解决问题的能力。
- 在学习编程的过程中，深刻理解和体会环保的重要性，培养环保意识。
- 具备自学能力和自主解决问题的能力，树立终身学习的态度。

任务分析

问卷调查是社会问题调研的一种常用方法，通过设计周详的问题来收集信息，要求被调查者针对这些问题进行回答。随着互联网和数字技术的迅猛发展，调研人员已经能够灵活地运用数字化工具来设计和分发线上调查问卷。这种新的分发方式不仅可以节省纸质材料，为环保出一份力，更重要的是，它打破了传统调查在地域和时间上的限制。因此，我们可以获得规模更大、分布更广泛的样本，调查时间更加灵活，进而得出更加客观和全面的调查结果。

生态环境的保护和改善需要所有人的共同参与和努力。为调查和评价公众环保意识，本项目将利用 Python 来开发一份线上问卷，主要涉及 Python 的基本语法、数据类型和控制结构等。通过问卷，我们希望更深入地了解被调查者的环保意识，并且为推动生态环境的保护提供有力的数据支持。

本项目主要涉及以下内容。

- 问卷设计：确定问卷的主题和目的，即调查和评价公众的环保意识。
- 技术实现：利用 Python 开发线上问卷。
- 数据收集与分析：分发问卷，吸引尽可能多的公众参与调查。
- 结果应用与反馈：根据数据分析结果撰写调查报告，总结公众的环保意识状况，并且提出有针对性的建议和措施。

本项目聚焦于技术实现和数据收集与分析的实现。

相关知识

1. Python 简介

Python 由荷兰国家数学与计算机科学研究学会的 Guido van Rossum 于 20 世纪 90 年代初

设计，是 ABC 语言的替代品。其命名源于 Guido van Rossum 所热爱的 Monty Python 喜剧团体。自 1991 年首个公开发行版问世以来，Python 已广泛流行。

Python 融合了多种编程范式，包括面向对象编程、面向过程编程和函数式编程，展现出强大的灵活性和适应性。其核心特性如下。

首先，Python 以简洁易读著称，其语法设计旨在提高可读性，使开发者能使用少量代码清晰表达思想。缩进表示代码块，变量命名直观，代码结构一目了然。

其次，Python 支持面向对象编程，借助类、对象、继承等概念，使开发者能构建复杂的程序结构，并且提升代码的可复用性和可维护性。

再者，Python 支持跨平台，能在 Windows、Linux 和 macOS 等多种操作系统上运行，为开发者提供了极大的便利。

此外，Python 拥有丰富的标准库和第三方库，涵盖网络编程、文件处理等多个领域，更有 NumPy、Pandas 等数据处理库，以及 Django 等 Web 开发框架的支持。

Python 还具备可扩展性，能与使用 C、C++、Java 等语言编写的代码集成，从而拓宽了其应用场景。同时，作为动态类型语言，Python 允许变量类型在运行时改变，增强了编程的灵活性。

Python 凭借其简洁、易读、面向对象、跨平台及丰富的库支持等特性，成为 Web 开发、数据分析、人工智能等多个领域的优选编程语言。

2. Python 集成开发环境

集成开发环境（IDE）是开发者的高效工具，不同的编程语言有不同的 IDE。Python 也有多款 IDE，各具特色和功能，开发者可按需选择。

Python IDLE 作为 Python 官方 IDE，适合初学者。它简洁易用，特点如下。

- 交互式 Shell：快速执行和测试 Python 代码。
- 代码编辑器：支持语法高亮、自动缩进和代码补全。
- 自动补全：减少输入错误。
- 调试器：逐行执行代码，助力解决问题。
- 多窗口：同时处理多个文件和 Shell。IDLE 支持交互式编程和传统脚本模式，便于编写、测试和保存程序。

IDLE Shell 的界面如图 1.1 所示。

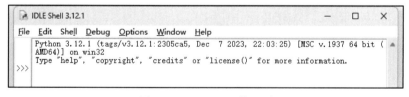

图 1.1 IDLE Shell 的界面

PyCharm 是 JetBrains 推出的 Python IDE，旨在提高开发效率和代码质量。其主要功能包括智能代码编辑、代码导航与搜索、调试与测试工具，以及项目管理与版本控制。此外，它还支持 Django 框架的 Web 开发。PyCharm 适合所有开发者，可助力开发者高效、高质地完成项目。PyCharm 的界面如图 1.2 所示。

Jupyter Notebook 是一种支持四十多种编程语言的交互式编程环境，适用于数据分析、可视化等领域。它可以在 Web 浏览器上运行，允许开发者整合代码、文本、图像等内容，并且实时查看和调整代码结果。Jupyter Notebook 具有强交互性、多语言支持、丰富的可视化输出和易于分享的特点。此外，它还提供代码补全等实用功能，提高了编程效率。Jupyter Notebook 的界面如图 1.3 所示。

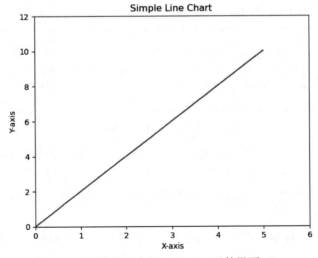

图 1.2　PyCharm 的界面

```
[1]: import matplotlib.pyplot as plt

     # 创建一个简单的数据列表
     x = [0, 1, 2, 3, 4, 5]
     y = [0, 2, 4, 6, 8, 10]

     # 使用plot()函数绘制折线图
     plt.plot(x, y)
     # 设置图表标题和坐标轴标签
     plt.title('Simple Line Chart')
     plt.xlabel('X-axis')
     plt.ylabel('Y-axis')
     # 设置坐标轴范围
     plt.ylim(0, max(y) + 2)  # 留出一些空间显示图表
     plt.xlim(0, max(x) + 1)

     # 显示图表
     plt.show()
```

图 1.3　Jupyter Notebook 的界面

♻ 素质养成

通过本项目，我们可以深刻认识到保护生态环境的重要性和紧迫性。在项目实施过程中，我们不仅提升了环保理念，也强化了社会责任感。在设计问卷时，我们将环保理念融入问题设计，以期引导被调查者反思和关注环境问题。在分析数据时，我们同样以环保为视角，揭示问题，寻求解决方案。

在项目实施过程中，我们积极寻求团队协作，共同研究、探讨与环保相关的问题和解决方案，不仅能提升团队协作能力，更能学会倾听和尊重团队中每个成员的意见。这种相互学习和交流的过程，不仅有助于项目的顺利实施，也促进了个人能力的全面发展。

此外，项目的顺利实施要求我们掌握 Python 编程的基本知识和技能，这不仅是对我们专业技能的考验，更是对我们自学能力和适应新技术能力的锻炼。面对项目中的技术挑战，我们要学会利用网络资源、AI 工具等现代技术手段，不断拓宽知识面，提高自主解决问题的能力。

通过这个项目，我们为推动生态环境保护和社会可持续发展贡献了力量，体现了作为社会成员的担当与责任。整个项目的实施，不仅是一个技能提升的过程，更是一个深入理解环保理念、深化认识社会责任感的过程，为我们未来的职业发展和成长奠定了坚实的基础。

♻ 项目实施

环境保护正迈入一个新的阶段。尽管有部分地区和生态系统显示出积极恢复和向好发展的态势，但全球环境保护仍面临诸多挑战。其中，环境污染问题依然严重，包括水污染、空气污染和土壤污染等。这些问题导致水质恶化、空气质量下降和土壤质量退化，对生态系统和人类健康造成了严重威胁。本项目将利用 Python 设计和实现收集、评估用户环保意识的调查问卷系统，主要包括问卷创建、问卷实现、问卷信息校验和问卷评估等功能。

本项目设计的问卷包含 8 道题，每题均为一句描述环保意识的陈述句，如下所示。

（1）你认为环境保护对于人类社会的发展非常重要。

（2）你认为个人在环境保护中的作用非常大。

（3）你非常愿意为购买环保产品或服务支付更高的价格。

（4）你非常支持政府采取更严格的环境法规和标准来限制企业和个人的排放与消耗。

（5）你认为环境教育对于提高公众的环保意识和行为有积极的影响。

（6）你经常关注有关环境问题的新闻和信息。

（7）你经常参与任何形式的环保活动或组织。

（8）你对于未来的环境状况保持乐观态度。

每题都会咨询用户环保意识的符合程度，答案选项按符合程度分为 5 个等级，分别为非常符合、比较符合、一般、不太符合、完全不符合。

在环保调查问卷系统中，用户首先需要填写脱敏的个人信息，如年龄、性别、职业，然后依次答题。每次程序只会输出一道题，用户输入答案并提交后，程序才会输出下一道题，直至用户回答完所有的题目。最后程序会根据用户的回答给出最终评价，供用户参考。

任务 1 使用 Python 创建问卷

本任务将使用 Python IDLE 创建环保调查问卷并设置问候语和提示说明。

微课：项目 1 任务 1-
使用 Python 创建问
卷.mp4

📝 动一动

创建一个简单的 Python 脚本文件，说明问卷的意图，并且输出欢迎词。

📝 任务单

任务单 1-1 使用 Python 创建问卷

学号：_____ 姓名：_____ 完成日期：_____ 检索号：_____

🔵 **任务说明**

使用任一熟悉的 IDE 来创建 Python 脚本文件，仅包含打印信息的程序逻辑，作为问卷调查程序的第一版程序脚本。通过本任务，掌握 Python 的基本语法，以及创建和执行 Python 脚本文件的方法。

🔵 **引导问题**

📖 **想一想**

（1）如何在计算机中安装 Python 开发环境？

（2）常用的 Python IDE 有哪些？它们分别有什么优缺点？

（3）如何使用不同的 IDE 来创建 Python 脚本文件？

（4）如果不使用任何 IDE，如何创建和编辑 Python 脚本文件？

（5）如何使用不同的 IDE 来运行 Python 脚本文件？

（6）如果不使用任何 IDE，如何运行 Python 脚本文件？

✏️ **重点笔记区**

🔵 **任务评价**

评价内容	评价要点	分值	分数评定	自我评价
1. 任务实施	创建 Python 脚本文件	2 分	能正确创建 Python 脚本文件且在文件系统中成功定位该文件得 2 分	
	在 Python 脚本文件中编辑 Python 代码	3 分	能使用任意编辑器编辑 Python 脚本文件的代码且语法无错误得 3 分	
	保存 Python 脚本文件	2 分	能正确保存 Python 脚本文件的内容得 2 分	
2. 结果展现	运行 Python 脚本文件	2 分	Python 脚本文件能运行且运行的结果正确无误得 2 分	
3. 任务总结	依据任务实施情况进行总结	1 分	总结内容切中本任务的重点和要点得 1 分	
合　计		10 分		

任务解决方案关键步骤参考

（1）创建 Python 脚本文件。选择任意合适的 IDE 来创建 Python 脚本文件。例如，使用 Python IDLE，可以通过 Python IDLE Shell 菜单栏中的"File"→"New File"命令来创建一个新的 Python 脚本文件，如图 1.4 所示。

选择"File"→"New File"命令之后，界面中会出现一个新的窗口，即新建的 Python 脚本文件的编辑窗口，如图 1.5 所示。该窗口的标题为"untitled"，表示这是一个未命名且未保存的 Python 脚本文件。窗口中的最大区域就是 Python 脚本文件的代码内容编辑区域。现在，我们可以自由地编辑 Python 代码了。

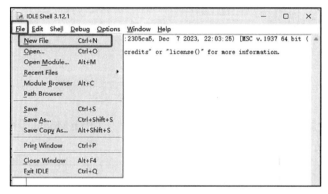

图 1.4　创建 Python 脚本文件

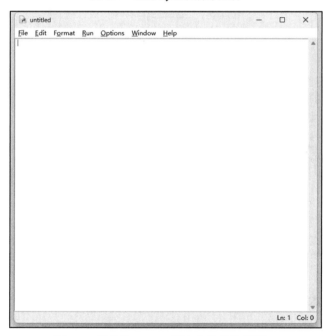

图 1.5　新建的 Python 脚本文件的编辑窗口

（2）编写以下代码，实现程序初始信息的打印。

```
# coding:utf-8
print('****************************')
print('** 欢迎使用本调查问卷系统 **')
print('* 请根据问题填写答案或选项 *')
print('****************************')
```

（3）保存 Python 脚本文件。在 Python 脚本文件编辑窗口的菜单栏中选择"File"→"Save"命令，保存 Python 脚本文件，如图 1.6 所示。由于该 Python 脚本文件还未在文件系统中创建，因此会弹出"另存为"窗口。选择保存路径并设置文件名之后，该 Python 脚本文件将被保存到指定路径下。

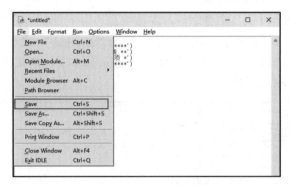

图 1.6　保存 Python 脚本文件

（4）运行 Python 脚本文件。在菜单栏中选择"Run"→"Run Module"命令，运行当前 Python 脚本文件，如图 1.7 所示。

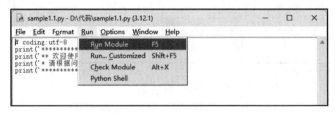

图 1.7　运行当前 Python 脚本文件

IDLE Shell 窗口将自动前置。此时 Python 脚本文件将自动运行，并且在 IDLE Shell 窗口中输出程序的运行结果。程序的运行结果如图 1.8 所示。

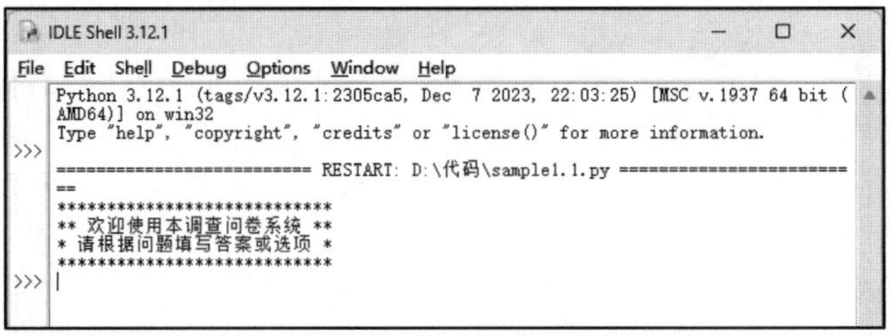

图 1.8　程序的运行结果

1.1.1　Python 脚本文件

Python 脚本文件实际上是一个纯文本文件，它包含了使用 Python 编写的源代码。这意味着我们可以使用任何文本编辑器（如 Notepad、Sublime Text、VS Code、PyCharm 等）来创建和编辑 Python 脚本文件。这些文件的扩展名通常为".py"，以表明它们包含 Python 代码。

Python 解释器能够读取这些纯文本文件，并且按照 Python 的语法规则执行其中的代码。因此，编写 Python 脚本的过程就是创建和编辑这些纯文本文件的过程。例如，在"任务解决方案关键步骤参考"中，最终保存的文件就是一个以".py"为扩展名的纯文本文件。我们可以使用 Windows 系统中自带的记事本程序打开、查看和编辑它的内容，如图 1.9 所示。

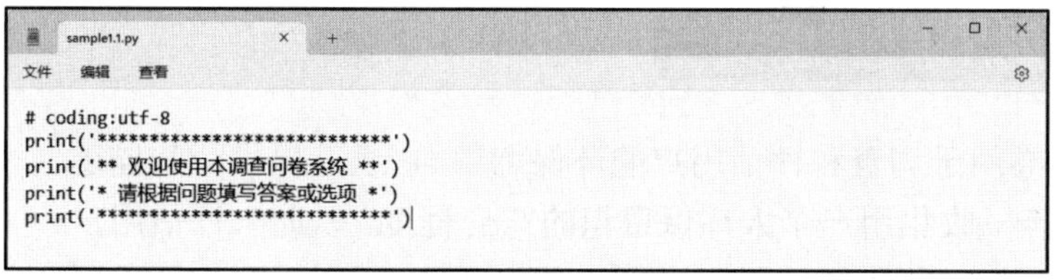

图 1.9 使用记事本程序查看 Python 脚本文件的内容

1.1.2 Python 编码设置

Python 编码设置主要涉及在 Python 中处理文本数据时的字符编码问题。字符编码是将字符转换为可用于存储、传输和处理的数字的过程。Python 3 默认使用 UTF-8 编码，这是一种兼容性强且能表示各种字符的编码方式。然而，在某些情况下，我们可能需要处理使用其他编码的文本数据，或者需要在 Python 中使用特定的编码来读取或写入文件。

Python 3 默认源码文件使用 UTF-8 编码。因此，在大多数场景下，即使不指定编码方式，也不会出错。但是如果编辑器不默认支持 UTF-8 编码，或者需要使用其他编码方式，就要为源码文件指定特定的字符编码。插入一行特殊的注释行作为字符编码声明，其格式如下。

```
# -*- coding: UTF-8 -*-
```

或者

```
# coding: UTF-8
```

或者

```
# coding = UTF-8
```

项目代码中的第一行就是对编码方式的设置。

1.1.3 print()函数

函数是一种能够在不同地方被复用的代码块。在 Python 中，我们可以自己定义函数，以实现不同的代码逻辑，也可以选择调用 Python 内置函数，还可以引入第三方 Python 模块中的函数。

print()是一个 Python 内置函数，无须我们自己定义即可调用。它的功能是打印指定的内容并在控制台中显示。因此，图 1.8 中显示的 IDLE Shell 中输出的信息，正是我们在项目代码中指定输出的内容。

1.1.4 运行 Python 脚本文件

运行 Python 脚本文件意味着让 Python 解释器执行 Python 脚本文件中的代码。当我们运行一个 Python 脚本文件时，Python 解释器会读取 Python 脚本文件中的代码，并且逐行执行。Python 解释器会解析代码中的语法，并且根据 Python 的规则来执行相应的操作，包括执行函数、创建对象、进行数学运算、读/写文件等。如果 Python 脚本文件中包含任何输出语句（如 print()），则解释器会在命令行或终端中显示这些输出。此外，Python 脚本可能会生成其他类型的输出，如写入文件或通过网络发送数据。当 Python 脚本文件运行完成后，Python 解释器会自动退出。

我们可以通过 IDE 中的菜单命令来运行 Python 脚本文件，也可以通过系统自带的命令行终端来运行 Python 解释器，并且指定要运行的 Python 脚本文件的路径。

任务 2 实现用户信息交互

环保调查问卷用于调查和评估用户的环保意识。它通过提供一些描述环保意识的陈述句，收集用户个人环保意识的符合程度，以此来评估用户环保意识的强度。因此，我们需要在程序中定义问题。此外，我们还需要提供问卷与用户的交互方式，允许用户输入脱敏后的个人信息。

微课：项目 1 任务 2-实现用户信息交互.mp4

动一动

在问卷调查程序中定义问卷的基本信息，包括问卷说明、用户信息、问题列表、答案选项和答案分值等。

任务单

任务单 1-2 实现用户信息交互

学号：_____ 姓名：_____ 完成日期：_____ 检索号：_____

任务说明

编辑代码，定义问卷说明，以及表示用户信息、问卷列表、答案选项和答案分值的全局变量，接收用户的个人信息并打印输出。

引导问题

想一想

（1）变量和常量有什么区别？

（2）在 Python 中如何定义变量？

（3）如何确定 Python 中一个变量的类型？

（4）在 Python 中有哪些基本数据类型？

（5）在 Python 中如何表示注释？

重点笔记区

任务评价

评价内容	评价要点	分值	分数评定	自我评价
1. 定义变量和常量	定义整型变量	2 分	能正确编写变量定义语句得 1 分；能正确使用整型常量赋初始值得 1 分	
	定义字符串型变量	1 分	能正确编写变量定义语句并正确使用字符串型常量赋初始值得 1 分	
	定义列表型变量	2 分	能正确编写变量定义语句并正确使用列表型常量赋初始值得 2 分	
	定义字典型变量	2 分	能正确编写变量定义语句并正确使用字典型常量赋初始值得 2 分	
2. 运用注释	编写单行注释	1 分	能正确编写单行注释语句得 1 分	
	编写多行注释	1 分	能正确编写多行注释语句得 1 分	
3. 任务总结	依据任务实施情况进行总结	1 分	总结内容切中本任务的重点和要点得 1 分	
合　计		10 分		

✎ 任务解决方案关键步骤参考

（1）通过多行注释编写本调查问卷的说明。

```
'''
    环保问卷调查
    本次问卷调查旨在了解公众对于环境保护的意识和态度。
    请根据自己的实际情况，如实回答下列问题。
    请注意：本问卷仅用于统计分析，不对外公布个人隐私。
    问卷涉及 8 个问题，每个问题的答案为 A、B、C、D、E 中的一个，分别代表不同的态度。
    A、B、C、D、E 依次表示非常符合、比较符合、一般、不太符合、完全不符合。
    每个选项对应一个分值，依次为 10、8、6、4、2。
    分值越高，表示你的环保意识越强。
'''
```

（2）定义变量，用于保存用户信息。

```
# 定义保存用户信息的变量，并且设置初始值
age = 0                  # 用户年龄
gender = 'unknown'       # 用户性别
job = 'unknown'          # 用户职业
```

（3）定义列表型变量，表示问题列表。

```
# 定义问题列表，用于问卷的打印输出
questions = [
    '你认为环境保护对于人类社会的发展非常重要。',
    '你认为个人在环境保护中的作用非常大。',
    '你非常愿意为购买环保产品或服务支付更高的价格。',
    '你非常支持政府采取更严格的环境法规和标准来限制企业和个人的排放与消耗。',
    '你认为环境教育对于提高公众的环保意识和行为有积极的影响。',
    '你经常关注有关环境问题的新闻和信息。',
    '你经常参与任何形式的环保活动或组织。',
    '你对于未来的环境状况保持乐观态度。'
]
```

（4）定义字符串型变量，表示答案选项。

```
# 定义答案选项字符串，用于问卷的打印输出
options = 'A-非常符合，B-比较符合，C-一般，D-不太符合，E-完全不符合'
```

（5）定义字典型变量，表示答案分值，用于计算用户的得分。

```
# 定义答案分值字典，用于计算用户的得分
scores = {
    'A': 10,
    'B': 8,
    'C': 6,
    'D': 4,
    'E': 2
}
```

（6）接收用户输入的个人信息，并且保存到变量中。

```
age = input("请输入你的年龄：")
gender = input("请输入你的性别（男/女/保密）：")
job = input("请输入你的职业：")
```

（7）输出用户信息。

```
print('你的个人信息为：')
print('年龄：', str(age))
print('性别：', gender)
print('职业：', job)
```

（8）运行 Python 脚本文件，运行结果如图 1.10 所示。

```
******************************
** 欢迎使用本调查问卷系统 **
* 请根据问题填写答案或选项 *
******************************
请输入你的年龄：22
请输入你的性别（男/女/保密）：男
请输入你的职业：学生
你的个人信息为：
年龄：22
性别：男
职业：学生
```

图 1.10　运行结果

1.2.1　变量与字面量

在 Python 中，变量是编程时存储数据的基本方式。

变量是一个标识符，它指向内存中的一个对象，这个对象可以是整数、浮点数、字符串、列表、字典等任何数据类型。在 Python 中，变量是动态类型，这意味着它们可以在程序运行期间随时改变类型，并且不需要显式声明类型。我们可以通过赋值语句来创建一个变量，如 x = 10，这行代码创建了一个名为 x 的变量，并且将其与整数 10 关联起来。变量可以重新赋值，如 x = "hello"，这样变量 x 就与字符串 hello 关联起来了。

变量的作用域决定了它的可见性和生命周期。Python 中有全局变量和局部变量。在函数外部定义的变量是全局变量，在函数内部定义的变量是局部变量。

变量名可以包含字母、数字和下划线，但不能以数字开头。变量名区分大小写，并且不能是 Python 的保留字。以下是一些定义变量的示例。

```
x = 10          # 整型变量
y = "hello"     # 字符串变量
z = 3.14        # 浮点型变量
```

字面量（Literal）在源代码中表示固定值。字面量是程序中直接表示数据值的一种方式，它们是不可改变的，其值在源代码中就确定了。Python 中的字面量可以是各种数据类型的值，包括数字、字符串、列表、元组、字典和布尔值等。以下是一些字面量的示例。

```
42                # 十进制整数
'Hello, World!'   # 单引号字符串
True              # 真值
```

字面量通常用于初始化变量，或者在代码中直接使用其值，如条件判断、循环、计算等。在 Python 程序中，字面量是编写代码时直接使用值的一种便捷方式。

1.2.2　数据类型

在 Python 中，数据类型是编程的基础，它规定了变量可以存储的数据种类，以及可以对这些数据执行的操作。Python 作为一种动态类型语言，其特点在于无须显式声明变量的类型，

变量的类型由 Python 解释器在运行时自动推断。这种灵活性为开发者提供了极大的便利。

Python 中的数字类型非常全面，包括整数（Integer）、浮点数（Floating Point Number）和复数（Complex Number），能够满足各种数值计算的需求。

序列类型是 Python 中另一大类重要的数据类型。序列是有序的元素集合，每个元素都可以通过索引来访问。常见的序列类型包括字符串（String）、列表（List）和元组（Tuple）。字符串（如'hello'、"Python"、'''triple-quoted'''）用于存储文本数据。列表（如[1, 2, 3]、['apple', 'banana', 'cherry']）可以包含不同类型的元素且内容可变。元组（如(1, 2, 3)、('a', 'b', 'c')）类似于列表但内容不可变。序列类型为数据的组织和存储提供了灵活且高效的方式。

映射类型（Mapping Types）在 Python 中也占据重要地位。映射类型允许存储键值对的集合，其中每个键都唯一地映射到一个值。字典（如{'name': 'Alice', 'age': 25}、{'key': 'value'}）是映射类型的一个重要实例。字典提供了一种无序的键值对存储方式。字典的键必须是唯一的，并且是不可变类型，这保证了数据的唯一性和可靠性。

集合类型也是 Python 中常用的数据类型。集合（Set）（如{1, 2, 3}、{'apple', 'banana', 'cherry'}）用于存储无序且不重复的元素。它不支持重复元素，因此在进行集合运算时非常高效。同时，Python 提供了冻结集合这一不可变版本的集合类型，以满足特定需求。

布尔类型是 Python 中用于逻辑运算的数据类型，它只有两个值：True 和 False。布尔类型在程序流程控制中起着关键作用，使我们能够根据条件判断来执行不同的代码块。

除了上述类型，还有字节（Byte）和字节数组（Byte Array）用于处理二进制数据。内存视图（Memory View）允许 Python 代码访问一个对象的内部数据而不需要复制。类型（Type）表示 Python 对象的类型，如 int、str 等。空值（None）表示缺少值，类似于其他语言中的 null。

1.2.3　注释

在 Python 中，注释是开发者用来解释代码的，它们对于理解程序的工作原理和意图非常有用。Python 解释器会忽略注释，因此它们不会影响程序的执行。良好的注释习惯可以大大提高代码的可读性和可维护性。在 Python 中，注释分为单行注释和多行注释。

（1）单行注释：单行注释以井号（#）开头，直到该行末尾的所有内容都会被 Python 解释器忽略。代码示例如下。

```
# 这是一个单行注释
x = 5  # 这也是一个单行注释
```

（2）多行注释：Python 没有专门的多行注释语法，但可以使用三引号（'''或"""）来创建一个不会执行的字符串字面量，从而达到多行注释的效果。尽管这不是官方的多行注释方法，但它通常被用作多行注释。代码示例如下。

```
'''
这是一个多行注释
可以跨越多行
'''
"""
这也是一个多行注释
可以跨越多行
```

"""

注释主要有以下用途。

- 解释代码：当代码的意图不是一目了然时，使用注释来说明代码的作用和目的。
- 提醒和警告：在代码中可能存在潜在问题的地方添加注释，以提醒其他开发者注意。
- 标记待办事项：使用注释来标记需要进一步工作或改进的地方，如下所示。

```
# TODO：实现这个功能
```

- 禁用代码：在调试过程中，可以使用注释来临时禁用代码行，而不需要删除它们。

任务 3 校验用户信息

为确保收集到的用户信息是有效和合理的，任务 2 中的代码需要添加用户信息校验的功能。

微课：项目 1 任务 3-校验用户信息.mp4

 动一动

编辑任务 2 中的代码，添加用户信息校验代码。

 任务单

任务单 1-3 校验用户信息

学号：_____   姓名：_____   完成日期：_____   检索号：_____

➡ 任务说明

编写代码，用于验证用户输入的年龄、性别和职业信息是否符合特定的准则。程序需要检查年龄是否为空、是否为数字及是否在 0 到 120 之间；性别是否为空或是否在给定的选项中；职业是否为空。根据用户输入的信息，程序会输出相应的验证结果。如果输入的信息不符合准则，则程序将输出错误提示信息并退出。这个任务将帮助我们练习使用条件语句来处理不同的输入情况，并且提高编写结构化代码的能力。

➡ 引导问题

想一想

（1）如何检查用户输入的年龄是否为空？

（2）如何检查用户输入的年龄是否在 0 到 120 之间？

（3）如何检查用户输入的性别是否为空？

（4）如何检查用户输入的性别是否在给定的选项中？

（5）如何检查用户输入的职业是否为空？

（6）如何使用 if-elif-else 语句来组织代码，以便根据不同的输入情况提供相应的输出？

（7）如何确保程序能够处理各种可能的输入情况？

（8）如何测试代码以确保其可靠性？

✎ 重点笔记区

任务评价

评价内容	评价要点	分值	分数评定	自我评价
1. 用户信息检查	检查年龄	3分	能正确检查年龄是否为空得 1 分；能正确验证年龄是否为数字得 1 分；能确保年龄在 0 到 120 之间得 1 分	
	检查性别	2分	能正确检查性别是否为空得 1 分；能正确验证性别是否在给定的选项中得 1 分	
	检查职业	1分	能正确检查职业是否为空得 1 分	
2. 条件判断	分支结构	2分	能正确使用 if-elif-else 结构得 2 分	
	错误处理	1分	对于校验失败，程序能正确输出错误提示信息并退出得 2 分	
3. 任务总结	依据任务实施情况进行总结	1分	总结内容切中本任务的重点和要点得 1 分	
合　计		10 分		

任务解决方案关键步骤参考

（1）判断年龄、性别、职业是否为空值。如果是，则输出错误提示信息。

```
if age == '' or gender == '' or job == '':
  print("信息输入错误，退出程序！")
```

（2）判断年龄是否为数值且在 0 到 120 之间。如果不是，则输出错误提示信息。

```
elif age.isdigit() == False or int(age) < 0 or int(age) > 120:
  print("年龄输入错误，退出程序！")
```

（3）判断性别是否为"男"、"女"或"保密"。如果不是，则输出错误提示信息。

```
elif gender != '男' and gender != '女' and gender != '保密':
  print("性别输入错误，退出程序！")
```

（4）将前 3 步的代码与任务 2 的代码逻辑结合，得到如下代码。

```
if age == '' or gender == '' or job == '':
  print("信息输入错误，退出程序！")
elif age.isdigit() == False or int(age) < 0 or int(age) > 120:
  print("年龄输入错误，退出程序！")
elif gender != '男' and gender != '女' and gender != '保密':
  print("性别输入错误，退出程序！")
else:
  print('你的个人信息为：')
  print('年龄：', str(age))
  print('性别：', gender)
  print('职业：', job)
```

（5）保存 Python 脚本文件并运行，依次输入"21"、"空值"和"学生"，其中，职业为空值，即不输入任何内容直接按下回车键，由此验证程序检查空值的代码逻辑。程序将检查 3 个信息中的任何一个是否为空。如果任何一个为空，则程序将输出错误提示信息并退出，如图 1.11 所示。

```
******************************
** 欢迎使用本调查问卷系统 **
* 请根据问题填写答案或选项 *
******************************
请输入你的年龄: 21
请输入你的性别 (男/女/保密) :
请输入你的职业: 学生
信息输入错误，退出程序!
```

图 1.11　3 个信息中至少有一个为空值的运行结果

（6）重新运行程序，依次输入“二十”、“男”和“学生”，其中，年龄为汉字，由此验证程序检查年龄是否为数字的代码逻辑。当年龄不为数字时，运行结果如图 1.12 所示。

```
******************************
** 欢迎使用本调查问卷系统 **
* 请根据问题填写答案或选项 *
******************************
请输入你的年龄: 二十
请输入你的性别 (男/女/保密) : 男
请输入你的职业: 学生
年龄输入错误，退出程序!
```

图 1.12　年龄不为数字时的运行结果

（7）重新运行程序，依次输入“500”、“男”和“学生”，其中，年龄大于 120，由此验证程序检查年龄的代码逻辑。当年龄不在 0 到 120 之间时，运行结果如图 1.13 所示。

```
******************************
** 欢迎使用本调查问卷系统 **
* 请根据问题填写答案或选项 *
******************************
请输入你的年龄: 500
请输入你的性别 (男/女/保密) : 男
请输入你的职业: 学生
年龄输入错误，退出程序!
```

图 1.13　年龄不在 0 到 120 之间的运行结果

（8）重新运行程序，依次输入“21”、“神秘”和“学生”，其中，性别不为给定的选项，由此验证程序检查性别有效值的代码逻辑。当性别不在给定的选项中时，运行结果如图 1.14 所示。

```
******************************
** 欢迎使用本调查问卷系统 **
* 请根据问题填写答案或选项 *
******************************
请输入你的年龄: 21
请输入你的性别 (男/女/保密) : 神秘
请输入你的职业: 学生
性别输入错误，退出程序!
```

图 1.14　性别不在给定的选项中时的运行结果

1.3.1　控制结构

在 Python 中，控制结构是用于控制程序流程的语句，它们允许我们根据不同的条件或情况执行不同的代码块。

控制结构的作用是决定程序的执行流程。它们允许开发者根据特定的条件或情况来控制代码的执行顺序，从而实现不同的逻辑和功能。控制结构在编程中是非常重要的，因为它们允许程序做出决策和重复执行某些操作。

控制结构的主要作用如下。

- 条件判断：控制结构允许程序根据条件来执行不同的代码块。这使程序能够根据不同的输入或状态做出不同的响应。
- 循环：控制结构允许程序重复执行一段代码，直到满足某个条件为止。这使程序能够处理大量的数据或执行重复的任务。
- 异常处理：控制结构允许程序捕获和处理可能出现的错误，从而确保程序的稳定性和可靠性。

- 函数和模块化：通过使用控制结构，可以将代码组织成函数和模块，从而使程序更加模块化和易于维护。
- 代码复用：通过使用控制结构，可以将代码复用于不同的场景和条件，从而减少代码的重复编写。
- 优化性能：通过合理使用控制结构，可以优化程序的性能，提高程序的执行效率。

控制结构是编程语言中不可或缺的一部分，它们使程序能够根据不同的情况做出不同的响应，实现复杂的逻辑和功能。

1.3.2 分支结构

在 Python 中，分支结构用于根据条件执行不同的代码块。这些结构允许程序根据不同的情况做出决策，从而实现不同的逻辑和功能。Python 中的分支结构主要包括 if 语句、elif 语句、else 语句和嵌套 if-elif-else 语句。

（1）if 语句用于根据一个条件执行一段代码。它的语法如下。

```
if condition:
```

if 语句的示例代码如下。

```
if x > 10:
    print("x is greater than 10")
```

（2）elif 语句用于在不满足 if 语句条件时，根据另一个条件执行一段代码，可以有多个 elif 语句。它的语法如下。

```
elif condition:
```

elif 语句的示例代码如下。

```
if x > 10:
    print("x is greater than 10")
elif x < 5:
    print("x is less than 5")
```

（3）else 语句用于在不满足所有 if 和 elif 条件时执行一段代码。else 语句的示例代码如下。

```
if x > 10:
    print("x is greater than 10")
elif x < 5:
    print("x is less than 5")
else:
    print("x is between 5 and 10")
```

（4）if-elif-else 语句可以相互嵌套，以处理更复杂的条件判断。嵌套 if-elif-else 语句的示例代码如下。

```
if x > 10:
    if y > 5:
        print("x is greater than 10 and y is greater than 5")
    else:
        print("x is greater than 10 but y is not greater than 5")
elif x < 5:
    print("x is less than 5")
else:
    print("x is between 5 and 10")
```

分支结构在编程中非常重要，因为它们允许程序根据不同的条件做出决策，从而实现不同的逻辑和功能。通过合理使用分支结构，可以编写出既高效又易于维护的代码。

任务4 采集并评估用户问卷数据

微课：项目 1 任务 4-采集并评估用户问卷数据.mp4

在接收并显示用户信息之后，程序将显示一系列关于环保意识的问题，用户需要根据实际情况选择答案。每个问题都有"A-非常符合"、"B-比较符合"、"C-一般"、"D-不太符合"、"E-完全不符合"5 个选项，分别代表不同的态度。用户回答完所有问题后，程序将根据用户的答案计算总分。

总分是根据每个问题的答案的对应得分来计算的。例如，如果用户选择了"A-非常符合"，则该问题得 10 分；如果选择了"B-比较符合"，则该问题得 8 分，以此类推。总分越高，表示用户的环保意识越强。

根据总分，程序将给出相应的评估结果。例如，如果总分大于或等于 62 分，则评估结果为"非常乐观"；如果总分大于或等于 44 分，则评估结果为"比较乐观"；如果总分大于或等于 26 分，则评估结果为"一般"；如果总分小于 26 分，则评估结果为"不太乐观"。

问卷信息录入与评估功能有助于了解用户环保意识的强弱，从而为环保教育提供参考。通过收集大量用户的问卷数据，可以分析公众环保意识的普遍水平，找出环保意识较弱的人群，有针对性地开展环保宣传教育。同时，评估结果也可以作为个人环保意识提升的参考，鼓励用户积极参与环保活动，提高环保意识。

动一动

编写代码，完成环保问卷 8 个问题的输出，用户答案的收集、评估，以及评价的输出。

任务单

任务单 1-4   采集并评估用户问卷数据

学号：_____   姓名：_____   完成日期：_____   检索号：_____

任务说明

编写代码，收集用户的环保问卷答案，并且根据答案计算得分。根据用户的答案，程序将计算总分，并且根据总分给出相应的评估结果。学生需要确保程序能够处理各种可能的输入情况，并且具有良好的代码结构和可维护性。在完成任务后，程序会将用户的个人信息和评估结果写入 CSV 文件。

具体步骤如下。

（1）打印每个问题并收集用户的答案，将答案存储在一个列表中。

（2）使用一个循环，根据用户的答案计算总分。

（3）根据总分给出相应的评估结果。

（4）打印对用户的评估结果。

（5）将评估结果写入 CSV 文件进行保存。

引导问题

想一想

（1）如何打印问题列表中的每个问题？

（2）如何根据用户的答案计算总分？

（3）如何根据总分给出相应的评估结果？

续表

（4）如何打开并编辑 CSV 文件？

（5）在实现这个程序时，需要注意哪些边界情况和异常情况？

（6）为了提高代码的可读性和可维护性，应该如何编写代码注释？

（7）如何测试代码以确保其可靠性？

（8）这个程序有哪些优点和不足之处？

✏️ **重点笔记区**

➡️ **任务评价**

评价内容	评价要点	分值	分数评定	自我评价
1. 信息录入与评估	收集答案	2 分	能正确使用 for 循环打印每个问题并收集用户答案得 2 分	
	得分统计	2 分	能正确使用 for 循环计算总分得 2 分	
	结果评估	2 分	能正确使用 if 语句对不同分数段的结果进行处理得 1 分；能正确输出相应评估结果得 1 分	
2. 写入 CSV 文件	导入 csv 包	1 分	能正确导入 csv 包得 1 分	
	写入 CSV 文件	2 分	能正确调用 csv 包提供的函数实现 CSV 文件的写入得 2 分	
3. 任务总结	依据任务实施情况进行总结	1 分	总结内容切中本任务的重点和要点得 1 分	
合　计		10 分		

📝 **任务解决方案关键步骤参考**

（1）遍历问题列表，将每个问题输出，并且接收用户输入。将用户输入的答案保存到答案列表中。

```
# 定义一个答案列表，用于保存用户的答案
answers = []

for question in questions:
  print(question)
  print(options)
  answers.append(input("请输入你的答案: "))
```

（2）遍历答案列表，将每个答案转换为分数并计算总分，输出总分。

```
total_score = 0

for answer in answers:
  total_score += scores[answer]

print("你的得分是: " + str(total_score))
```

（3）根据总分，输出最终的评估结果。

```
if total_score >= 62:
  print(evaluations[0])
elif total_score >= 44:
```

```
  print(evaluations[1])
elif total_score >= 26:
  print(evaluations[2])
else:
  print(evaluations[3])
```

（4）将用户信息与对应的总分写入 CSV 文件。

```
# 导入 csv 包
import csv
# 写入 CSV 文件
with open('survey_data.csv', 'w', newline='') as csvfile:
    writer = csv.writer(csvfile)
    writer.writerow(['年龄', '性别', '职业', '总分'])     # 写入标题行
    writer.writerow([age, gender, job, total_score])   # 写入用户数据
```

（5）输出结束程序语句，结束程序。

```
print("感谢你使用本系统，再见！")
```

（6）运行 Python 程序，根据输出进行输入，运行结果如图 1.15 所示。

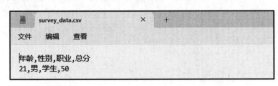

图 1.15　运行结果

（7）验证 CSV 文件。打开程序所在路径将看到一个 survey_data.csv 文件。使用记事本程序打开该文件，可以看到刚刚的调查结果，如图 1.16 所示。

图 1.16　survey_data.csv 文件的内容

1.4.1　for 循环

在 Python 中，for 循环是一种遍历序列（如列表、元组、字典、集合或字符串）的循环结构。for 循环会遍历序列中的每个元素，并且执行指定的代码块。for 循环的基本语法如下。

```
for variable in sequence:
    # 执行的代码块
```

其中，sequence 表示要遍历的序列。variable 会依次被赋值为序列中的每个元素。

以下是使用 for 循环的一些示例。

```
# 遍历列表
for item in [1, 2, 3, 4, 5]:
    print(item)


# 遍历元组
for item in (1, 2, 3, 4, 5):
    print(item)


# 遍历字典
for key in {'a': 1, 'b': 2, 'c': 3}:
    print(key)


# 遍历集合
for item in {1, 2, 3, 4, 5}:
    print(item)


# 遍历字符串
for char in "hello":
    print(char)
```

for 循环也可以嵌套，即在一个 for 循环内部使用另一个 for 循环。示例代码如下。

```
# 嵌套遍历列表
for i in [1, 2, 3]:
    for j in [4, 5, 6]:
        print(i, j)
```

在使用 for 循环时，需要注意以下 3 点。

- 在循环中不需要显式地声明 variable 的类型，Python 会自动判断。
- 在循环内部可以修改 variable 的值，但它不会影响序列中原始元素的值。
- 如果序列是可变类型（如列表），在循环中修改序列会导致循环行为的不确定性，因此在循环中不应修改序列。

for 循环是 Python 编程中非常基础和常用的结构，它允许我们轻松地遍历和操作序列中的元素。通过 for 循环，我们可以高效地处理大量数据，实现复杂的数据处理和分析。

1.4.2 while 循环

在 Python 中，while 循环是一种根据条件重复执行一段代码的结构。只要指定的条件为真，循环就会继续执行。while 循环非常适合在不知道需要循环多少次的情况下使用，或者在需要重复执行一个操作直到满足某个条件时使用。while 循环的基本语法如下。

```
while condition:
    # 执行的代码块
```

以下是使用 while 循环语句的一些示例。

```
# 无限循环
while True:
```

```
    print("这是一个无限循环")

# 循环10次
count = 0
while count < 10:
    print(count)
    count += 1

# 循环直到用户输入'停止'
while True:
    user_input = input("请输入停止: ")
    if user_input == '停止':
        break
    print("用户输入: ", user_input)
```

在使用 while 循环时，需要注意以下几点。

- 在循环中不需要显式地声明 condition 的类型，Python 会自动判断。
- 在循环内部可以修改 condition 的值，这可能会导致循环提前结束。
- 如果 condition 的值一开始就是假，则 while 循环将不会执行任何代码块。
- 如果 condition 的值在循环过程中变为假，则循环将提前结束。
- 在 while 循环内部可以调用函数、使用条件表达式，或者执行其他任何能够改变 condition 的值的操作。

while 循环是 Python 编程中非常基础和有用的结构，它允许我们根据条件重复执行代码块，直到满足某个条件为止。通过 while 循环，我们可以处理各种需要重复执行的任务，如等待用户输入、处理文件中的数据等。

1.4.3 第三方包的安装与导入

在 Python 中，包（Package）是组织代码的一种方式，它可以包含多个模块（Module）。包可以包含模块，模块可以包含函数、类和变量。通过使用包，我们可以将相关的代码组织在一起，便于管理和维护。包通常通过 pip（Python 的包管理器）来安装。以下是其中一种常见的安装包的命令。

```
pip install 包名
```

例如，要安装 requests 包，我们可以使用以下命令。

```
pip install requests
```

Python 自带了一些包，这些包通常被称为标准库（Standard Library），随 Python 安装包一起发布，不需要通过 pip 安装。这些标准库为 Python 提供了许多基础功能，如文件操作、网络通信、数据处理、文本处理等。例如，csv 包就是标准库的一部分。它提供了读取和写入 CSV 文件的方法。CSV 是一种非常常见的文件格式，用于存储表格数据，其中每行是一条记录，每列是一个字段，字段之间使用逗号分隔。

为了使用一个包提供的功能，我们需要导入包。导入包通常通过 import 语句来实现，其基本语法如下。

```
import 包名
```

例如，要导入 csv 包，我们可以使用以下命令。

```
import csv
```

如果我们明确只使用包中的某些函数，则可以使用以下命令。

```
from csv import writer
```

通过使用包，我们可以将代码组织得更加清晰和模块化，便于管理和维护。通过使用 pip 安装和导入包，我们可以轻松地使用 Python 社区提供的各种功能和库。

拓展实训：随机加减法出题程序的实现

【实训目的】

通过本拓展实训，学生可以掌握 Python 的基础知识，包括 Python 基础语法、Python 基本数据类型、注释、控制流语句，以及包的导入和使用。

【实训环境】

Python IDLE、Python 3.11。

【实训内容】

随机加减法出题程序是一个简单的 Python 程序，用于生成随机加减法题目。它通过导入 random 模块来生成随机整数和随机选择的运算符。程序将先生成 10 个随机题目和正确答案，再依次输出 10 个题目，由用户输入答案。程序检查用户答案是否正确，并且给出相应的提示。程序运行的部分输出结果如图 1.17 所示。

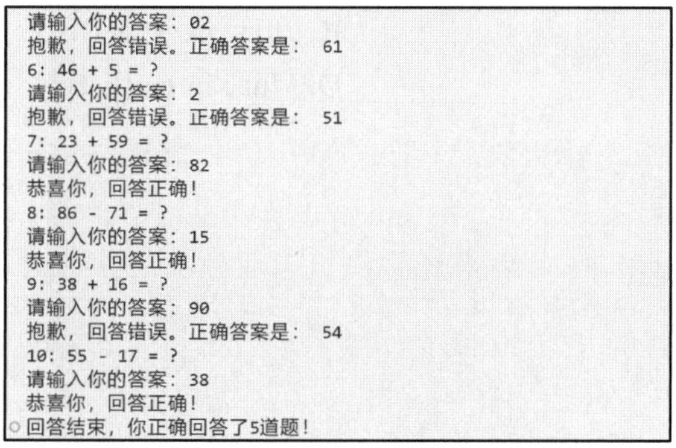

```
请输入你的答案: 02
抱歉，回答错误。正确答案是： 61
6: 46 + 5 = ?
请输入你的答案: 2
抱歉，回答错误。正确答案是： 51
7: 23 + 59 = ?
请输入你的答案: 82
恭喜你，回答正确!
8: 86 - 71 = ?
请输入你的答案: 15
恭喜你，回答正确!
9: 38 + 16 = ?
请输入你的答案: 90
抱歉，回答错误。正确答案是： 54
10: 55 - 17 = ?
请输入你的答案: 38
恭喜你，回答正确!
回答结束，你正确回答了5道题!
```

图 1.17　程序运行的部分输出结果

该程序展示了 Python 基础语法、Python 基本数据类型、列表的使用、字典的使用、if 控制流、循环语句，以及标准库的使用。

项目考核

【选择题】

1．Python 是一种什么样的编程语言？（　　　）

A．解释型、编译型、互动型和面向对象的脚本语言

B．仅支持面向对象的编程语言

C．静态类型语言

D．仅支持命令式编程

2．Python IDLE 提供了哪些功能？（　　　）

A．交互式 Shell　　　　　　　　　　　　B．代码编辑器

C．自动补全　　　　　　　　　　D．以上都是

3．在 Python 中，以下哪个不是控制结构？（　　　）

A．if 语句　　　　　　　　　　　B．for 循环

C．while 循环　　　　　　　　　　D．switch 语句

4．在 Python 中，如何表示注释？（　　　）

A．使用#，注释内容至该行末尾

B．使用//，注释内容至该行末尾

C．使用/* */，注释内容可以跨越多行

D．以上都不是 Python 的注释方式

5．在 Python 中，如何正确地定义一个整型变量？（　　　）

A．int x = 5;　　　　B．x = 5　　　　C．int x = 5　　　　D．x = 5;

6．在 Python 中，print()函数用于什么？（　　　）

A．输出到控制台　　　　　　　　B．写入文件

C．创建新的 Python 对象　　　　D．以上都不是

7．在 Python 中，以下哪种数据类型是不可变的？（　　　）

A．列表　　　　　　B．字典　　　　　　C．元组　　　　　　D．字符串

8．在 Python 中，如何使用 for 循环遍历一个列表？（　　　）

A．for i in list:　　　　　　　　B．for i in range(list):

C．for list:　　　　　　　　　　D．for i in len(list):

项目 2

疫苗物流信息监测系统实现

♻ 项目描述

人民健康不仅关系到每个人的福祉，也是衡量一个国家和地区综合实力的重要指标。健康的公民能够更好地参与到社会和经济活动中，推动创新和生产力的提升。此外，良好的人民健康水平能够减轻医疗负担，提高人民的生活质量，从而促进社会的长期稳定与和谐。虽然全球范围内的健康水平有了显著提高，但仍存在不少挑战。环境污染、生活方式的改变及人口老龄化等因素，都对人民健康构成了威胁。在一些发展中国家，基础医疗设施的缺乏和医疗资源的不均衡分配，仍然是影响人民健康的主要障碍。因此，加强健康教育，提高公共卫生服务的普及性和质量，以及推动健康生活方式，对于改善人民健康至关重要。

党的二十大报告明确提出了把保障人民健康放在优先发展的战略位置，完善人民健康促进政策。这一战略是全面提升中华民族的健康素质，实现人民健康与经济社会协调发展的国家战略。健康是促进人的全面发展的必然要求，也是经济社会发展的基础条件，是民族昌盛和国家富强的重要标志，也是广大人民群众的共同追求。没有全民健康，就没有全面小康。现代化最重要的指标还是人民健康，这是人民幸福生活的基础。

疫苗作为预防疾病的有力手段，通过激活人体免疫系统，为我们提供了抵御各种传染病的屏障。疫苗的普及和接种率的提高，对于保护公共健康和防控疾病传播具有巨大价值。2022年 4 月，国务院办公厅印发了《"十四五" 国民健康规划》，其中强调了强化疫苗预防接种和加强疫苗可预防传染病监测的重要性。

本项目将运用 Python 基本语法和函数语法设计、开发疫苗物流信息监测系统。通过本项目，学生能够深入了解 Python 函数的定义、参数传递、返回值，以及如何在程序中调用函数。此外，本项目也有助于提高学生对疫苗分发效率和安全性的认识，传播人民健康的重要性，展示技术在确保公共卫生安全方面发挥的作用。

📚 拓展读一读

2022 年 4 月，国务院办公厅印发了《"十四五" 国民健康规划》，旨在通过全面推进健康中国建设，提高公共卫生服务能力，控制重大疾病，改善医疗服务质量，并且强化健康政策体系。《"十四五" 国民健康规划》包括织牢公共卫生防护网、全方位干预健康问题和影响因素等工作任务，以促进国民健康和健康产业的发展。

2023 年 11 月，国家疾控局综合司、国家卫生健康委办公厅对《预防接种工作规范（2016年版）》进行修订，印发了《预防接种工作规范（2023 年版）》，贯彻落实《中华人民共和国疫苗管理法》有关要求，进一步强化预防接种规范化管理，提升预防接种服务质量。该规范从组织机构及职责、疫苗使用管理、预防接种实施、疑似预防接种异常反应监测和处置、接种率监测等方面对我国预防接种工作提出了规范化要求，旨在提供更加安全、有效的预防接种服务，有效预防和控制传染病，保障人民群众的健康和安全。

2024 年 5 月，国家疾控局联合国家发展改革委、教育部、财政部等多个部门共同印发了《全国疾病预防控制行动方案（2024—2025 年）》，提出到 2025 年，现代化疾控体系初步建立，多点触发、反应快速、科学高效的传染病监测预警和应急体系基本建成，卫生健康行政执法体系进一步健全，疾控机构科研能力稳步提升，疾控人才教育培训体系进一步完善。

♲ 学习目标

知识目标

- 理解函数的基本概念，掌握 Python 函数的定义及其组成部分（重点：《Python 程序开发职业技能等级标准》初级 1.2.5）。
- 熟练掌握函数参数传递的机制，包括位置参数、关键字参数、默认参数等，了解参数传递过程中的可变参数和关键字可变参数的使用。
- 了解函数返回值的含义和作用，掌握定义具有返回值的函数的方法。
- 认识 Python 中的匿名函数（lambda 函数），了解其适用场景。

能力目标

- 会定义和调用 Python 函数解决实际问题（重点：《Python 程序开发职业技能等级标准》初级 1.2.5）。
- 会使用 Python 实现递归函数（难点：《Python 程序开发职业技能等级标准》初级 1.2.5）。
- 会使用 Python 内置函数提高代码编写效率。

素质目标

- 通过函数编程的实践练习，提升逻辑思维和问题分析能力。
- 在学习技术的过程中，增强对公共卫生政策的理解和支持，认识疫苗物流的高效和安全对公共健康的重要性。
- 具备团队协作精神，学会与他人有效沟通，共同开发和完善系统。

♲ 任务分析

本项目旨在通过 Python 编程语言构建简易的信息管理平台，利用 Python 基本语法、数据结构、灵活的控制流和强大的函数，实现管理员登录功能、疫苗数据添加功能、疫苗信息统计功能和疫苗物流信息异常检测功能。通过疫苗物流信息监测系统，我们能够确保疫苗在规定的温度和环境条件下被安全、及时地运输到目的地。

在系统开发过程中，我们将定义一系列函数来处理疫苗的各类物流数据，包括但不限于疫苗的名称、批次、数量、生产日期、有效期和物流信息。通过这些函数的设计和实现，系统不仅能够高效地管理疫苗物流的全过程，还能为相关人员提供准确的数据支持和实时的物流状态更新，从而大大提升疫苗分发的透明度和安全性。本项目不仅展示了 Python 在公共卫生信息管理领域的应用，也体现了信息技术在确保疫苗分发效率和安全性方面不可或缺的作用。

相关知识

在程序开发过程中，开发者经常面临需要在不同地方重复使用某些代码功能的情况。以网站开发为例，用户在浏览网站的任意页面时，都可以进行登录、注册等操作。同样，在游戏开发中，不论游戏角色身处哪个场景，都具备移动、攻击等能力。这种代码的可复用性，如同烹饪过程中对食材的清洁工作。当我们使用相同的原材料制作不同的菜肴时，无须反复向新手厨师说明清洁步骤，而是将这些步骤整理成文档或传授给厨师，从而避免大量的重复工作。

这个过程与编程中函数的概念异曲同工。函数就是对实现特定功能的一段代码进行封装，并且赋予其一个名称，以便在需要时调用。函数的优点不仅在于提高代码的可复用性，更在于提高程序的可读性和可维护性。

函数的概念在计算机科学的发展初期就已形成，并且已成为各种编程语言的核心组成部分。简单来说，函数就是一个可以重复使用的代码块。它的一个显著优势是，无论在程序的哪个部分，都可以随时调用它，以实现特定的功能。实际上，几乎任何代码块都可以被封装为一个函数，从而提升代码的编写效率和可复用性。

素质养成

疫苗是预防传染病非常有效的手段之一，它能够保护个体免受疾病侵害，同时减少疾病在人群中的传播。由于疫苗的特殊性，其物流信息的准确性和可靠性直接关系到公共卫生安全。在开发疫苗物流信息监测系统的过程中，学生将深刻体会到这一点。他们不仅会深入学习 Python 函数的相关知识，还会在实际操作中理解到，每一个代码块、每一个函数的正确执行，都关乎着疫苗能否安全、准确地运输到目的地。

在这一过程中，学生将逐渐认识到技术工作不仅仅是对知识的运用，更是对社会责任的担当。每一次的系统优化、每一次的错误修复，都可能为疫苗的分发效率和安全性带来实质性的改善。

通过这种深入实践的方式，学生不仅能提升技术水平，还会在心灵深处烙下技术与社会责任紧密相连的印记。他们将逐渐形成强烈的职业责任感，明白自己所从事的工作的重要性和价值，从而在未来的职业生涯中，始终坚守初心和使命，为社会的健康、安全和进步贡献力量。

项目实施

疫苗物流信息监测对于确保疫苗的有效分发和使用至关重要。它能保证疫苗在运输过程中的质量，优化配送路线以提高分发效率，减少因疫苗损坏或过期而造成的浪费。

本项目将利用 Python 基础语法、基本数据结构和函数语法设计一个疫苗物流信息监测系统，主要实现管理员登录功能、疫苗数据添加功能、疫苗信息统计功能和疫苗物流信息异常检测功能。

任务 1　管理员登录功能的实现

微课：项目 2 任务 1-管理员
登录功能的实现.mp4

疫苗信息的敏感性和准确性要求该系统不能被公众匿名访问和修改数据，只有管理员才有资格对其中的数据进行修改。因此，疫苗物流信息监测系统首先需要设计管理员登录功能。

管理员登录功能确保只有经过授权的人员才能访问和管理系统，以维护系统的安全性和数据的完整性。管理员可以通过这一功能对疫苗信息进行有效的管理和维护，及时更新数据，并且及时检查其中的异常数据，从而做出进一步的应对措施。

本任务将通过硬编码的方法，将管理员的账号和密码作为常量定义在程序中，定义管理员账号为 admin，密码为 admin123，以明文形式保存在变量中。程序接收用户输入的账号和密码，将其与预定义的账号和密码匹配，如果匹配成功，则登录成功。如果匹配失败，则输出错误信息，并且等待用户重新输入。程序循环接收用户输入的账号和密码，在用户输入正确的账号和密码后，正常退出程序。管理员登录功能的控制流如图 2.1 所示。

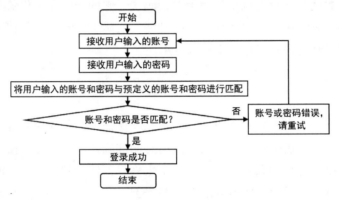

图 2.1　管理员登录功能的控制流

动一动

根据登录功能的控制流，设计并实现管理员登录功能，要求使用函数完成。

任务单

任务单 2-1　管理员登录功能的实现

学号：＿＿＿＿＿＿　　姓名：＿＿＿＿＿＿　　完成日期：＿＿＿＿＿＿　　检索号：＿＿＿＿＿＿

任务说明

通过函数定义和调用实现疫苗物流信息监测系统的管理员登录功能。该函数能够接收用户输入的账号和密码，验证账号和密码的有效性。如果账号和密码验证通过，则打印"登录成功！"；如果账号和密码验证不通过，则打印"账号或密码错误，请重试！"，并且等待用户重新输入账号和密码。该程序将循环接收用户输入的账号和密码，在用户输入正确的账号和密码后，正常退出程序，或者强制终止程序。

引导问题

想一想

（1）函数是什么？在程序中使用函数定义有什么好处？

（2）定义和调用函数的语法分别是什么？

续表

（3）在定义函数时，函数名需要满足什么要求？

（4）函数定义和函数调用的代码位置有什么要求？

（5）函数体代码能否不进行函数定义而插入调用点？需要做出哪些改变？

✎ **重点笔记区**

➡ **任务评价**

评价内容	评价要点	分值	分数评定	自我评价
1. 任务实施	定义全局变量	2 分	能正确定义管理员账号变量得 1 分；能正确定义管理员密码变量得 1 分	
	定义管理员登录函数	4 分	能正确编写函数定义语句得 1 分；能正确接收用户输入的账户和密码得 1 分；能正确实现账户和密码的验证得 1 分；能正确输出判断结果得 1 分	
	调用管理员登录函数	1 分	能正确调用管理员登录函数得 1 分	
2. 结果展现	运行程序	2 分	在输入正确的账户和密码后，能输出"登录成功！"并正常退出程序得 1 分；在输入错误的账户和密码后，能输出"账号或密码错误，请重试！"并循环接收用户输入得 1 分	
3. 任务总结	依据任务实施情况进行总结	1 分	总结内容切中本任务的重点和要点得 1 分	
合　计		10 分		

📝 **任务解决方案关键步骤参考**

（1）打开 IDE 创建脚本文件，定义全局变量，用于保存管理员账号和密码。

```
username = 'admin'
password = 'admin123'
```

（2）编写如下代码，定义管理员登录函数 login()。该函数接收用户输入的账号和密码，并且验证用户输入的账号和密码与预定义的账号和密码是否匹配，如果匹配，则打印"登录成功！"，并且退出程序；否则，打印"账号或密码错误，请重试！"，并且循环接收用户输入的账号和密码。

```
# 管理员登录功能
def login():
  while True:
  u = input("请输入您的账号: ")
  p = input("请输入您的密码: ")
  if u == username and p == password:
    print("登录成功！")
    return
  print("账号或密码错误，请重试！")
```

（3）在代码块中打印欢迎信息，并且调用 login() 函数。

```
print('*******************************')
```

```
print('** 欢迎使用疫苗物流信息监测系统 **')
print('******** 请登录 *********')
print('****************************')

login()
```

（4）保存 Python 脚本文件并运行，输入正确的账号和密码，执行效果如图 2.2 所示。

```
****************************
** 欢迎使用疫苗物流信息监测系统 **
******** 请登录 *********
****************************
请输入您的账号: admin
请输入您的密码: admin123
登录成功!
```

图 2.2　输入正确的账号和密码的执行效果

（5）重新运行 Python 脚本文件，输入错误的账号和密码，执行效果如图 2.3 所示。

```
****************************
** 欢迎使用疫苗物流信息监测系统 **
******** 请登录 *********
****************************
请输入您的账号: user
请输入您的密码: 123456
账号或密码错误，请重试!
```

图 2.3　输入错误的账号和密码的执行效果

2.1.1　函数的定义

函数的语法主要由两个核心部分组成：函数的定义和函数的调用。函数的定义用于阐述函数能实现的具体功能，而函数的调用则指定了在程序中的哪个环节需要执行该函数。

定义的基本语法如下。

```
def 函数名(形参列表):
    函数体
```

其中，def 是一个关键字，用于标识函数定义的开始。紧接着是函数名，它是这个函数的标识符，方便我们在程序的其他部分调用函数。在函数命名时应遵循一定的规则：函数名可以包含英文字母、数字和下划线，但不能以数字开头，也不能使用 Python 的保留关键字，建议函数名简洁明了。

形参列表体现了函数的灵活性，使函数能够适应不同的上下文环境。形参列表必须被圆括号括起来，即使在定义函数时不需要任何参数，圆括号也不能省略。关于形参列表的详细用法和功能，我们将在后续章节中深入探讨。

函数体是函数的核心部分，它包含了实现特定功能的代码块。

在定义函数时，有几点需要特别注意。

- def 关键字和函数名之间必须使用空格分隔。
- 形参列表可以为空，但圆括号必须存在。
- def 关键字、函数名和形参列表合起来被称为函数头，函数头后面必须跟一个冒号。函数体则需要从新的一行开始书写，并且必须相对于函数头进行缩进。在后续的描述中，我们将冒号视为函数头的一部分。

下面是一个简单的函数示例，它的功能是打印"Hello world!"。

```
def hello():
  print("Hello world!")
```

在这个例子中，我们遵循了函数定义的基本规则：使用了 def 关键字、给定了函数名 hello、定义了空的形参列表，以及包含了一行代码的函数体。请注意，示例中的打印语句使用了双引号将字符串引了起来。

2.1.2 函数的调用

函数的调用是指在程序的其他部分复用已经定义好的函数，以便利用其功能。调用的基本语法如下。

```
函数名(实参列表)
```

在调用函数时，需要指定函数名和相应的实参列表。函数名指的是要调用的函数的标识符，而实参列表则与形参列表相对应，被圆括号括起来。如果形参列表为空，则实参列表也应为空，但圆括号仍然必不可少。

当程序执行到函数调用语句时，它会在该位置插入并执行被调用函数整个函数体的代码。这意味着，调用函数相当于在调用位置将调用语句"替换"为函数体内的代码。

现在，我们来看看如何调用之前定义的 hello()函数。调用代码如下。

```
hello()
```

在 Python 的交互模式下，如果我们定义了 hello()函数并立即调用它，控制台将输出"Hello world!"。如图 2.4 所示，前两行是 hello()函数的定义，第 4 行展示了如何调用该函数，而第 5 行显示了调用的结果，即打印"Hello world!"字符串。这一过程清晰地展示了，尽管我们没有在第 4 行直接编写打印"Hello world!"的代码，但通过调用 hello()函数，我们实现了相同的效果，因为函数的调用触发了函数体内代码的执行。

```
>>> def hello():
...     print("Hello world")
...
>>> hello()
Hello world
>>> ▮
```

图 2.4 在 Python 的交互模式中定义和调用 hello()函数

此外，我们可以在编写其他代码后的任意位置调用 hello()函数，以实现相应的功能。值得注意的是，在 hello()函数的函数体中，我们也使用了函数调用语法，即调用了内置的 print()函数。与 hello()函数不同的是，print()函数是内置函数，而我们定义的函数则被称为自定义函数。此外，print()函数在调用时传入了一个非空的实参列表，其中包含一个字符串值"Hello world!"。

任务 2 疫苗数据添加功能的实现

随着新批次疫苗的生产和分发，系统需要及时添加新的疫苗物流数据信息，以确保所有信息都是最新的。因此，需要为系统增加疫苗数据添加功能，以便维护完整的疫苗物流数据记录，包括疫苗的名称、批次、数量、生产日期、有效期和物流信息等关键信息。

一条疫苗物流数据信息表示一种疫苗的一个批次的物流信息。疫苗

微课：项目 2 任务 2- 疫苗数据添加功能的实现.mp4

物流数据信息的有效字段及其含义如表 2.1 所示。

表 2.1 疫苗物流数据信息的有效字段及其含义

有效字段	含义
name	名称，字符串型，表示疫苗的名称，用于标识疫苗的种类
batch	批次，整型，表示疫苗的批次号。每一批疫苗都有独特的批次号，以便在需要的时候追踪和召回
quantity	数量，整型，表示该批次的疫苗的总数
production_date	生产日期，字符串型，表示疫苗生产并通过质量检验的日期。格式为"YYYY-MM-DD"。例如，"2050 年 2 月 28 日"就是"2050-02-28"
expiration_date	有效期，字符串型，表示疫苗保持最佳效力的截止日期。格式与 production_date 的相同
logistics	物流信息，表示疫苗的运输过程。该字段为序列类型值，表示该批次疫苗整个运输过程中的所有关键中途站及抵达时间点，序列的每一个元素为一个元组，格式为(location, time)。其中，location 表示中途地点，类型为字符串型，time 表示到达该地点的时间，类型为字符串型，格式与 production_date 的相同。logistics 的最后一个元素是物流终点信息

动一动

（1）设计并实现疫苗数据添加功能，能够接收用户输入的疫苗物流数据信息的各字段。
（2）创建一条疫苗物流数据信息，将其保存到物流信息列表中。

任务单

任务单 2-2   疫苗数据添加功能的实现

学号：_____ 姓名：_____ 完成日期：_____ 检索号：_____

任务说明

通过函数的定义和调用实现疫苗物流信息监测系统的疫苗数据添加功能。该函数依次接收用户输入的疫苗的名称、批次、数量、生产日期、有效期和物流信息，将所有用户输入的信息整合为一个字典，并且将该值作为函数返回值返回。设计程序调用该函数，接收返回值，将其保存到疫苗物流数据信息列表中。

引导问题

想一想

（1）函数返回值的意义是什么？
（2）函数返回的语法是什么？
（3）什么是变量的作用域？
（4）定义在函数体内的变量和定义在函数体外的变量有什么区别？

重点笔记区

➡ **任务评价**

评价内容	评价要点	分值	分数评定	自我评价
1. 任务实施	定义疫苗数据添加函数	5分	能正确接收用户输入的疫苗的名称、批次、数量、生产日期、有效期得 1 分；能正确接收用户输入的物流信息并保存到疫苗物流数据信息列表中得 2 分；能正确创建疫苗物流数据字典变量得 1 分；能正确返回疫苗物流数据变量得1分	
	定义全局变量	1分	能正确定义疫苗物流数据信息列表全局变量得1分	
	接收用户输入指令	1分	能正确编写接收用户指令的代码逻辑得1分	
	调用疫苗添加函数并保存结果	1分	能正确调用疫苗数据添加函数，并且将返回结果保存到疫苗物流数据信息列表中得1分	
2. 结果展现	运行程序	1分	程序能正常运行且接收用户输入得1分	
3. 任务总结	依据任务实施情况进行总结	1分	总结内容切中本任务的重点和要点得1分	
合　计		10分		

✎ **任务解决方案关键步骤参考**

（1）选择合适且熟悉的 IDE，打开任务 2-1 的 Python 脚本文件，继续编辑代码，定义疫苗数据添加函数 create_vaccine()，添加函数头，代码如下。

```
def create_vaccine():
```

（2）编写函数体。依次接收用户输入的疫苗的名称、批次、数量、生产日期和有效期。

```
name = input("请输入疫苗的名称：")
batch = int(input("请输入疫苗的批次："))
quantity = int(input("请输入疫苗的数量："))
production_date = input("请输入疫苗的生产日期（格式为 YYYY-MM-DD）：")
expiration_date = input("请输入疫苗的有效期（格式为 YYYY-MM-DD）：")
```

（3）接收用户输入的物流信息。疫苗物流信息包含了该批次疫苗在其整个运输过程中的所有中途停靠点及其抵达时间。因此，物流信息是一个列表。程序循环接收每一条中途停靠点的信息，包括中途停靠地点和停靠时间，先将这两个数据封装成一个元组值，再添加到物流信息列表中。程序循环接收用户输入的数据，直到用户输入"Q"退出循环。

```
logistics = []  # 物流信息列表
while True:
  location = input("请输入疫苗的运输地点（输入 Q 退出）：")
  if location == "Q":
    break
  time = input("请输入疫苗的运输时间（格式为 YYYY-MM-DD）：")
  logistics.append((location, time))
```

（4）将用户输入的所有信息封装成一个字典值并保存为一个变量。其中，为了正常保存物流信息，需要将其转换为不可变的元组值。

```
vaccine = {
        'name' : name,
        'batch' : batch,
        'quantity' : quantity,
        'production_date' : production_date,
```

```
        'expiration_date' : expiration_date,
        'logistics' : tuple(logistics)
    }
```

（5）返回 vaccine 变量。

```
return vaccine
```

（6）定义全局变量 vaccines，用于保存所有疫苗物流数据信息。

```
vaccines = []
```

（7）编写如下代码，循环接收用户的指令。其中，1 表示添加疫苗，2 表示统计疫苗，3 表示退出系统。目前只实现了疫苗数据添加功能，当用户输入指令 1 时，程序会调用 create_vaccine()函数来创建疫苗物流信息记录，并且将返回值加入 vaccines 列表。

```
while True:
    command = int(input(
'''1 - 添加疫苗
2 - 统计疫苗
3 - 退出系统
请输入您要执行的操作：'''))

    if command == 1:
        vaccine = create_vaccine()
        vaccines.append(vaccine)
        print("疫苗数据添加成功！")
    else:
        print("暂未实现，请重新输入。")
```

（8）保存 Python 脚本文件并运行，先输入指令 1，再输入疫苗物流数据信息，添加的疫苗物流数据信息如表 2.2 所示。

表 2.2　添加的疫苗物流数据信息

名称	批次	数量	生产日期	有效期	物流信息	
					地点	时间
破伤风疫苗	1	20000	2022-06-01	2023-05-31	深圳	2022-06-02
					上海	2022-06-05
					苏州	2022-06-07

添加疫苗物流数据信息的执行效果如图 2.5 所示。

```
*****************************
** 欢迎使用疫苗物流信息监测系统 **
******** 请登录 **********
*****************************
请输入您的账号：admin
请输入您的密码：admin123
登录成功！
1 - 添加疫苗
2 - 统计疫苗
3 - 退出系统
请输入您要执行的操作：1
请输入疫苗的名称：破伤风疫苗
请输入疫苗的批次：1
请输入疫苗的数量：20000
请输入疫苗的生产日期（格式为YYYY-MM-DD）：2022-06-01
请输入疫苗的有效期（格式为YYYY-MM-DD）：2023-05-31
请输入疫苗的运输地点（输入Q退出）：深圳
请输入疫苗的运输时间（格式为YYYY-MM-DD）：2022-06-02
请输入疫苗的运输地点（输入Q退出）：上海
请输入疫苗的运输时间（格式为YYYY-MM-DD）：2022-06-05
请输入疫苗的运输地点（输入Q退出）：苏州
请输入疫苗的运输时间（格式为YYYY-MM-DD）：2022-06-07
请输入疫苗的运输地点（输入Q退出）：Q
疫苗数据添加成功！
```

图 2.5　添加疫苗物流数据信息的执行效果

2.2.1　函数的返回

当函数被调用时，解释器不会将被调函数的代码复制到调用位置，而是通过控制流的转移，直接在被调用函数的函数体内执行代码。一旦函数体代码执行完成，控制流就会返回至调用点，继续执行后续代码。函数的强大之处在于其能够接收调用时的上下文关键状态，如可以通过形参与实参传递信息，也可以通过返回值将结果传回调用上下文。

函数的返回机制允许函数将执行结果传回调用点，其语法如下。

```
return 返回值
```

这里，"返回值"是一个合法的表达式，它可以是变量、值、复杂表达式或空。返回语句可能是函数体中的最后一条语句。如果返回值为空，则函数会返回 None。

以下是语法正确的函数返回示例。

```
return                # 没有返回值，实际返回 None
return val            # 返回变量 val 的值
return 10             # 返回一个整型值
return [1,2,3]        # 返回一个列表值
return "hello"        # 返回一个字符串值
return 1*(2+3)        # 返回一个算术表达式的计算结果
return time()         # 调用一个函数，将该函数的返回值作为自己的返回值
return len("happy") > 12 ? val1 : val2    # 稍微复杂的表达式，返回该表达式的结果值
```

返回语句可以返回单个或多个值。多个返回值之间需用逗号隔开。

```
return 返回值 1，返回值 2，返回值 3
```

在多个返回值中，每个返回值都可以是任一合法的表达式。以下是语法正确的多个函数返回值的示例。

```
return val, vec
return 10, "I like Python!", len("Hello")
return str, [1,2,3], -1, 12 + len("happy")
```

返回语句可以出现在函数体的任意位置，并且可以出现多次，但一旦执行到返回语句，函数会立即退出，并且返回调用点。因此，如果函数体内有多条返回语句，则只有一条会被执行。在前面的章节中，我们已经学习了程序控制结构的含义和作用。当合理使用程序控制结构时，程序控制流会在代码中"自由穿梭"，而非从上到下按顺序执行，最终会使一些代码被重复执行，而另一些代码被跳过执行。在添加函数返回语句时，需要注意的一点是：无论是在函数体中使用程序控制结构，还是在函数体中插入多少条返回语句，当控制流达到任意一条返回语句时，必然会跳出函数，返回该函数的调用点，并且执行调用点之后的代码。以下代码定义了一个 greet()函数。

```
user = "小明"
def greet():
  if user == "小明":
    return "你好，我是小明"
  else:
    return "对不起，我不是小明"
  return "程序控制流永远不会到达这里"
```

在该示例中，第 3 行至第 7 行都是 greet()函数的函数体。在 greet()函数中，我们使用了条件控制结构，无论如何，控制流都会转移到第 4 行或第 6 行，随后跳出函数。因此，第 7 行的返回语句永远不会执行。

函数中也可以不含任何返回语句，如 hello()函数，该函数会一直执行到结尾再跳出，并且返回 None。

由于函数能够返回一个值或多个值，因此其返回值相当于函数调用语句的结果值。因此，函数调用语句可以像一个表达式一样被使用。例如，下面的示例就是将函数的返回值赋值给变量，或者置入表达式的计算中，也可以像没有返回值的函数一样来进行调用，直接将返回值忽略。

```
val = input()   # input()函数会返回一个值，该值被赋值给变量 val
str1, str2 = split(str) # split()函数会返回两个值，这两个值分别被赋值给变量 str1 和 str2
msize = len("Hello") + 12   # len()函数的返回值与 12 相加后被赋值给变量 msize
len("Hello")     # 该函数调用语句被正常执行，只是它的返回值被丢弃了
```

对于有多个返回值的函数，如果我们只关心其中部分返回值，而想忽略另一部分返回值，该怎么做呢？

以上方示例中第 2 行的 split()函数为例，该函数的返回值有两个，而我们只关心第二个返回值，并不关心第一个。一种做法是，首先使用两个变量接收该函数的两个返回值，然后在后续代码中不使用第一个变量。当一个函数的返回值够多，或者我们设计的程序中定义的变量够多，或者我们想遗弃的变量够多时，这种较"原始"的做法也许会使程序代码紊乱，影响程序的可读性和可维护性。

"善解人意"的 Python 为我们提供了一个特殊的变量"_"。该变量只可被赋值，不可被使用。也就是说，它只能出现在表达式的左部。与我们定义的"待遗弃"的变量相比，使用"_"变量的一大优势是，它可以在表达式的左部重复出现。以下代码是一个使用"_"变量的示例。

```
# 定义一个函数，该函数返回 3 个值
def ret_3():
return 1, 2, 3
# 由于我们只想要第二个返回值，因此不得不为两个被遗弃的返回值定义两个"待遗弃"的变量
ignore1, val, ignore2 = ret_3() ignore, val, ignore = ret_3()
# 请注意，以上语法错误！ignore 变量在一个表达式中不能重复定义
# 以下是最推荐的语法
_, val, _ = ret_3()
val = _
# 请注意，以上语法错误！"_"变量不能出现在表达式的右部
```

我们定义了一个返回 3 个值的函数 ret_3()。在实际调用时，我们只想要第二个返回值，而不想要第一个返回值和第三个返回值。如果采用先前提过的"原始"做法，对应这 3 个返回值，我们需要定义 3 个变量 ignore1、val 和 ignore2。其中，ignore1 和 ignore2 是在后续代码中永远不会被使用的变量。尽管这么做没有语法问题，但是当这种"待遗弃"的变量变多时，就会影响程序的可读性和可维护性。

如果为所有被遗弃的返回值只定义一个"待遗弃"的变量呢？这将触发语法错误，因为同一个变量在同一个表达式中不可被重复定义。

最推荐的做法是使用"_"变量，这相当于只定义了一个变量，却能无错地接收所有被遗弃的返回值。因此在编程时，如果遇到了函数的返回值需要被遗弃的情况，强烈推荐使用"_"变量。只不过，该变量只能被赋值——即只能出现在表达式的左部，而不能被使用——即不能出现在表达式的右部，真正贯穿了"待遗弃"变量的使命。

2.2.2　变量的作用域

变量的作用域是指变量能够被访问的代码范围。它界定了在程序的不同部分能够访问哪些变量。在 Python 中，变量的作用域可划分为 4 种类型：局部作用域（Local）、嵌套作用域（Enclosing）、全局作用域（Global）和内置作用域（Built-in）。

局部作用域指的是在函数或方法内部定义的变量的有效范围。这些在函数内部定义的变量被称为局部变量。它们的作用域仅限于定义它们的函数内部，这意味着这些变量只能在定义它们的函数内部被访问和修改。一旦超出该函数范围，这些局部变量将无法被直接访问。这种作用域限制有助于提升代码的安全性和封装性，以确保数据不会在不同函数间意外泄露或混淆。

以下代码是一个在函数内部定义局部变量的示例。

```
def my_function():
  # 这是一个局部变量
  local_variable = 10
  print(f"在函数内部打印一个局部变量：{local_variable}")  # 输出“10”

my_function()
# 在函数外部访问局部变量会导致错误
print(f"在函数外部尝试打印一个局部变量：f{local_variable}")
```

local_variable 在 my_function()函数内部定义和使用。在函数内部尝试访问 my_function()函数时，执行上方的代码，执行结果如图 2.6 所示。函数中的 print()函数能够正常执行，打印内容为“在函数内部打印一个局部变量：10”。当在函数外部尝试访问它时，则会引发 NameError。这是因为 local_variable 的作用域在函数内部，在函数外部不能访问函数内部定义的局部变量。

```
在函数内部打印一个局部变量：10
Traceback (most recent call last):
  File "d:\test.py", line 8, in <module>
    print(f"在函数外部尝试打印一个局部变量：f{local_variable}")
                                            ^^^^^^^^^^^^^^
NameError: name 'local_variable' is not defined
```

图 2.6　在函数外部尝试访问局部变量的执行结果

嵌套作用域指的是在一个函数内部定义的另一个函数所拥有的作用域。在这种作用域中，内部函数可以访问包含它的外部函数中定义的变量，这些变量对内部函数而言是可见的。然而，这些在外部函数中定义的变量，对除这个内部函数外的其他部分来说，是不可访问的。嵌套作用域主要出现在函数嵌套定义的场景中，它为内部函数提供了一种安全的机制来访问和使用外部函数中的变量，而不会影响程序的其他部分。这种特性有助于实现代码的模块化和封装，从而提高程序的可维护性和可读性。

以下代码是一个嵌套作用域的示例。

```
def outer_function():
  # 外层函数的局部变量
  outer_variable = '外层变量'

  def inner_function():
    # 内层函数可以访问外层函数的局部变量
    print(outer_variable)  # 输出“外层变量”
```

```
  inner_function()

# 调用外层函数
outer_function()
```

在上面的代码中，outer_variable 是在外层函数 outer_function()中定义的。虽然它不是全局变量，但可以在内层函数 inner_function()中被访问。这是因为 inner_function()函数位于 outer_function()函数的嵌套作用域内。执行这段代码，能够正确打印 outer_variable 的值。

全局作用域指的是在整个代码文件的顶层定义的变量所具有的有效范围。全局变量可以在代码文件的任何位置被访问，无论是在函数内部还是在类的定义中。全局变量的主要作用是在整个程序范围内共享数据，它们通常用于存储那些需要在程序不同部分之间共享的信息。通过使用全局变量，可以在程序的任何位置方便地读取和修改这些数据，从而实现不同函数或类之间的数据交互。然而，也需要注意全局变量的合理使用，以避免不必要的数据耦合和潜在的错误。

以下代码是一个全局变量的示例。

```
# 这个变量具有全局作用域
global_variable = "我是全局变量"

def my_function():
  # 在函数内部可以访问全局变量
  print(global_variable)        # 输出"我是全局变量"

# 在函数外部也可以访问全局变量
print(global_variable)          # 输出"我是全局变量"

my_function()
```

global_variable 在文件的顶层定义，因此它具有全局作用域。它可以在 my_function()函数内部被访问，也可以在 my_function()函数外部被访问。

内置作用域是一个特殊的作用域，它在 Python 解释器启动时自动创建，并且包含了大量的 Python 内置函数和变量。这些内置的函数和变量具有全局可访问性，无须任何导入操作，即可在任何模块或函数中被直接调用。

例如，在使用 len()函数来查询列表的长度或使用 print()函数输出信息时，实际上就是在调用内置作用域中的这些函数。由于这些函数和变量在 Python 解释器启动时就已经被内置其中，因此被称为内置作用域。

内置作用域极大地提升了编程的便捷性和效率。通过内置函数和变量，我们能够更加轻松地实现各种编程需求，从而提高开发速度。

任务3　疫苗信息统计功能的实现

疫苗物流管理员需要查看系统中记录的所有疫苗物流数据信息。疫苗信息统计功能提供了一个宏观的视角来观察和分析疫苗分发的整体情况。该功能允许管理员快速获取关键信息，如疫苗的总量、分

微课：项目2 任务3-疫苗
信息统计功能的实现.mp4

布情况及可能的供应链瓶颈。通过统计数据，管理员可以评估疫苗分发的效率，确定是否满足当前的需求，并且调整相应的策略。

疫苗信息统计功能可以读取系统中的所有疫苗物流数据信息，以便于阅读的格式打印指定的疫苗物流数据信息。疫苗信息统计函数相应的配置及其含义如表 2.3 所示。

表 2.3 疫苗信息统计函数相应的配置及其含义

配置	含义
show_batch	布尔值，默认为 True，表示打印批次号，False 表示不打印批次号
show_quantity	布尔值，默认为 True，表示打印数量，False 表示不打印数量
show_production_date	布尔值，默认为 True，表示打印生产日期，False 表示不打印生产日期
show_expiration_date	布尔值，默认为 True，表示打印有效期，False 表示不打印有效期
show_logistics_num	整型值，用于限制打印的物流信息记录数量，默认为 0

动一动

设计并实现疫苗信息统计函数，该函数通过参数接收疫苗物流数据信息和一些配置，根据用户的配置或默认的配置输出疫苗物流数据信息。

任务单

任务单 2-3 疫苗信息统计功能的实现

学号：_____ 姓名：_____ 完成日期：_____ 检索号：_____

➡ **任务说明**

通过函数定义和调用实现疫苗信息统计功能。该函数通过参数接收疫苗物流数据信息和用户配置，包括是否打印批次号、是否打印数量、是否打印生产日期、是否打印有效期和要打印的物流信息记录的最大数量。该函数根据配置，以便于阅读的格式打印指定的疫苗物流数据信息记录。

➡ **引导问题**

⌨ **想一想**

（1）函数参数的意义是什么？

（2）函数参数分哪几种？它们分别有什么区别？

（3）函数参数的语法是什么？

✎ **重点笔记区**

➡ **任务评价**

评价内容	评价要点	分值	分数评定	自我评价
1. 任务实施	定义疫苗信息统计函数	6 分	能正确定义参数列表得 2 分；在函数体中正确引用参数得 2 分；能正确打印疫苗物流数据信息各字段得 2 分	
	定义用户指令行为	1 分	能正确定义指令 2 的行为得 1 分	
	调用疫苗信息统计函数来打印信息	1 分	能正确调用疫苗信息统计函数得 1 分	
2. 结果展现	运行程序	1 分	程序能正常执行且能正确打印疫苗物流数据信息得 1 分	
3. 任务总结	依据任务实施情况进行总结	1 分	总结内容切中本任务的重点和要点得 1 分	
合 计		10 分		

任务解决方案关键步骤参考

（1）选择合适且熟悉的 IDE，打开任务 2-2 的 Python 脚本文件，继续编辑代码。定义疫苗信息统计功能函数 stat_info()，首先定义函数头。该函数需要接收 6 个参数，分别为 vaccine、show_batch、show_quantity、show_production_date、show_expiration_date、show_logistics_num。用户配置相关的 5 个参数按照表 2.3 的描述设置默认值。

```python
def stat_info(vaccine,
              show_batch=True,
              show_quantity=True,
              show_production_date=True,
              show_expiration_date=True,
              show_logistics_num=0):
```

（2）编写函数体。函数需要依次判断各个字段的相关配置，并且按要求输出批次、数量、生产日期和有效期。对于每个字段，如果相应配置为 True，则输出字段值，否则，以"***"来代替该字段的输出。函数通过 if 三元运算符来完成配置的判断和字段值的输出。

```python
print(vaccine['name'] + '\t' +
  (str(vaccine['batch']) if show_batch else '***\t') + '\t' +
  (str(vaccine['quantity']) if show_quantity else '***\t') + '\t' +
  (vaccine['production_date'] if show_production_date else '***\t') + '\t'+
  (vaccine['expiration_date'] if show_expiration_date else '***\t'))
```

（3）函数根据指定的打印物流信息记录数量的最大值，遍历该批次疫苗的物流信息列表，并且依次输出。

```python
for i in range(show_logistics_num):
  print(vaccine['logistics'][i][0] + '\t' + vaccine['logistics'][i][1])
```

（4）在顶层代码块中，添加指令 2 的行为，依次遍历全局变量 vaccines，对每一条疫苗物流数据信息记录，调用 stat_info() 函数以打印其信息，任意设置其配置。例如，将 show_production_date 参数的值设置为 False，show_expiration_date 参数的值设置为 False，show_logistics_num 参数的值设置为 1，其他配置保持默认值。

```python
if command == 1:
  vaccine = create_vaccine()
  vaccines.append(vaccine)
  print("疫苗数据添加成功！")
elif command == 2:
  print("疫苗信息统计如下：")
  for vaccine in vaccines:
    print("名称\t\t批次\t 数量\t 生产日期\t 有效期")
    stat_info(vaccine,
              show_production_date=False,
              show_expiration_date=False,
              show_logistics_num=1)
```

（5）保存 Python 脚本文件并运行，先输入指令 1，再输入疫苗物流数据信息，添加的疫苗物流数据信息如表 2.4 所示。

表 2.4 添加的疫苗物流数据信息

名称	批次	数量	生产日期	有效期	物流信息	
					地点	时间
破伤风疫苗	1	20000	2022-06-01	2023-05-31	深圳	2022-06-02
					上海	2022-06-05
					苏州	2022-06-07
A 型肝炎疫苗	6	5000	2024-03-12	2025-06-12	广州	2024-03-16
					合肥	2024-03-20

（6）完成疫苗物流数据信息的录入后，输入"Q"返回上一级交互环境，输入指令 2，其执行结果如图 2.7 所示。对于每一条疫苗物流数据信息，首先会输出字段名，如下：

名称　　　批次　　　数量　　　生产日期　　　有效期

各字段名使用制表符分隔，随后一行输出疫苗物流数据信息。由于配置指定不输出的信息都会被"***"取代，因此随后会根据打印物流信息记录数量的最大值并依次打印相应数量的物流信息。当前，系统中包含两条疫苗物流数据记录，分别是破伤风疫苗和 A 型肝炎疫苗，如表 2.4 所示。当前设置的打印物流信息记录数量的最大值为 1。因此，每条疫苗物流数据信息只会输出第一条物流信息。

```
请输入您要执行的操作：2
疫苗信息统计如下：
名称        批次   数量     生产日期      有效期
破伤风疫苗    1     20000    ***          ***
深圳    2022-06-02
名称        批次   数量     生产日期      有效期
A型肝炎疫苗   6     5000     ***          ***
广州    2024-03-16
```

图 2.7 输出疫苗物流数据信息的执行效果

2.3.1 形参和实参

在程序设计中，参数是一种特殊的变量，用于在调用函数时，将调用环境的上下文信息传递给函数。参数在函数定义中声明，并且在函数调用时通过传递具体的值来初始化。如果一个函数没有设置参数，则无论它在何时何地被调用，其执行流程和结果都将保持一致（除非受全局变量的影响，这些全局变量与函数调用的局部环境无关）。

然而，参数的存在使函数更灵活。通过参数，函数可以根据不同的调用环境和上下文进行不同的操作，产生不同的结果。这种设计不仅保持了函数的高可复用性，还增强了其适应性和变通能力。以下是一个简单的函数定义示例，它包含一个参数。

```
def greet_arg(user):
    return "你好，我是" + user
```

在以上示例中，我们定义了一个名为 greet_arg 的函数，它接收一个参数 user。当我们在程序的不同位置调用这个函数时，可以为 user 参数指定不同的值。比如，如果我们在调用 greet_arg()函数时将 user 参数的值设置为"小明"，则函数的返回值将是"你好，我是小明"。这样，传入的参数不同，函数的执行结果也会相应变化。

在 Python 交互模式中定义和调用 greet_arg()函数如图 2.8 所示。通过传入两个不同的参数值，我们得到了两个不同的结果，这充分展示了参数在提高函数灵活性和适应性方面的作用。

```
>>> def greet_arg(user):
...   if user == "小明":
...     return
KeyboardInterrupt
>>> def greet_arg(user):
...   return "你好，我是" + user
...
>>> greet_arg("小明")
'你好，我是小明'
>>> greet_arg("小张")
'你好，我是小张'
>>>
```

图 2.8　在 Python 交互模式中定义和调用 greet_arg()函数

在第一次调用时，user 参数的值被设置为"小明"，该函数的输出结果是"你好，我是小明"；在第二次调用时，user 参数的值被设置为"小张"，该函数的输出结果是"你好，我是小张"。

函数的定义遵循以下语法结构。

```
def 函数名(形参列表):
  函数体
```

形参列表可以包含零个或多个形参变量。形参变量（简称形参）是在调用函数时才会设置其值的特殊变量。在定义函数时，我们需要识别哪些变量的值将由调用函数的上下文确定，并且将这些变量定义为形参。形参在函数定义时仅需命名，在函数体中可以像其他变量一样使用。形参列表可以为空，也可以包含单个形参或多个使用逗号分隔的形参。例如：

```
def greet_arg_3(user, age, fruit):
  return f"你好，我是{user}，我今年{age}岁，我最喜欢的水果是{fruit}。"
```

在调用带有形参的函数时，需要为形参提供具体的值。函数调用语法如下。

```
函数名(实参列表)
```

实参列表用于为形参赋值。它包含零个或多个实参表达式，各表达式之间使用逗号分隔。实参表达式（简称实参）在调用函数时用于设置形参值的表达式，可以是任何类型的表达式，如单个值、变量或复杂表达式。

例如，在 Python 交互模式中定义和调用 greet_arg_3()函数，传入 3 个实参，如图 2.9所示。

```
>>> def greet_arg_3(user, age, fruit):
...   return f"你好，我是{user}，我今年{age}岁，我最喜欢的水果
是{fruit}。"
...
>>> greet_arg_3("小李", 22, "苹果")
'你好，我是小李，我今年22岁，我最喜欢的水果是苹果。'
>>>
```

图 2.9　在 Python 交互模式中定义和调用 greet_arg_3()函数

在定义函数时，形参没有确定的值。只有在调用函数时，才通过实参列表为形参赋值（该过程被称为传值）。随后，在调用点执行函数体代码，形参的初始值即为传入的实参值。如图2.8 所示，我们调用了两次 greet_arg()函数，分别传入了不同的参数值："小明"和"小张"。在执行 greet_arg()函数时，根据当前的实参值，输出了不同的结果。这展示了形参与实参的灵活性和函数的高可复用性。

2.3.2　位置参数和关键字参数

在函数调用中，实参列表需要遵循一定的规则。最简单的实参列表应当与被调函数的形

参列表在数量和位置上保持一一对应的关系。以下是一些调用带参函数的示例。

```
greet_arg("小明")
print("Hello world!")
greet_arg_3("小明", 21, "苹果")
greet_arg_3(name, 10+2+val, "苹果")
greet_arg_3("小明", compute_age(), "苹果")
```

在上方代码中，第 1 行调用了 greet_arg()函数，其实参列表中包含一个字符串值 "小明"，对应该函数形参列表中的 user 变量。第 3～5 行是调用 greet_arg_3()函数的示例，其实参列表中的 3 个实参表达式分别对应该函数形参列表中的 user、age 和 fruit。在第 4 行中，第 1 个实参为 name 变量，将作为形参 user 的值；第 2 个实参为一个较复杂的表达式，其计算结果将作为形参 age 的值；第 3 个实参为一个字符串值 "苹果"，将作为形参 fruit 的值。在第 5 行中，第 2 个实参为一个调用函数的语句，其调用结束后的返回值将作为形参 age 的值。

当实参与形参位置严格对应时，这些实参被称为位置实参。位置实参必须按照形参定义的顺序传递，既不能多也不能少。除了位置实参，还有一种实参被称为关键字实参，它允许在调用函数时明确指定形参的名称。例如：

```
greet_arg_3(user = "小明", age = 21, fruit = "苹果")
greet_arg_3(age = 10+2+val, fruit = "苹果", user = name)
greet_arg_3("小明", fruit = "苹果", age = compute_age())
```

第 1 行调用语句中的实参列表包含了 3 个关键字实参，显式地指明了要给哪个形参赋什么值。当使用关键字实参时，不必再像使用位置实参那样实参和形参的位置一一对应。如上方代码中第 2 行的调用语句所示，尽管形参的顺序是 user、age、fruit，但关键字实参对应要赋值的形参的顺序是 age、fruit、user。无论函数的形参有多少个，关键字实参的顺序都可以是任意的，当然也可以和形参的顺序完全一致。在同一个实参列表中，位置实参与关键字实参也可以混用，如上方代码中第 3 行的调用语句所示。但需要注意的是，位置实参不可出现在关键字实参之后。可以理解为，在实参列表中，从使用关键字实参开始，之后的实参与形参的位置对应信息就失效了。如果我们在关键字实参之后使用位置实参，则会报错，如图 2.10 所示。

```
>>> greet_arg_3(user="小李", 22, "苹果")
  File "<stdin>", line 1
    greet_arg_3(user="小李", 22, "苹果")
                            ^
SyntaxError: positional argument follows keyword argument
>>> ▮
```

图 2.10　错误信息

在图 2.10 中，调用 greet_arg_3()函数时传入的第一个实参为关键字实参，对应该函数形参列表中的第一个形参 user；后两个实参为位置实参，分别对应形参列表中的 age 和 fruit。尽管实参顺序与形参顺序完全一致，但依然会报错。错误信息 "positional argument follows keyword argument" 表示在关键字实参之后使用了位置实参，这是不被允许的。因此，在实参列表中，关键字实参之后不可以使用位置实参，哪怕前面的关键字实参的顺序与形参是一一对应的。

2.3.3 默认参数

在调用带有参数的函数时，实参的主要作用是为形参提供初始值。在函数体内，形参像其他变量一样被操作，并且有可能被重新赋值。此外，我们在定义函数时可以为形参设置默认值，这样的参数被称为默认参数。默认参数在函数被调用时，如果未提供相应的实参，则自动采用设置的默认值。下面是一个带有默认参数的函数的定义示例。

```
def greet_arg_3_default(user, age=20, fruit = "苹果"):
 return f"你好，我是{user}，我今年{age}岁，我最喜欢的水果是{fruit}。"
```

greet_arg_3_default()函数是对 greet_arg_3()函数的改写，其形参个数及其含义不变，函数体也不变，只是形参 age 和 fruit 设置了默认值。形参的默认值会在调用该函数时生效。

在调用带参函数时，可以给默认参数传值，也可以不传值。如果给默认参数传值，则在该调用点，形参的值就是传入的实参的值；否则，形参的值就是默认值。

例如，当调用 greet_arg_3_default()函数时，我们完全可以忽略 age 和 fruit 的默认值，就像调用 greet_arg_3()函数一样来调用 greet_arg_3_default()函数，那么在调用点，所有形参的值都由实参来设置。我们也可以不为默认参数提供实参，那么在调用点，没有为其设置实参的形参的初始值就是定义该函数时设置的默认值。

在定义带参函数时，我们可以为一部分形参设置默认值，而另一部分不设置默认值。但需要注意的是，与关键字实参和位置实参的规则相同，默认参数之后不可以出现非默认参数。以下代码是一个语法错误的函数头的写法。

```
def greet_arg_error(user = "小明", age, fruit = "苹果"):
```

其中，形参 user 设置了默认值，那么在其之后的所有形参都应该设置默认值。然而形参 age 没有设置默认值，那么当 Python 解释器解析该函数头时会报错，如图 2.11 所示。该错误信息的含义是，非默认参数紧跟在默认参数之后。也就是说，在默认参数之后使用非默认参数是不被允许的。

```
>>> def greet_arg_error(user = "小明", age, fruit = "苹果"):
  File "<stdin>", line 1
    def greet_arg_error(user = "小明", age, fruit = "苹果"):
                                      ^^^
SyntaxError: non-default argument follows default argument
>>> 
```

图 2.11　错误信息

在调用带参函数时，我们可以不为默认参数提供实参。但需要注意的是，位置实参和关键字实参的使用规则仍然与前面的相同：如果设置了位置实参，则位置实参与形参一一对应；关键字实参与形参的顺序无关；关键字实参之后不可以使用位置实参。以下代码展示了调用 greet_arg_3_default()函数的一些正确的和错误的示例。

```
greet_arg_3_default("小智", 21, "香蕉")   # 正确
greet_arg_3_default("小智", 21)  # 正确
greet_arg_3_default("小智", "香蕉")   # 错误
greet_arg_3_default("小智", fruit = "香蕉")   # 正确
```

如果不想为中间某些默认参数提供实参，则这些形参对应的实参都可以省略。而对于之后剩下的所有想对其设置实参的形参，只能使用关键字实参来进行设置。

2.3.4   可变参数

在定义函数时，我们除了可以指定固定数量的参数，还可以使用带"*"的可变参数来允许函数接收任意数量的实参。这种可变参数在函数体内被视为一个元组，它能够灵活处理多个输入值。

以下是一个具有可变参数的函数示例。

```
def greet_star(user, *guests, age = 20):
  print(f"你好，我是{user}，我今年{age}岁")
  for name in guests:
    print(f"你好，{name}")
```

在这个函数中，*guests 是一个可变参数，它可以接收任意数量的位置实参，并且将它们存储在一个元组中。

当定义包含可变参数的函数时，有两点需要注意。第一，可变参数只能有一个，并且必须位于所有普通形参之后。第二，如果函数同时包含普通形参、可变参数和参数，则参数必须位于形参列表的最后。

在调用包含可变参数的函数时，需要遵循以下规则。

- 对于位于可变参数之前的普通形参，必须使用位置实参进行传值。
- 可变参数可以接收任意数量的位置实参，这些实参将被聚合成一个元组。
- 对于位于可变参数之后的普通形参，必须使用关键字实参进行传值。

定义和调用 greet_star()函数如图 2.12 所示，greet_star()函数被调用了 4 次。

```
>>> def greet_star(user, *guests, age = 20):
...     print(f"你好，我是{user}，我今年{age}岁")
...     for name in guests:
...         print(f"你好，{name}")
...
>>> greet_star("张悦")
你好，我是张悦，我今年20岁
>>> greet_star("张悦", "陈杰", age=24)
你好，我是张悦，我今年24岁
你好，陈杰
>>> greet_star("张悦", "陈杰", "凯文")
你好，我是张悦，我今年20岁
你好，陈杰
你好，凯文
>>> greet_star("张悦", "陈杰", "凯文", "丽丽", age=24)
你好，我是张悦，我今年24岁
你好，陈杰
你好，凯文
你好，丽丽
>>>
```

图 2.12   定义和调用 greet_star()函数

此外，还有一种以两个"*"（"**"）开头的可变参数，它在函数体中被视为一个字典。这种参数允许我们传入任意数量的关键字实参，并且以键值对的形式存储在字典中。

下面是一个包含以"**"开头的可变参数的函数示例。

```
def greet_double_star(user, **info):
  print(f"你好，我是{user}，这是我的个人信息：\n{info}")
```

在调用此类函数时，必须为参数传入关键字实参。这些关键字实参将作为字典的键和值存储在参数中。定义和调用 greet_double_star()函数如图 2.13 所示。不难发现，在调用包含以"**"开头的可变参数的函数时，在为靠前的普通形参设置实参之后，我们可以为以"**"开头的可变参数设置任意数量、任意名字的关键字实参，当然，不能与普通形参的名字重复。

```
>>> def greet_double_star(user, **info):
...     print(f"你好，我是{user}，这是我的个人信息: \n{info}")
...
>>> greet_double_star("小明", age=20, gender="男性")
你好，我是小明，这是我的个人信息:
{'age': 20, 'gender': '男性'}
>>> greet_double_star("张悦", height=200, weight=100, job="医
生")
你好，我是张悦，这是我的个人信息:
{'height': 200, 'weight': 100, 'job': '医生'}
>>>
```

图 2.13　定义和调用 greet_double_star()函数

最后，当函数同时包含普通形参、以"*"开头的可变参数和以"**"开头的可变参数时，调用函数的语法需要综合考虑上述所有规则。但需要注意的几点是，以"**"开头的可变参数最多只能有一个（以"*"开头的可变参数最多也只能有一个）；以"**"开头的可变参数必须放在所有形参（包括普通形参和以"*"开头的可变参数）之后。例如：

```
def greet_star_double_star(user, *guests, **info):
    print(f"你好，我是{user}，这是我的个人信息: \n{info}")
    for name in guests:
        print(f"你好，{name}")
```

在调用此函数时，需要按照规定的顺序和方式提供实参：首先为位于参数之前的普通形参设置位置实参，然后为参数设置位置实参（可以省略），接着为位于以"*"开头的可变参数之后的普通形参设置关键字实参，最后为以"**"开头的可变参数设置关键字实参（可以省略）。这样的规则确保了函数调用的清晰性和准确性。定义和调用 greet_star_double_star()函数如图 2.14 所示。

```
>>> def greet_star_double_star(user, *guests, **info):
...     print(f"你好，我是{user}，这是我的个人信息: \n{info}")
...     for name in guests:
...         print(f"你好，{name}")
...
>>> greet_star_double_star("小红", "张三", "李四", age=26, gen
der="女性")
你好，我是小红，这是我的个人信息:
{'age': 26, 'gender': '女性'}
你好，张三
你好，李四
>>> greet_star_double_star("小红", age=26, gender="女性")
你好，我是小红，这是我的个人信息:
{'age': 26, 'gender': '女性'}
>>> greet_star_double_star("小红", "张三", "李四")
你好，我是小红，这是我的个人信息:
{}
你好，张三
你好，李四
>>>
```

图 2.14　定义和调用 greet_star_double_star()函数

任务 4　疫苗物流信息异常检测功能的实现

微课：项目 2 任务 4-疫苗物流信息异常检测功能的实现.mp4

疫苗物流信息异常检测功能能确保疫苗的时效性和安全性。监测总运输时间对于预防疫苗因长时间运输而可能出现的效力降低或损坏尤为重要。如果疫苗的运输时间超过了设定的阈值，则表明可能存在潜在的物流问题。

本任务将疫苗的总物流运输时间超过 7 天的数据认定为异常数据。疫苗物流信息异常检测功能将遍历每一条疫苗物流数据信息记录，并且判断该批次疫苗的运输时长是否超过 7 天，

从而给出相应的反馈。

动一动

设计并实现疫苗物流信息异常检测功能：利用疫苗物流数据信息计算该批次疫苗的总运输时长，并且判断其值是否大于 7 天。如果是，则输出"异常：疫苗的运输时间超过 7 天！"。

任务单

任务单 2-4　疫苗物流信息异常检测功能的实现

学号：_____　姓名：_____　完成日期：_____　检索号：_____

➡ 任务说明

通过匿名函数实现疫苗物流信息异常检测功能。该匿名函数获取疫苗物流数据信息中的物流信息，通过计算最后一次运输时间与第一次运输时间的差值来确定其总运输时长，并且判断其值是否大于 7 天。如果总运输时长大于 7 天，则打印"异常：疫苗的运输时间超过 7 天！"，否则，控制流照常。该过程在对疫苗信息统计输出的过程中进行。

➡ 引导问题

想一想

（1）什么是匿名函数？它有什么作用？

（2）匿名函数的语法是什么？

（3）如何将匿名函数转换为普通函数？

重点笔记区

➡ 任务评价

评价内容	评价要点	分值	分数评定	自我评价
1. 任务实施	定义疫苗物流信息异常检测匿名函数	6 分	能正确定义匿名函数得 2 分；能正确计算总运输时长间隔得 2 分；能正确判断总运输时长是否大于 7 得 2 分	
	调用匿名函数以检查异常数据	2 分	能正确调用匿名函数得 2 分	
2. 结果展现	运行程序	1 分	程序能正常执行且能成功检查出异常数据得 1 分	
3. 任务总结	依据任务实施情况进行总结	1 分	总结内容切中本任务的重点和要点得 1 分	
合　计		10 分		

任务解决方案关键步骤参考

（1）选择合适且熟悉的 IDE，打开任务 2-3 的 Python 脚本文件，继续编辑代码。通过 lambda 关键字定义匿名函数，该函数用于计算疫苗的总运输时长，并且判断其值是否大于 7 天。将匿名函数对象保存到变量 anomaly_detection 中，以便后续的代码调用。

```
from datetime import datetime
anomaly_detection = lambda vaccine: (datetime.strptime(vaccine['logistics'][-
1][1], '%Y-%m-%d') - datetime.strptime(vaccine['logistics'][0][1],
'%Y-%m-%d')).days > 7
```

（2）在遍历疫苗物流数据信息时，调用 anomaly_detection 匿名函数对象，检查每一条疫苗物流数据记录是否异常，如果异常，则打印相应提示。

```
if anomaly_detection(vaccine):
    print("异常：疫苗的运输时间超过 7 天！")
```

（3）保存 Python 脚本文件并运行，先输入指令 1，再输入疫苗物流数据信息，添加的疫苗物流数据信息如表 2.5 所示。

表 2.5　添加的疫苗物流数据信息

名称	批次	数量	生产日期	有效期	物流信息	
					地点	时间
破伤风疫苗	1	20000	2022-06-01	2023-05-31	深圳	2022-06-02
					上海	2022-06-05
					苏州	2022-06-07
					哈尔滨	2022-06-12

（4）完成疫苗物流数据信息录入之后，输入"Q"返回上一级交互环境，输入指令 2，其执行结果如图 2.15 所示。

```
疫苗信息统计如下：
名称          批次    数量      生产日期         有效期
破伤风疫苗      1      20000     ***            ***
深圳    2022-06-02
异常：疫苗的运输时间超过7天！
```

图 2.15　检测到异常数据的执行结果

匿名函数

匿名函数也被称为 lambda 函数，是一类无须显式指定函数名的函数。它们起源于函数式编程，与我们熟悉的过程式编程和面向对象编程中的常规函数有所不同。在过程式编程和面向对象编程中，匿名函数并不常用，但它们在某些特定场景中非常有用。

匿名函数的定义使用关键字 lambda，其语法如下。

```
lambda : 表达式
lambda 形参列表 : 表达式
result = (lambda a, b : a + b)(3, 5)
result = (lambda a, b : a + b * a - a / b + b * b)(val1, val2)
result = val1 + val2 * val1 - val1 / val2 + val2 * val12
sum_func = lambda a, b : a + b
result = sum_func (3, 5)
```

匿名函数使用关键字 lambda 指定。参数列表是可选的，即匿名函数可以带参数，也可以不带。当不带参数时，lambda 关键字后直接跟冒号和表达式。当带参数时，需要在 lambda 关键字后先列出参数，再跟冒号和表达式。注意，参数列表不需要使用括号括住。匿名函数的优势在于：无须显式指定函数名，使代码更加简洁；可以在定义后立即调用，适用于一次性操作；语法结构简单明了。

尽管匿名函数可以不指定函数名，但有时为了代码的可读性和可复用性，我们可以通过将匿名函数赋值给变量的方式为其指定一个临时名字。这样做的好处是可以在后续的代码中多次调用该函数，而不必每次都重新定义。

图 2.16 展示了上方代码第 3 行的执行结果。这行代码定义了一个匿名函数，并且立即使

用参数 3 和 5 调用它，最终得到结果 8 并将其赋值给 result 变量。

```
>>> result = (lambda a, b : a + b)(3,5)
>>> result
8
>>>
```

图 2.16　调用匿名函数的执行结果

使用匿名函数可以简化复杂的表达式并减少代码中的重复。例如，在复杂的数学表达式中，通过匿名函数，我们可以更容易地管理和修改变量，提高代码的可维护性。

拓展实训：自定义难度的出题程序实现

【实训目的】

通过本拓展实训，学生能够掌握 Python 函数的定义与调用，函数参数、函数返回和匿名函数的用法。

【实训环境】

Python IDLE、Python 3.11。

【实训内容】

自定义难度的出题程序可以根据用户选择的难度级别生成不同类型的题目。该程序的功能如下。

（1）难度选择：用户首先需要选择难度级别，分别为"初级"、"中级"和"高级"。难度级别决定了生成的题目的复杂性。

（2）题目生成：根据用户选择的难度和题目类型，随机生成相应的题目。初级题目为计算两个整数的和。中级题目为判断一个列表是否存在某个元素。高级题目为计算斐波那契数列的第 *n* 项。

（3）答案验证：在用户回答题目后，程序验证答案的正确性，并且给出反馈。

（4）循环出题：程序可以继续出题，直到用户选择退出。

在程序运行时，输入"初级"，根据问题作答，运行效果如图 2.17 所示。

```
请选择难度（初级/中级/高级）：初级
计算 3 + 9 的结果是？ 15
回答错误，正确答案是 12.
是否继续出题？（是/否）
```

图 2.17　运行效果（1）

输入"是"选择继续作答。输入"中级"，根据问题作答，运行效果如图 2.18 所示。

```
请选择难度（初级/中级/高级）：中级
判断 5 是否在列表 [1, 2, 3, 4, 5] 中？（是/否）是
回答正确！
是否继续出题？（是/否）
```

图 2.18　运行效果（2）

继续输入"是"选择继续作答。输入"高级"，根据问题作答，运行效果如图 2.19 所示。

```
请选择难度（初级/中级/高级）：高级
计算斐波那契数列的第 3 项是多少？ 6
回答错误，正确答案是 2.
是否继续出题？（是/否）
```

图 2.19　运行效果（3）

输入"否",退出程序。

项目考核

【选择题】

1. 在 Python 中，定义函数使用哪个关键字？（　　　）

A. func　　　　　B. function　　　C. def　　　　　　D. procedure

2. Python 函数的参数可以是以下哪种类型？（　　　）

A. 整型　　　　　B. 浮点型　　　　C. 字符串型　　　D. 以上所有类型

3. 在 Python 中，如何指定函数参数的默认值？（　　　）

A. 在函数定义中，使用等号（=）为参数分配默认值

B. 在调用函数时，使用默认值关键字参数

C. 在函数定义中，使用默认值关键字参数

D. 无法为函数参数指定默认值

4. 在 Python 中，如何将可变数量的位置参数传递给一个函数？（　　　）

A. 使用一个星号（*）和一个参数名来收集所有额外的位置参数

B. 使用两个星号（**）和一个参数名来收集所有额外的位置参数

C. 使用一个问号（?）和一个参数名来收集所有额外的位置参数

D. 无法传递可变数量的位置参数给一个函数

5. 以下哪个选项正确描述了 Python 函数中的返回值？（　　　）

A. 函数只能返回一个值

B. 函数可以返回多个值，但它们必须封装在一个列表中

C. 函数可以返回多个值，它们将作为元组返回

D. 函数可以返回任意类型的值，包括列表、元组、字典等

6. 以下关于 Python 函数的说法正确的是？（　　　）

A. 函数必须有返回值　　　　　　　B. 函数只能有一个返回值

C. 函数可以没有参数　　　　　　　D. 函数定义必须使用 def 关键字

7. 在 Python 中，以下关于函数参数的说法正确的是？（　　　）

A. 参数只能是变量名　　　　　　　B. 参数可以有默认值

C. 参数只能有一个　　　　　　　　D. 参数的类型必须和调用时一致

8. 以下关于 Python 匿名函数的说法正确的是？（　　　）

A. 匿名函数可以有返回值　　　　　B. 匿名函数也必须命名

C. 匿名函数不能有参数　　　　　　D. 匿名函数的定义必须使用 def 关键字

项目 3

寻宝游戏实现

项目描述

习近平总书记在二十届中共中央政治局第十一次集体学习时强调，发展新质生产力是推动高质量发展的内在要求和重要着力点。习近平总书记指出，新质生产力是创新起主导作用，摆脱传统经济增长方式、生产力发展路径，具有高科技、高效能、高质量特征，符合新发展理念的先进生产力质态。习近平总书记指出，科技创新能够催生新产业、新模式、新动能，是发展新质生产力的核心要素。必须加强科技创新特别是原创性、颠覆性科技创新，加快实现高水平科技自立自强，打好关键核心技术攻坚战，使原创性、颠覆性科技创新成果竞相涌现，培育发展新质生产力的新动能。

我们要积极响应国家对技术型人才培养的号召，通过实践与创新相结合的方式，推进信息技术教育的发展。本项目以寻宝游戏为载体，旨在深化学生对面向对象编程理念的理解和掌握。我们将运用 Python 中面向对象和类的相关知识，设计并实现一个寓教于乐、富有挑战性的寻宝游戏。此项目不仅致力于提升学生的 Python 编程技能，更着重于激发学生的探索欲望和创新精神，培养学生解决问题的能力，以及面对挑战时的创新思维。在寻宝游戏的探索过程中，学生将体会到勇于尝试、不断探索的乐趣，从而更加积极地投身于编程学习和科技创新的实践中。

拓展读一读

中共中央政治局 2024 年 1 月 31 日下午进行第十一次集体学习，内容是加快发展新质生产力，扎实推进高质量发展，目的是结合学习贯彻党的二十大和中央经济工作会议精神，总结新时代高质量发展成就，分析存在的突出矛盾和问题，探讨改进措施，推动高质量发展取得新进展新突破。

会议的主要内容可以概括为以下几点。

（1）高质量发展：会议强调了自党的十八大以来，中国在全面贯彻新发展理念的过程中，经济发展阶段性特征和规律的深化认识，以及高质量发展的重要性。

（2）科技创新：会议提出了科技创新是发展新质生产力的核心要素，特别是原创性、颠覆性科技创新的重要性。

（3）新质生产力：会议介绍了新质生产力的概念，它是由技术革命性突破、生产要素创新性配置、产业深度转型升级而催生，以劳动者、劳动资源、劳动对象及其优化组合的跃升为基本内涵，以全要素生产率大幅提升为核心标志的当代先进生产力。

（4）创新驱动：强调了创新在新质生产力发展中的显著特点，包括技术、业态模式、管理和制度层面的创新。

会议还提到了推动高质量发展面临的外部环境挑战和内在条件限制，以及需要解决的问题。最后，会议强调了发展新质生产力是推动高质量发展的内在要求和重要着力点，并提出了具体的改进措施。这些措施包括大力推进科技创新、以科技创新推动产业创新、着力推进发展方式创新、扎实推进体制机制创新和深化人才工作机制创新。

学习目标

知识目标

- 理解面向对象编程的基本原则，包括封装、继承和多态（重点：《Python 程序开发职业技能等级标准》初级 1.3.2）。
- 了解类变量和实例变量的区别。
- 理解公有成员和私有成员的区别及其在 Python 中的实现方式。
- 掌握从父类继承属性和方法的方式，并且理解继承的优势（难点：《Python 程序开发职业技能等级标准》初级 1.3.2）。
- 理解代码重用和模块化的原则。

能力目标

- 会使用 Python 定义类，并且创建类的实例。
- 会使用__init__()方法和__del__()方法初始化和清理资源。
- 会定义和使用类的属性和方法，包括 get 方法和 set 方法。
- 会调试和优化面向对象代码。

素质目标

- 通过参与逻辑严密的编程活动，培养自身的逻辑思维能力。
- 在编程实践中，学习并遵循良好的编程习惯和代码规范，建立良好的职业素养。
- 在项目中积极参与团队合作，通过协作完成共同的目标，提高团队协作能力。
- 通过编程学习和实践，激发对编程的浓厚兴趣，树立终身学习的积极态度。

任务分析

本项目以寻宝游戏为设计核心，通过 Python 编程语言，利用面向对象和类的知识，构建一个互动性强、趣味性高的寻宝游戏。在游戏中，玩家将寻找隐藏的宝藏。在项目的实施过程中，学生将深入学习 Python 编程的核心概念，特别是对象和类的理解与运用。学生将学习如何在 Python 中创建和使用对象，定义类及其属性和行为，以此提升编程技能。

要实现的寻宝游戏是在一个虚拟的地图上寻找宝藏。地图在游戏开始时随机生成，包含多个宝藏。玩家需要在地图上移动，寻找宝藏。当玩家找到宝藏时，会获得分数，并且更新战绩板。游戏还包含一个特殊角色——超级玩家，他们拥有一些特殊能力，如双倍移动和查看宝藏位置，使游戏更具趣味性和挑战性。游戏的具体规则如下。

（1）地图生成：游戏开始时，系统会随机生成一个地图，地图上分布着多个宝藏。地图的大小和宝藏的数量可以根据需要进行设置。

（2）玩家角色：玩家在地图上扮演寻宝者的角色。玩家可以选择成为普通玩家或超级玩家。超级玩家拥有一些特殊能力，如双倍移动和查看宝藏位置，这些能力使游戏更具趣味性和挑战性。

（3）玩家移动：玩家可以在地图上上下左右移动，寻找宝藏。每次移动后，系统会检查玩家是否到达了宝藏位置。如果玩家找到了宝藏，则玩家获得分数，并且该宝藏会从地图上消失。

（4）得分和战绩：玩家的得分会实时更新并显示在战绩板上。战绩板会记录所有玩家的得分和排名，以便玩家随时了解自己的成绩，以及与其他玩家的差距。

（5）游戏结束：当所有宝藏都被找到或达到游戏时间限制时，游戏结束。游戏结束时，系统会显示玩家的最终得分和排名。

（6）超级玩家的特殊能力：超级玩家拥有的特殊能力可以在游戏中使用一次。例如，双倍移动能力允许玩家在一次移动中走两步，而查看宝藏位置能力则允许玩家在一段时间内看到地图上所有宝藏的位置。

（7）多人游戏：游戏支持多人同时进行。玩家可以选择与其他玩家合作共同寻找宝藏，或者竞争成为得分最高的寻宝者。

♻ 相关知识

面向对象编程（Object-Oriented Programming，OOP）是一种软件设计与编程范式，它运用"对象"的概念来构建软件。在 OOP 中，对象是数据与处理这些数据的方法的结合体。此范式强调数据的封装、继承和多态，旨在提升代码的可复用性、灵活性和扩展性。

OOP 的核心特点如下。

（1）封装性：将数据和操作这些数据的方法封装在类中，仅暴露必要的接口，隐藏内部细节，从而提升安全性和可维护性。

（2）继承性：子类能继承父类的属性和方法，减少代码重复，提高代码的可复用性。

（3）多态性：同一类型的对象能根据不同的情境展现不同的行为，提升代码的灵活性和可扩展性。

（4）抽象性：通过抽象类和接口提炼共性，提高代码的可读性和可维护性。

（5）组合性：将多个对象组合成更复杂的对象，促进代码的复用和扩展。

OOP 的优势如下。

（1）易维护性：使用 OOP 设计的结构清晰，易于阅读和维护，可以降低成本。继承机制使需求变更时只需要进行局部调整。

（2）易扩展性：通过继承减少冗余代码，快速扩展现有功能，提高开发效率。

（3）模块化：封装保护内部数据，提升程序模块化水平，便于后期维护。

（4）可重用性：鼓励模块化和组件化开发，实现代码的高效复用。

（5）可测试性：代码结构便于单元和模块测试，确保质量和可靠性。

（6）方便建模：虽然不完全等同于现实对象，但是 OOP 的对象概念简化了建模过程。

OOP 的特点和优势使其成为复杂软件系统开发的理想选择，有助于开发者更有效地管理和维护代码。同时，OOP 推动更合理的代码组织和更高层次的抽象，对大型项目和团队协作尤为有益。

♻ 素质养成

探索精神和创新精神对于国家的发展至关重要。要培养探索精神和创新精神，首先，我们应当保持对未知世界的好奇心，勇于尝试新事物，不畏惧失败和挫折。其次，不断学习新知识，拓宽自己的知识领域和视野，为创新提供源源不断的灵感和动力。再次，学会独立思考，不盲目跟从，勇于提出自己的见解和想法。最后，付诸实践，将创新想法付诸行动，通过实践来检验和完善自己的想法。同时，社会和国家也应为个人提供宽松的创新环境，鼓励个人勇于创新、敢于探索，为个人的成长和发展提供有力的支持和保障。

本项目通过寻宝游戏弘扬探索精神和创新精神。通过该游戏，学生能深刻体会到探索精神和创新精神的重要性，在游戏中经历解决问题、寻找解决方案的过程，运用逻辑思维和创造力来迎接挑战。项目完成后，学生们不仅能够熟练掌握 Python 编程技能，还能在游戏的实际操作中体验到探索未知事物和勇于尝试的乐趣，从而更加热爱编程和技术创新。

♻ 项目实施

本项目将采用 Python 面向对象和类来实现，包含 4 个主要类：地图类（Map）、玩家类（Player）、战绩类（Scoreboard）和超级玩家类（SuperPlayer）。这些类的设计充分考虑了 OOP 的原则，如封装、继承和多态，使代码既易于理解，又便于扩展。

地图类负责生成和显示游戏地图，玩家类处理玩家的移动和交互，战绩类记录和管理玩家的得分，而超级玩家类则是玩家类的子类，拥有特殊能力。这样的设计不仅能清晰分离游戏功能，也提供了一个理解 Python 对象和类概念的实用场景。

任务 1　地图类的实现

地图类是寻宝游戏的核心组件，它负责生成和展示游戏地图，以及管理宝藏的位置。地图类的属性及其含义如表 3.1 所示，地图类的方法及其含义如表 3.2 所示。

微课：项目 3 任务 1-地图类的实现.mp4

表 3.1　地图类的属性及其含义

属性	含义
size	一个元组，用于表示地图的尺寸，如(5, 5)
map	一个二维列表，用于表示地图的布局。每个单元格可以为空（表示没有宝藏）或包含一个宝藏标记
treasure_locations	一个列表，用于存储地图上所有宝藏的位置

表 3.2　地图类的方法及其含义

方法	含义
generate_map()	用于初始化地图的大小和宝藏的位置。为了随机放置宝藏，可以使用 Python 的 random 模块来选择地图上的随机位置。这些位置被添加到 treasure_locations 列表中，并且在 map 二维列表中将相应位置标记为宝藏
display_map()	用于打印地图的当前状态。这个方法遍历地图数组，并且在控制台上显示每个单元格的内容。为了在地图上显示玩家和宝藏，可以在 display_map()方法中添加逻辑来处理这些特殊元素的显示问题

✎ 动一动

根据表 3.1 和表 3.2 实现地图类。

任务单

任务单 3-1　地图类的实现

学号：＿＿＿＿＿　　姓名：＿＿＿＿＿　　完成日期：＿＿＿＿＿　　检索号：＿＿＿＿＿

➡ 任务说明

　　定义地图类，该类应包含生成和显示游戏地图、管理宝藏位置等功能。地图类应能随机生成宝藏，并且在控制台上显示地图状态。此外，地图类应能够在玩家找到宝藏后对宝藏位置进行更新。

➡ 引导问题

🖥 想一想

　　（1）什么是面向对象？面向对象和面向过程有什么区别？

　　（2）定义类的语法是什么？

　　（3）对类进行实例化的语法是什么？

　　（4）为什么需要对类进行实例化？

　　（5）面向对象的类定义能否改为面向过程的？需要注意什么？

✐ 重点笔记区

➡ 任务评价

评价内容	评价要点	分值	分数评定	自我评价
1. 任务实施	定义地图类	6 分	能正确定义地图类的头部得 1 分；能正确定义属性得 1 分；能正确定义 generate_map()方法得 2 分；能正确定义 display_map()方法得 2 分	
	对类进行实例化	1 分	能正确对类进行实例化得 1 分	
2. 结果展现	运行程序	2 分	能正确打印地图得 2 分	
3. 任务总结	依据任务实施情况进行总结	1 分	总结内容切中本任务的重点和要点得 1 分	
合　计		10 分		

 任务解决方案关键步骤参考

　　（1）选择合适且熟悉的 IDE，创建 Python 脚本文件。导入 random 模块，用于随机生成宝藏放置坐标。

```
import random
```

　　（2）定义 Map 类。

```
class Map:
```

　　（3）定义 __init__()方法，用于初始化 Map 类的属性，分别为 size、map 和 treasure_locations。其中，size 的初始值在对该类进行实例化时设置，由外部传入。map 的初始值为 size[0]*size[1] 的二维列表，所有元素值都被设置为 "."，表示该位置为空。treasure_locations 的初始值为空列表，表示当前未设置任何宝藏。

```
    def __init__(self, size):
```

```
        self.size = size  # 地图的尺寸，如(5, 5)
        self.map = [['.' for _ in range(size[1])] for _ in range(size[0])]
        self.treasure_locations = []  # 宝藏的位置
```

（4）定义 generate_map()方法，该方法首先使用 random 模块随机生成几个宝藏坐标，然后更新地图。将有宝藏的位置的值更改为"T"，表示该位置有宝藏。

```
    def generate_map(self):
        # 随机放置宝藏
        for _ in range(random.randint(1, self.size[0] * self.size[1] // 4)):
            treasure_x = random.randint(0, self.size[1] - 1)
            treasure_y = random.randint(0, self.size[0] - 1)
            self.treasure_locations.append((treasure_x, treasure_y))
            self.map[treasure_x][treasure_y] = 'T'
```

（5）定义 display_map()方法。该方法用于打印地图，对于每个地图位置，"."表示没有宝藏，"T"表示有宝藏，"P"表示有玩家。

```
    def display_map(self, player_position=None):
        # 显示地图，可以选择显示玩家位置
        for i in range(self.size[0]):
            for j in range(self.size[1]):
                if player_position and (i, j) == player_position:
                    print('P', end=' ')
                else:
                    print(self.map[i][j], end=' ')
            print()  # 换行
```

（6）验证 Map 类的功能。先创建一个大小为 5×5 的 Map 类对象，并且创建一个随机放置宝藏的地图，再调用 display_map()方法打印地图。

```
print("欢迎进入寻宝游戏！")
map = Map((5, 5))
map.generate_map()
map.display_map()
```

（7）保存并运行 Python 脚本文件，运行结果如图 3.1 所示。该程序构造了一个 5×5 的地图，并且随机选取了几个坐标放置宝藏。其中，"."表示没有宝藏，"T"表示有宝藏。每次运行程序，输出的结果都不同。我们将 map 的二位索引值描述为(x, y)。在打印结果中，左上角即坐标(0, 0)，垂直向下为 x 增长方向，水平向右为 y 增长方向。例如，在图 3.1 中，坐标(1, 1)、(4, 1)、(4, 3)这 3 个位置都放置了宝藏，其他位置都为空。

```
欢迎进入寻宝游戏！
. . . . .
. T . . .
. . . . .
. . . . .
. T . T .
```

图 3.1　Python 脚本文件的运行结果

3.1.1　面向对象

面向对象编程是一种模拟现实世界的程序设计方法。它认为，现实世界由具备各自特性和行为的对象构成。在面向对象编程中，我们将数据和操作这些数据的方法封装成独立的对象，通过操作这些对象实现程序功能。

1. 对象

对象是具体的实体，拥有独特的身份和特征。例如，如图 3.2 所示，可以将狗视为一个对象，其属性包括名字、颜色、年龄等，方法则包括叫、跑、吃等。对象通过类创建，类是定义对象属性和方法的模板。每个基于类创建的对象都有相同的属性和方法，但属性值各异。

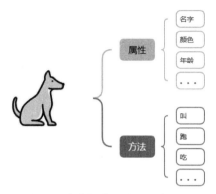

图 3.2 将狗视为一个"对象"

2. 对象的属性和方法

属性是对象的特征或状态，如狗的名字、颜色和年龄。在程序中，属性以变量的形式存储，可以通过对象访问和修改。方法是对象的行为，如狗的叫、跑、吃。在程序中，方法定义在类中，可以通过对象调用。方法可以接收参数并返回结果，调用对象的方法可以使其执行特定的动作。

面向对象编程直观自然，封装数据和操作这些数据的方法形成对象，通过类定义属性和方法，通过对象交互实现程序功能。这种方式提高了代码的可读性和可维护性，使程序更灵活、可扩展。

3. 类

类是面向对象编程的核心。以汽车为例，虽然汽车有轿车、跑车等多种类型，但它们都具备汽车的共同特点。在面向对象编程中，可以将这些类型视为不同的类。类是对具有相似属性和行为事物的抽象描述。属性描述类实例的特性，如汽车的颜色、品牌、型号。方法则是类实例可执行的操作，如汽车的启动、加速、刹车。根据汽车类（如跑车类）的模板可以创建具体实例，即对象。对象具有特定的属性值，可以执行类定义的方法。简而言之，类是模板或蓝图，描述共同的属性和行为；对象是根据类创建的具体实例。

3.1.2 类的定义

在 Python 中，定义类是非常简单的。我们只需要使用 class 关键字，后跟类名即可。以下示例展示了如何定义一个名为 Car 的类。

```python
class Car:
    # 类的属性（这里是类变量，通常用于所有实例共享的数据）
    manufacturer = "FAW"

    # 类的初始化方法（构造方法），当创建类的新实例时会自动调用
    def __init__(self, model, color, year):
        # 实例属性（这里是实例变量，每个实例都有自己的值）
        self.model = model
```

```
    self.color = color
    self.year = year


# 类的方法（实例方法）
def start_engine(self):
    print(f"Starting the engine of {self.model}...")


# 另一个类的方法
def drive(self):
    print(f"Driving {self.color} {self.model} from {self.year}...")
```

在以上示例中，Car 类由 4 部分组成。

（1）类名：Car 是类的名称。

（2）类变量：manufacturer 是一个类变量，它在类的所有实例之间共享。

（3）初始化方法：__init__()方法是一个特殊的方法，当我们创建类的新实例时，Python 会自动调用它。它用于初始化新创建的对象的状态。__init__()方法中的第一个参数总是 self，它引用对象本身，并且允许我们访问或修改对象的属性。

（4）实例方法：start_engine()和 drive()是实例方法，它们定义了在类的实例上可以执行的操作。它们的第一个参数也是 self，代表实例本身。

在上面的代码中，我们并没有创建 Car 类的实例，只是定义了类本身。在实际的程序中，我们可以通过调用类名并传递所需的参数（如果有的话）来创建类的实例。

3.1.3　类的实例化

当定义了一个类之后，我们可以根据这个类来创建实例，这个过程被称为类的实例化。在 Python 中，我们使用类名来调用它以创建一个实例。

以下是使用上面定义的 Car 类来创建实例的示例。

```
# 创建一个 Car 类的实例
my_car = Car("HONGQI", "red", 2021)
# my_car 现在是一个 Car 类的实例（或对象）
# 我们可以访问它的属性
print(my_car.model)    # 输出"HONGQI"
print(my_car.color)    # 输出"red"
print(my_car.year)     # 输出"2021"
# 我们还可以调用它的方法
my_car.start_engine()        # 输出"Starting the engine of HONGQI..."
my_car.drive()               # 输出"Driving red HONGQI from 2021..."
```

在上面的代码中，my_car 是 Car 类的一个实例。我们使用类名 Car 并传递了 3 个参数（车型、颜色和年份）来调用它，从而创建了一个新的实例 my_car。这些参数被传递给__init__()方法，用于初始化新创建的实例的状态。

有了类的实例，我们就可以通过实例来访问其属性和方法。我们使用点运算符和实例名称来访问这些属性和方法。例如，my_car.model 访问 my_car 实例的 model 属性，而my_car.start_engine()方法则调用 my_car 实例的 start_engine()方法。

每个类的实例都是独立的，它们有自己的状态（实例变量或属性的值），但共享类的相同行为（方法）。封装、继承和多态都建立在类和实例的基础之上。

任务 2　玩家类的实现

玩家类是寻宝游戏中的一个关键组件，负责管理玩家的角色和行为。它包括玩家的属性，如名称和位置，以及允许玩家在地图上移动和寻找宝藏的功能。玩家类通过定义移动方法，让玩家能够根据指令在地图上上下左右移动。此外，玩家类还包含私有方法，用于检查当前位置是否有宝藏。

微课：项目 3 任务 2-玩家类的实现.mp4

玩家类的属性及其含义如表 3.3 所示，玩家类的方法及其含义如表 3.4 所示。

表 3.3　玩家类的属性及其含义

属性	含义
name	玩家的名字，用于标识每个玩家
position	玩家在地图上的位置，表示为坐标点

表 3.4　玩家类的方法及其含义

方法	含义
move(direction, map_size)	根据输入的方向和地图的尺寸，允许玩家在地图上移动
__check_treasure(self, map)	用于检查玩家当前位置是否有宝藏

动一动

根据表 3.3 和表 3.4 实现玩家类。

任务单

任务单 3-2　玩家类的实现

学号：＿＿＿＿＿＿　姓名：＿＿＿＿＿＿　完成日期：＿＿＿＿＿＿　检索号：＿＿＿＿＿＿

任务说明

定义玩家类，该类应包含管理玩家角色和行为的功能。玩家类包含玩家的名称和位置属性，以及允许玩家在地图上移动。同时，玩家类包含一个私有方法，用于检查当前位置是否有宝藏。

引导问题

想一想

（1）什么是类成员？列举一些类成员的类型。

（2）如何在 Python 中定义类成员？

（3）什么是构造函数？什么是析构函数？

（4）在 Python 中，构造函数和析构函数的特殊方法名称是什么？

（5）构造函数和析构函数有什么不同之处？

（6）什么是公有函数？什么是私有函数？

（7）如何在类中定义公有函数和私有函数？

重点笔记区

任务评价

评价内容	评价要点	分值	分数评定	自我评价
1. 任务实施	定义玩家类	5 分	能正确定义__init__()方法得 1 分；能正确定义 move()方法得 2 分；能正确定义__check_treasure()方法得 2 分	
	创建玩家类对象	1 分	能正确创建玩家类对象得 1 分	
	移动玩家并检查宝藏	2 分	能正确调用 move()方法进行移动得 1 分；能正确调用__check_treasure()方法检查宝藏得 1 分	
2. 结果展现	运行程序	1 分	程序能正常执行，并且正常输出结果得 1 分	
3. 任务总结	依据任务实施情况进行总结	1 分	总结内容切中本任务的重点和要点得 1 分	
合　计		10 分		

任务解决方案关键步骤参考

（1）打开任务 3-1 的 Python 脚本文件，继续编辑代码，定义 Player 类。

```
class Player:
```

（2）定义 Player 类的__init__()方法，初始化 name 属性和 position 属性。其中，name 表示玩家的名字，为字符串，position 表示玩家的初始位置，为一个元组。两个属性的初始值都由外部传入。

```
def __init__(self, name, position):
    self.name = name  # 玩家的名字
    self.position = position  # 玩家的初始位置，格式为(x, y)
```

（3）定义 move()方法，该方法向指定的方向前进一步，进而更新 position 属性的值为新位置的坐标。该方法需要检查指定方向是否可行进。如果指定方向已经到头了，则不更新位置。

```
def move(self, direction, map_size):
    # 根据方向移动玩家
    x, y = self.position
    if direction == 'up' and x > 0:
        x -= 1
    elif direction == 'down' and x < map_size[0] - 1:
        x += 1
    elif direction == 'left' and y > 0:
        y -= 1
    elif direction == 'right' and y < map_size[1] - 1:
        y += 1
    self.position = (x, y)
```

（4）定义__check_treasure()方法。该方法检查玩家当前所在位置是否有宝藏。如果有，则打印"你发现了宝藏！"，并且取走该位置的宝藏，返回 True；否则，返回 False。取走宝藏的操作就是将地图中该位置的值由"T"变更为"."。

```
def __check_treasure(self, map):
    # 检查玩家当前所在位置是否有宝藏
    x, y = self.position
    if map.map[x][y] == 'T':
        print("你发现了宝藏！")
```

```
                map.map[x][y] = '.'   # 清除宝藏
                return True
            return False
    def call_check(sefl, map):
        return self.__check_treasure(map)
```

（5）验证 Player 类的功能。创建一个大小为 5×5 的 Map 类对象，并且创建一个随机放置宝藏的地图。

```
print("欢迎进入寻宝游戏！")
map = Map((5, 5))
map.generate_map()
```

（6）创建 Player 类对象，将玩家的名字设置为"陈杰"，初始位置设置为(0, 0)。

```
player = Player("陈杰", (0, 0))
```

（7）调用 display_map()方法，传入玩家的位置，通过输出信息查看当前的地图状态，包括宝藏位置和玩家位置。其中，宝藏使用"T"表示，玩家使用"P"表示。

```
map.display_map(player.position)
```

（8）首先调用 move()方法进行移动，然后再次调用 display_map()方法显示当前的地图状态，调用 call_check()方法检查当前位置是否有宝藏。

```
# 玩家移动并检查宝藏
print("移动玩家位置...")
player.move('right', map.size)
map.display_map(player.position)
player.call_check(map)
```

（9）保存 Python 脚本文件并运行，运行效果如图 3.3 所示。程序首先创建一个 5×5 的地图，并且随机放置宝藏。每次运行程序，放置宝藏的结果都会不同。在本次运行过程中，程序在两个位置放置了宝藏，分别是(1, 3)和(0, 2)。此外，玩家位于地图(0, 0)处。地图其他位置皆为空。随后，玩家向右移动了一个位置，因此更新位置到(0, 1)。此时，玩家未发现宝藏，因此并未输出"你发现了宝藏！"，宝藏的位置也没有发生任何变化。

```
欢迎进入寻宝游戏！
P . . . .
. . . T .
T . . . .
. . . . .
. . . . .

移动玩家位置...
. P . . .
. . . T .
T . . . .
. . . . .
. . . . .
```

图 3.3　Python 脚本文件的运行效果

3.2.1　类的成员

在面向对象编程中，类的成员对于定义类的特质和行为至关重要，它们使类的实例（对象）具备独特的状态和功能。类的成员主要包括两种类型：属性和方法。

1. 实例属性和类属性

实例属性也被称为对象属性，这些属性隶属于各个对象，每个对象都拥有独立的实例属性值。它们通常通过 __init__()方法进行初始化，并且只能通过对象来访问。以 Car 类为例，model、color 和 year 就是实例属性。

类属性（静态属性）属于类本身，所有对象共享。它们可以在类外部直接通过类名访问，或者在类内部通过类名或对象访问。在 Car 类中，manufacturer 就是一个类属性。

2．实例方法、类方法和静态方法

实例方法是类中最常见的方法类型，通过对象调用。它们能访问并修改对象的实例属性，并且通常以 self 作为第一个参数，代表对象本身。例如，Car 类中的 start_engine()方法和 drive()方法就是实例方法。

类方法通过@classmethod 装饰器定义，可以通过类或对象调用。类方法通常以 cls 作为第一个参数，代表类本身，主要用于操作类级别的属性或执行与类直接相关的操作。

静态方法通过@staticmethod 装饰器定义，同样可以通过类或对象调用。但静态方法与类及对象无特殊关联，更像一般的方法，只是位于类的命名空间中。

此外，Python 类还支持__init__()（构造方法）、__str__()（定义对象字符串的表现形式）、__call__()（使对象可以像函数那样被调用）等特殊方法。这些方法多用于定义对象的行为，如初始化、类型转换或比较等。

通过精心定义类的成员，我们能够创建出结构明晰、功能丰富的类，从而充分发挥面向对象编程的优势。

3.2.2 构造函数和析构函数

在面向对象编程中，构造函数（Constructor）和析构函数（Destructor）在对象的生命周期中扮演着重要的角色。在 Python 中，并没有显式的析构函数，但可以通过特殊的方法（如__init__()方法和__del__()方法）来实现类似的功能。

1．构造函数

构造函数用于在创建新对象时初始化对象的状态。在大多数面向对象的编程语言中，当使用 new 关键字（或其等价物）创建对象时，构造函数会自动被调用。

在 Python 中，构造函数是通过__init__()方法实现的。__init__()方法是一个特殊的方法，在创建类的实例时自动调用。它允许我们为新创建的对象设置初始状态。

```
class MyClass:
    def __init__(self, value):
        self.value = value


# 创建一个 MyClass 实例，并且传入一个值来初始化它
obj = MyClass(10)
print(obj.value)  # 输出"10"
```

在上面的例子中，__init__()方法接收一个 value 参数，并且将其设置为新对象的 value 属性。

2．析构函数

析构函数在对象被销毁之前自动调用，它允许我们执行一些清理工作，如释放资源、关闭文件等。在 Python 中，可以通过定义__del__()方法来实现类似的功能。__del__()方法在对象被垃圾回收器回收之前调用，但请注意，这个调用并不是确定的，因为 Python 的垃圾回收器是自动的，并且可能在任何时候运行。

```
class MyClass:
    def __init__(self, value):
```

```
        self.value = value

    def __del__(self):
        print("Object is being destroyed")

# 创建一个 MyClass 实例
obj = MyClass(10)
```

当 obj 没有其他引用时，它可能会被垃圾回收器回收。此时，__del__()方法可能会被调用。然而这里的输出可能并不会立即显示，因为它依赖于垃圾回收器的行为。

由于 Python 的垃圾回收器是自动的，并且不受开发者的直接控制，因此__del__()方法通常不是执行关键清理任务的理想选择。对于需要明确释放的资源（如文件句柄、数据库连接等），更好的做法是使用上下文管理器（通过实现__enter__()方法和__exit__()方法）或 with 语句，或者使用 try/finally 块来确保资源被释放。

3.2.3　类成员修饰符

在 Python 中，类成员修饰符主要用于控制访问权限。Python 不像一些其他语言（如 C++、Java）那样提供明确的访问修饰符关键字（如 public、private、protected），而是通过命名约定和一些特殊方法来实现访问控制。

公开（public）成员可以被类的实例、子类及外部代码直接访问。通常，名称以除单下划线（_）或双下划线（__）开头外的成员被视为公开成员。

保护（protected）成员意在告知使用者这些变量是供内部使用的，不建议在类的外部或子类中直接访问。但是，在技术上仍然可以直接访问。通常，名称以单下划线（_）开头的成员被视为保护成员（这只是一种命名约定，Python 实际上没有保护成员的概念）。

私有（private）成员不能直接从类的外部访问，但可以通过类内部的特定方法访问。私有成员主要用于封装类内部的实现细节，防止外部干扰。通常，名称以双下划线（__）开头的成员会被 Python 解释器进行名称改写（Name Mangling），以此实现一定程度的私有性。

3.2.4　私有函数

在大多数编程语言中，没有特定的语法来显式地声明一个函数是公有的，除非使用特定的语法来声明函数是私有的或受保护的。在 Python 中，所有没有特殊前缀的函数都被认为是公有的。例如：

```
class MyClass:
    def public_method(self):
        print("This is a public method.")

# 创建实例并调用公有函数
obj = MyClass()
obj.public_method()  # 输出" This is a public method."
```

在以上代码中，public_method()是一个公有函数，可以在类的外部通过实例 obj 来调用。

私有函数（Private Functions）是在类的外部不能直接访问的函数。它们主要用于类的内部实现细节，并且通常不希望在类的外部被调用。不同的编程语言使用不同的方式来定义私有函数。

在 Python 中，虽然没有严格意义上的私有函数，但有一种约定俗成的做法是使用单下划线（_）作为方法名的前缀来表示该函数是"受保护的"或"内部使用的"，或者使用双下划线（__）作为前缀来表示该函数是"私有的"并触发名称改写。

使用单下划线的示例如下。

```python
class MyClass:
    def _protected_method(self):
        print("This is a protected method.")

# 创建实例并尝试调用受保护的函数（在 Python 中仍然是可访问的）
obj = MyClass()
obj._protected_method()  # 输出: This is a protected method.
```

使用双下划线的示例如下。

```python
class MyClass:
    def __private_method(self):
        print("This is a private method.")

    def call_private_method(self):
        self.__private_method()

# 创建实例并尝试直接调用私有函数（在 Python 中会引发错误）
obj = MyClass()
# obj.__private_method()  # 这会引发 AttributeError

# 但可以通过类中的其他公有函数间接调用私有方法
obj.call_private_method()  # 输出 "This is a private method."
```

在以上示例中，尽管__private_method()被设计为私有函数，但它仍然可以通过类中的其他公有函数（如 call_private_method()）来间接调用。

公有函数和私有函数的概念是面向对象编程中封装性的一个重要部分，允许我们控制对类内部的访问，从而保护数据并隐藏不必要的复杂性。

任务 3　战绩类的实现

战绩类负责记录和管理所有玩家的得分和排名。它存储玩家的得分信息，并且在游戏过程中实时更新这些信息，以显示玩家的得分和排名。通过战绩类，玩家可以随时了解自己的得分和与其他玩家的差距，增加游戏的竞争性和互动性。战绩类需要存储和显示玩家的得分，并且在游戏过程中实时更新玩家得分。

微课：项目 3 任务 3-战绩类的实现.mp4

战绩类的属性及其含义如表 3.5 所示，战绩类的方法及其含义如表 3.6 所示。

表 3.5　战绩类的属性及其含义

属性	含义
players	一个字典，存储所有玩家的名字及其得分

表 3.6　战绩类的方法及其含义

方法	含义
add_player(player)	添加一个新玩家到战绩板
update_score(player, points)	更新某个玩家的得分
get_score(player)	获取某个玩家的得分
set_score(player, score)	设置某个玩家的得分
display_scores()	显示所有玩家的名字和得分

动一动

根据表 3.5 和表 3.6 实现战绩类。

任务单

任务单 3-3　战绩类的实现

学号：_____　　姓名：_____　　完成日期：_____　　检索号：_____

➡ **任务说明**

定义战绩类，该类负责记录和管理所有玩家的得分和排名。战绩类应包含玩家的得分信息存储、得分更新、得分显示等功能，以实时展示玩家的名字和得分。

➡ **引导问题**

⌨ **想一想**

（1）什么是类属性？什么是对象属性？

（2）类属性和对象属性之间有什么区别？

（3）什么是公有属性？什么是私有属性？

（4）在 Python 中，如何定义公有属性和私有属性？

（5）请解释私有属性的命名约定。

（6）什么是 get 方法？什么是 set 方法？

（7）为什么需要使用 get 方法和 set 方法？

✎ **重点笔记区**

➡ **任务评价**

评价内容	评价要点	分值	分数评定	自我评价
1. 任务实施	定义战绩类	5 分	能正确定义类属性得 1 分；能正确定义私有属性得 1 分；能正确定义 get 方法和 set 方法得 3 分	
	创建战绩对象	1 分	能正确创建战绩对象得 1 分	
	对战绩对象进行操作	2 分	能正确调用战绩对象的方法得 2 分	
2. 结果展现	运行程序	1 分	程序能正常执行，并且正确输出玩家名字和得分信息得 1 分	
3. 任务总结	依据任务实施情况进行总结	1 分	总结内容切中本任务的重点和要点得 1 分	
合　计		10 分		

任务解决方案关键步骤参考

（1）选择合适且熟悉的 IDE，打开任务 3-2 的 Python 脚本文件，定义 Scoreboard 类。

```
class Scoreboard:
```

（2）定义类属性 players，用于存储游戏中的所有玩家对象。在游戏中，我们可以创建多个计分面板，每个计分面板都只管理自己的玩家的得分。但所有计分面板的所有玩家对象都会被添加到类属性 players 中。

```
    players = {}  # 类属性，存储所有玩家对象
```

（3）定义__init__()方法。定义__player_scores 属性，该属性是当前积分面板所管理的玩家名字和得分的键值对字典。将__player_scores 属性的初始值设置为空字典。

```
    def __init__(self):
        self.__player_scores = {}  # 私有属性，存储当前积分面板的玩家名字和得分
```

（4）定义 add_player()方法。该方法将一个玩家对象添加到 players 字典中，将玩家名字添加到__player_scores 字典中，并且将其初始分值设置为 0 分。

```
    def add_player(self, player):
        self.players[player.name] = player
        self.__player_scores[player.name] = 0
```

（5）定义 update_score()方法。该方法为指定玩家增加指定分数。

```
    def update_score(self, player, points):
        self.__player_scores[player.name] += points
```

（6）定义 get_score()方法。该方法获取指定玩家的得分并返回。如果玩家对象未被添加到 players 字典中，则返回 0。

```
    def get_score(self, player):
        return self.__player_scores.get(player.name, 0)
```

（7）定义 set_score()方法。该方法为指定玩家直接设置指定分数。

```
    def set_score(self, player, score):
        self.__player_scores[player.name] = score
```

（8）定义 display_scores()方法。该方法遍历__player_scores 字典，打印当前所有玩家的名字和得分。

```
    def display_scores(self):
        for name, score in self.__player_scores.items():
            print(f"{name}: {score}")
```

（9）验证 Scoreboard 类的功能。首先创建 Scoreboard 类对象。

```
print("欢迎进入寻宝游戏！")
scoreboard = Scoreboard()
```

（10）创建两个玩家对象，一个玩家对象名为"陈杰"，初始位置为(0, 0)；另一个玩家对象名为"丽丽"，初始位置为(0, 1)。

```
player1 = Player("陈杰", (0, 0))
player2 = Player("丽丽", (0, 1))
```

（11）调用 add_player()方法，将这两个玩家对象添加到 players 字典中。

```
scoreboard.add_player(player1)
scoreboard.add_player(player2)
```

（12）调用 update_score()方法更新玩家的得分。该方法为指定玩家增加指定分数。起初，所有玩家的初始分数都是 0 分。将"陈杰"的得分更新为 10 分，将"丽丽"的得分更新为 5 分。

```
scoreboard.update_score(player1, 10)
scoreboard.update_score(player2, 5)
```

（13）调用 display_scores()方法，打印当前所有玩家的名字和得分。

```
scoreboard.display_scores()
```

（14）保存 Python 脚本文件并运行。当前程序添加了两名玩家，分别是"陈杰"和"丽丽"，其得分分别为 10 分和 5 分。display_scores()方法会遍历__player_scores 字典，并且打印所有键值对，最终输出结果如图 3.4 所示。

```
欢迎进入寻宝游戏!
陈杰: 10
丽丽: 5
```

图 3.4　最终输出结果

3.3.1　公有属性和私有属性

公有属性（Public Attributes）和私有属性（Private Attributes）在面向对象编程中主要用于封装类的内部状态，并且控制对类数据的访问。

1. 公有属性

公有属性是可以在类的外部直接访问的属性。在 Python 中，我们可以直接在类定义中设置公有属性，并且通过对象来访问它们。

```python
class MyClass:
    def __init__(self, public_attr):
        self.public_attr = public_attr


# 创建实例并设置公有属性
obj = MyClass(public_attr="Hello, World!")

# 访问公有属性
print(obj.public_attr)  # 输出"Hello, World!"

# 修改公有属性
obj.public_attr = "Goodbye, World!"
print(obj.public_attr)  # 输出"Goodbye, World!"
```

在以上代码中，public_attr 是一个公有属性，它可以在类的外部被创建、访问和修改。

2. 私有属性

私有属性是在类的外部不能直接访问的属性。它们主要用于隐藏类的内部实现细节，防止外部代码错误地修改它们，从而保持对象的封装性。在 Python 中，通常使用单下划线（_）作为前缀来表示一个属性是"受保护的"或"内部使用的"，但这并不是真正的私有属性，只是一种约定。然而，为了模拟私有属性，Python 有一个惯例，即使用双下划线（__）作为前缀，这会导致属性名称被"修饰"（mangled），从而阻止从外部直接访问。

下面是一个使用双下划线前缀的示例。

```python
class MyClass:
    def __init__(self, private_attr):
        self.__private_attr = private_attr


    def get_private_attr(self):
```

```
          return self.__private_attr

    def set_private_attr(self, value):
        self.__private_attr = value

# 创建实例并设置私有属性（通过 setter()方法）
obj = MyClass(private_attr="Secret")

# 访问私有属性（通过 getter()方法）
print(obj.get_private_attr())  # 输出"Secret"

# 不能直接修改私有属性（但可以通过 setter()方法修改）
# obj.__private_attr = "Not so secret"  会引发 AttributeError
obj.set_private_attr("Not so secret")
print(obj.get_private_attr())  # 输出"Not so secret"
```

在以上示例中，__private_attr 是一个私有属性，它不能在类的外部直接访问或修改。相反，我们使用了两个公有方法 get_private_attr()和 set_private_attr()来间接地访问和修改私有属性的值。这样，我们就可以控制对私有属性的访问，并且在必要时执行一些额外的逻辑（如验证输入或触发其他事件）。

需要注意的是，即使使用了双下划线前缀，私有属性仍然可以在类的内部直接访问和修改，甚至可以通过特殊的名称修饰规则从类的外部间接访问（但这通常是不推荐的）。因此，私有属性应该仅用于封装类的内部实现细节，防止外部代码错误地修改它们。

3.3.2 get 方法和 set 方法

get 方法和 set 方法（通常也被称为 getter 方法和 setter 方法）在面向对象编程中常用于封装对象的属性，以便控制对属性的访问和修改。这些方法提供了一种机制，允许我们在获取或设置属性值之前或之后执行额外的逻辑，如验证输入、触发事件或更新其他属性。

1. get 方法

get 方法用于获取属性的值。在 Python 中，通常没有特定的语法来定义 get 方法，但我们可以通过定义一个返回属性值的普通方法来模拟它。get 方法通常被命名为"get_<属性名>"（尽管这不是强制的）。

```
class MyClass:
    def __init__(self, value):
        self.__private_value = value

    def get_value(self):
        # 这里可以添加额外的逻辑，但在简单的示例中我们直接返回属性值
        return self.__private_value

# 创建实例并访问属性值
obj = MyClass(10)
print(obj.get_value())  # 输出"10"
```

在以上代码中，_private_value 是一个"私有"属性（尽管在 Python 中，单下划线前缀只是约定俗成的表示方法，并不是真正的私有），而 get_value()方法是一个 get 方法，用于获取

_private_value 属性的值。

2. set 方法

set 方法用于设置属性的值。与 get 方法类似，set 方法也没有特定的语法，但通常命名为"set_<属性名>"（尽管这不是强制的）。set 方法应该接收一个参数（要设置的新值），并且可能包含一些额外的逻辑，如验证输入或更新其他属性。

```python
class MyClass:
    def __init__(self, value):
        self._private_value = value

    def get_value(self):
        return self._private_value

    def set_value(self, new_value):
        # 这里可以添加额外的逻辑，如验证输入值
        if isinstance(new_value, int) and new_value >= 0:
            self._private_value = new_value
        else:
            raise ValueError("Value must be a non-negative integer.")


# 创建实例并设置属性值
obj = MyClass(10)
print(obj.get_value())  # 输出"10"

# 尝试设置一个新值
obj.set_value(20)
print(obj.get_value())  # 输出"20"

# 尝试设置一个无效的值（将引发异常）
obj.set_value(-1)  # ValueError: Value must be a non-negative integer.
```

在以上代码中，set_value()方法是一个 set 方法，它接收一个 new_value 参数，并且验证该参数是否是一个非负整数。如果 new_value 参数是有效的，则将其设置为_private_value 属性的新值；否则，将引发 ValueError 异常。

3. @property 装饰器

在 Python 中，我们可以使用@property 装饰器来定义 get 方法，并且使用"@<属性名>.setter 装饰器"来定义 set 方法。这样做可以使属性访问看起来更像普通的属性访问，而不是方法调用。

```python
class MyClass:
    def __init__(self, value):
        self._private_value = value

    @property
    def value(self):
        return self._private_value

    @value.setter
    def value(self, new_value):
```

```
        if isinstance(new_value, int) and new_value >= 0:
            self._private_value = new_value
        else:
            raise ValueError("Value must be a non-negative integer.")

# 创建实例并访问/设置属性值
obj = MyClass(10)
print(obj.value)    # 输出"10"
obj.value = 20      # 使用 setter 方法设置属性值
print(obj.value)    # 输出"20"
obj.value = -1      # ValueError: Value must be a non-negative integer.
```

在以上代码中，我们使用了@property 装饰器和@value.setter 装饰器来定义 value 属性的 get 方法和 set 方法。这使我们可以像访问普通属性一样来访问和设置 value 属性，但实际上是在调用背后定义的 get 方法和 set 方法。

任务4 超级玩家类的实现

微课：项目 3 任务 4-超级玩家类的实现.mp4

超级玩家类是寻宝游戏中的一个特殊角色，旨在增加游戏的趣味性和挑战性。它继承玩家类，但拥有额外的特殊能力，如双倍移动和查看宝藏位置。超级玩家类使玩家能够以更独特的方式探索地图，找到宝藏，增加游戏的竞争性和互动性。

超级玩家的双倍移动能力允许该玩家在一次移动中走两步，而普通玩家只能走一步。这使超级玩家在探索地图时能够更快地到达宝藏位置。超级玩家的查看宝藏位置能力允许该玩家查看地图上所有宝藏的确切位置，而不仅仅是他们当前所在位置附近的宝藏。这种能力使超级玩家在寻宝过程中能够做出更有效的决策，提高找到宝藏的概率。

超级玩家类的属性及其含义如表 3.7 所示，超级玩家类的方法及其含义如表 3.8 所示。

表 3.7 超级玩家类的属性及其含义

来源	属性	含义
继承父类	name	超级玩家的名字，用于标识角色
继承父类	position	超级玩家在地图上的位置，表示为坐标点
子类	special_power	一个字符串，表示超级玩家的特殊能力，如 double_move 表示双倍移动，see_treasure 表示查看宝藏位置

表 3.8 超级玩家类的方法及其含义

来源	方法	含义
继承父类	move(direction, map_size)	允许超级玩家在地图上移动。与普通玩家类的方法相同，但可以实现双倍移动的特殊逻辑
子类	use_special_power(self)	一个特殊方法，用于使用超级玩家的特殊能力。根据 special_power 的值，实现不同的特殊能力逻辑

✎ **动一动**

根据表 3.7 和表 3.8 实现超级玩家类。

任务单

<table>
<tr><td colspan="4" align="center">任务单 3-4 超级玩家类的实现</td></tr>
<tr><td>学号：_____</td><td>姓名：_____</td><td>完成日期：_____</td><td>检索号：_____</td></tr>
</table>

➡ 任务说明

定义超级玩家类，该类继承玩家类，并且包含双倍移动和查看宝藏位置的特殊能力。超级玩家类应包含玩家的属性，如名称和位置，以及使用特殊能力的方法。同时，该类应能够实现特殊能力的逻辑，超级玩家能够使用双倍移动和查看宝藏位置的能力。

➡ 引导问题

⌨ 想一想

（1）什么是类的继承？为什么需要使用继承？

（2）如何在 Python 中创建一个子类并继承父类的属性和方法？

（3）类的属性是否可以被子类继承？如果可以，如何实现属性的继承？

（4）子类是否可以拥有自己的属性？

（5）类的方法是否可以被子类继承？如果可以，如何实现方法的继承？

✎ 重点笔记区

➡ 任务评价

评价内容	评价要点	分值	分数评定	自我评价
1. 任务实施	定义超级玩家类	5 分	能正确定义超级玩家类，并且继承玩家类得 1 分；能正确定义 __init__()方法得 1 分；能正确定义 use_special_power()方法得 3 分	
	创建超级玩家对象	2 分	能正确创建超级玩家对象得 2 分	
	使用特殊能力	1 分	能正确使用特殊能力得 1 分	
2. 结果展现	运行程序	1 分	程序能正常执行，并且正确打印地图状态得 1 分	
3. 任务总结	依据任务实施情况进行总结	1 分	总结内容切中本任务的重点和要点得 1 分	
合　计		10 分		

✎ 任务解决方案关键步骤参考

（1）选择合适且熟悉的 IDE，打开任务 3-3 的 Python 脚本文件，修改 Player 类，以支持子类的双倍移动能力。修改 Player 类的 move()方法，接收 double_move 参数，表示当前是否为双倍移动。将该参数的值设置为 False。

```
def move(self, direction, map_size, double_move=False):
```

（2）在 move()方法中添加双倍移动的逻辑。对于每个方向的移动，默认走 1 步，如果当前使用了双倍移动能力，则走两步。

```
# 根据方向移动玩家
x, y = self.position
if direction == 'up' and x > 0:
    x -= 1
```

```
    if double_move and x > 0:  # 双倍移动
        x -= 1
elif direction == 'down' and x < map_size[0] - 1:
    x += 1
    if double_move and x < map_size[0] - 1:  # 双倍移动
        x += 1
elif direction == 'left' and y > 0:
    y -= 1
    if double_move and y > 0:  # 双倍移动
        y -= 1
elif direction == 'right' and y < map_size[1] - 1:
    y += 1
    if double_move and y < map_size[1] - 1:  # 双倍移动
        y += 1
self.position = (x, y)
```

（3）定义 SuperPlayer 类，该类继承 Player 类。

```
class SuperPlayer(Player):
```

（4）定义__init__()方法，其中，首先调用父类的__init__()方法，然后定义子类的 special_power 属性。当前，该属性的有效值为 double_move 或 see_treasure。该属性的初始值从外部传入。

```
def __init__(self, name, position, special_power):
    super().__init__(name, position)
    self.special_power = special_power
```

（5）定义 use_special_power()方法。该方法根据不同的 special_power 属性执行不同的代码逻辑。对于 double_move，调用 move()方法，并且将 double_move 参数的值设置为 True；对于 see_treasure，遍历地图中的每个位置，检查遍历到的位置是否有宝藏，并且输出有宝藏的坐标。如果 special_power 属性既不是 double_move 也不是 see_treasure，则输出"未知技能！"

```
def use_special_power(self, direction, map):
    if self.special_power == "double_move":
        print("使用超级技能：双倍移动！")
        self.move(direction, map.size, double_move=True)  # 示例：向上双倍移动
    elif self.special_power == "see_treasure":
        print("使用超级技能：查看宝藏位置！")
        # 显示地图上的所有宝藏位置
        for x, y in map.treasure_locations:
            print(f"发现宝藏: ({x}, {y})")
    else:
        print("未知技能！")
```

（6）验证 SuperPlayer 类的功能。首先创建 5×5 的地图对象，并且随机生成宝藏。

```
print("欢迎进入寻宝游戏！")
map = Map((5, 5))
map.generate_map()
```

（7）创建 SuperPlayer 类的对象，将名字设置为"超级陈杰"，初始位置为(0, 0)，特殊能力为 double_move。

```
super_player = SuperPlayer("超级陈杰", (0, 0), "double_move")
```

（8）调用 use_special_power()方法，触发超级玩家对象的特殊能力。

```
super_player.use_special_power("right", map)
```

（9）调用 display_map()方法，查看当前的地图状态。

```
map.display_map(super_player.position)
```

（10）保存并运行 Python 脚本文件，运行结果如图 3.5 所示。该程序构建了一个 5×5 的地图，并且随机放置了宝藏。在本次运行过程中，程序只在(0, 3)位置放置了宝藏。创建超级玩家"超级陈杰"，将初始位置设置为(0, 0)，并且赋予了他双倍移动能力。"超级陈杰"从其初始位置(0, 0)开始向右移动，并且使用了双倍移动能力，所以他会向右移动两步。因此，他的最终位置为(0, 2)。

```
欢迎进入寻宝游戏！
使用超级技能：双倍移动！
. . P . .
. . . . .
. . . . .
T . . . .
. . . . .
```

图 3.5　Python 脚本文件的运行结果

3.4.1　父类和子类

父类（基类或超类）和子类（派生类）是面向对象编程中两个重要的概念，它们用于实现代码的复用和扩展性。子类继承父类，并且可以添加新的特性或修改从父类继承的特性。

父类是一个被其他类继承的类。它定义了一些通用的属性和方法，这些属性和方法可以被其子类共享和重用。子类可以继承父类的所有属性和方法（除非它们在子类中被覆盖或隐藏），并且可以添加新的属性和方法。子类也可以覆盖父类的方法，以便提供特定的实现。

例如，Animal 是父类，它定义了一个动物的基本属性和行为（如名字和发声）。Dog 类是子类，它继承了 Animal 类的所有属性和方法，并且可以添加新的属性（如品种）和新的方法（如摇尾巴）。此外，Dog 类还可以覆盖 Animal 类相应的方法，如提供狗特有的发声方式。

super().__init__(name)调用是 Python 中的一种常见模式，这种模式用于在子类的构造函数中调用父类的构造函数，以确保父类中的初始化代码被正确执行。如果不这样做，子类可能无法正确初始化从父类继承的属性。

通过使用父类和子类，我们可以构建出更加模块化和可复用的代码，并且轻松地扩展和修改对象的行为。

3.4.2　属性的继承

在面向对象编程中，子类能够自动继承其父类定义的属性，这被称为属性的继承。当创建子类实例时，它将同时包含自己定义的属性和从父类继承的属性。

父类中未使用特殊前缀（如__）的属性被视为公有属性，子类可以直接访问和继承这些属性。以单下划线（_）开头的属性通常被视为保护属性，而以双下划线（__）开头的属性则会被 Python 解释器改变名字，变为私有属性。尽管这些保护属性和私有属性可以被继承，但不建议在子类外部直接访问。

值得注意的是，在 Python 中不存在真正的私有属性，因为所有属性均可通过类方法或对象的 __dict__ 属性进行访问。

3.4.3 方法的继承

在面向对象编程中，方法的继承是指子类自动获得其父类定义的方法。这意味着当我们创建一个子类的实例时，它不仅可以使用自己定义的方法，还可以使用从父类继承的方法。当子类继承父类时，它会继承父类中定义的所有公有方法（没有双下划线前缀的方法）。这些公有方法可以直接被子类的实例调用。如果子类需要修改父类方法的行为，则可以在子类中定义同名的方法，这被称为方法的重写（Overriding）。下面是一个简单的示例。

```python
# 父类 Animal
class Animal:
    def __init__(self, name):
        self.name = name

    def speak(self):
        print(f"{self.name} makes a sound")

# 子类 Dog
class Dog(Animal):
    def __init__(self, name, breed):
        super().__init__(name)      # 调用父类的构造函数，继承 name 属性
        self.breed = breed          # 子类特有的属性

    # 重写父类的 speak() 方法
    def speak(self):
        print(f"{self.name} barks")

    def wag_tail(self):
        print(f"{self.name} wags its tail")

# 创建子类的实例
my_dog = Dog("Buddy", "Golden Retriever")

# 调用继承父类的方法
my_dog.speak()   # 输出 "Buddy barks"（调用的是子类重写的 speak() 方法）

# 调用子类特有的方法
my_dog.wag_tail()   # 输出 "Buddy wags its tail"

# 假设我们有一个 Animal 实例
my_animal = Animal("Generic Animal")
my_animal.speak()   # 输出 "Generic Animal makes a sound"（调用的是父类的 speak() 方法）
```

在以上示例中，Dog 类继承了 Animal 类的 speak() 方法。但是，Dog 类重写了 speak() 方法，提供了狗特有的发声方式（吠叫）。当我们创建 Dog 实例并调用 speak() 方法时，会执行子类重写的 speak() 方法。而当我们创建 Animal 实例并调用 speak() 方法时，会执行父类中定义的 speak() 方法。此外，Dog 类还定义了一个特有的方法 wag_tail()，这个方法只能被 Dog 实

例调用。

通过方法的继承，我们可以实现代码的复用和扩展，使子类在保持与父类相似行为的同时，能够添加自己特有的功能。

拓展实训：飞机大战游戏的实现

【实训目的】

通过本拓展实训，学生能够掌握 Python 面向对象的编程技巧，包括类的定义和实例化、类的成员属性和方法、构造函数和析构函数、公有函数和私有函数、类属性和对象属性及类的继承。

【实训环境】

Python IDLE、Python 3.11。

【实训内容】

飞机大战游戏是一种经典的射击游戏，通常在二维空间中进行。玩家控制一架飞机，目标是尽可能长时间地存活，同时摧毁尽可能多的敌机来获得分数。这个游戏具有以下特点。

（1）游戏中会有不同类型的敌机，它们可能具有不同的移动模式、攻击方式和生命值。

（2）玩家可以通过摧毁敌机或特定目标来获得升级道具，这些道具可以增强玩家飞机的能力，如提升火力、速度或添加额外生命。

（3）游戏可能包含多个关卡，每个关卡都有其独特的敌机波次和难度设置。

（4）玩家通过摧毁敌机来获得分数，分数会根据敌机的类型和难度而有所不同。

本实训将通过 Python 面向对象的编程思想设计与实现一个飞机大战游戏。目前，我们仅考虑后端功能逻辑的实现，并且对完整游戏规则进行了简化。

游戏规则如下。

（1）玩家需要控制飞机的移动，避开敌机的攻击。

（2）玩家飞机可以通过发射子弹来摧毁敌机。

（3）玩家飞机有一定的生命值，被敌机击中或撞击到敌机会减少生命值。当生命值耗尽时，游戏结束。

（4）摧毁敌机可以获得分数，积累一定的分数可以增强飞机的能力。

（5）当玩家飞机的生命值耗尽时，游戏结束。玩家可以记录分数并尝试在下一次游戏中打破纪录。

（6）游戏采用回合制，所有飞机轮流执行一个回合。玩家或敌机在它掌握的回合中，选择移动或攻击其中一个动作。

本实训实现了玩家飞机的移动、攻击和敌机的移动，未实现敌机的攻击。根据以上对于游戏规则的描述，需要设计以下几个类。

（1）Plane 类（基础飞机类）：游戏中所有飞机的父类，它代表了游戏中所有飞机的基本功能和属性，如移动位置和发射子弹。Plane 类的属性及其含义如表 3.9 所示，Plane 类的方法及其含义如表 3.10 所示。

表 3.9　Plane 类的属性及其含义

属性	含义
name	飞机名称。如"玩家 1"或"敌机 1"
max_speed	飞机的最大移动速度
position	飞机的位置。通常是一个包含 x 和 y 坐标的字典，表示飞机在游戏世界中的位置
bullet_range	飞机发射子弹的最大射程
total_planes	类属性，记录游戏中飞机的总数。每次创建新飞机时，这个值都会增加

表 3.10　Plane 类的方法及其含义

方法	含义
__init__()	初始化飞机实例。接收飞机的名称、最大速度、初始位置和子弹射程
move()	根据方向和速度移动飞机，如 up、down、left、right
fire()	飞机向指定方向发射子弹。返回一个子弹对象

（2）Enemy 类（敌机类）：敌方飞机，是 Plane 类的子类，具有额外的得分值属性。Enemy 类的属性及其含义如表 3.11 所示，Enemy 类的方法及其含义如表 3.12 所示。

表 3.11　Enemy 类的属性及其含义

属性	含义
score_value	敌机被摧毁后的得分值。当玩家摧毁敌机时，会根据这个值增加玩家的得分

表 3.12　Enemy 类的方法及其含义

方法	含义
__init__()	初始化敌机实例。除接收父类的构造参数以外，还接收分值
move()	敌机随机移动。在游戏中，敌机会不断改变位置，增加游戏的难度
__str__()	敌机信息的字符串所示

（3）Player 类（玩家飞机类）：玩家控制的飞机，是 Plane 类的子类，具有得分和生命值属性，以及处理生命值和游戏结束的私有方法。Player 类的属性及其含义如表 3.13 所示，Player 类的方法及其含义如表 3.14 所示。

表 3.13　Player 类的属性及其含义

属性	含义
score	玩家的得分。玩家摧毁敌机时，根据敌机的得分值增加自己的得分
__lives	私有属性，玩家的生命值。表示玩家还剩下多少生命值

表 3.14　Player 类的方法及其含义

方法	含义
__init__()	初始化玩家飞机实例。接收玩家的名称、生命值、速度、初始位置和初始得分
__lose_life()	私有方法，玩家失去一条生命。当玩家被击中时，调用这个方法减少生命值
__game_over()	私有方法，游戏结束。当玩家的生命值耗尽时，调用这个方法
__str__()	玩家信息的字符串表示

（4）Bullet 类（子弹类）：描述子弹的移动和伤害，以及限制子弹速度的最大速度类属性。Bullet 类的属性及其含义如表 3.15 所示，Bullet 类的方法及其含义如表 3.16 所示。

表 3.15　Bullet 类的属性及其含义

属性	含义
plane	发射该子弹的飞机对象
position	子弹的位置。通常是一个包含 x 和 y 坐标的字典
direction	子弹发射的方向，如 up、down、left、right
brange	子弹的射程
max_brange	类属性，所有子弹的最大射程。确保子弹射程不超过这个值

表 3.16　Bullet 类的方法及其含义

方法	含义
__init__()	初始化子弹实例。接收子弹的位置、方向和射程
__str__()	子弹信息的字符串表示

（5）GameControl 类（游戏控制类）：管理游戏的主要逻辑，如添加飞机和子弹，以及控制游戏的开始和结束。GameControl 类的属性及其含义如表 3.17 所示，GameControl 类的方法及其含义如表 3.18 所示。

表 3.17　GameControl 类的属性及其含义

属性	含义
players	列表，用于存储游戏中所有的玩家飞机对象。这允许游戏控制器跟踪游戏中的所有活动玩家飞机，并且在需要时进行更新或删除
enemies	列表，用于存储游戏中所有的敌机对象。这允许游戏控制器跟踪游戏中的所有活动敌机，并且在需要时进行更新或删除
bullets	列表，用于存储游戏中发射的所有子弹对象。这样可以管理所有在游戏中移动的子弹，并且用于计算分数

表 3.18　GameControl 类的方法及其含义

方法	含义
__init__()	创建一个新的游戏控制实例。初始化 players、enemies 和 bullets 列表
add_plane()	将一个新的飞机对象添加到 players 或 enemies 列表中。该方法允许游戏动态地添加飞机
add_bullet()	将一个新的子弹对象添加到 bullets 列表中。每当飞机发射子弹时，这个方法都会被调用
update()	更新当前所有飞机和子弹的状态。每一回合结束时都应该调用该方法。该方法判断是否有玩家击中敌机，并且计算分数
start_game()	开始游戏的方法。可以在这里初始化游戏开始时的状态，如重置得分和玩家生命值
end_game()	结束游戏的方法。当游戏结束条件被触发时（如玩家生命值耗尽），这个方法会被调用
show_status()	显示当前所有飞机和子弹的状态信息

程序持续运行直到成功摧毁敌机的最后几行输出结果如图 3.6 所示。

```
玩家移动...
当前玩家状态:
玩家: 玩家1, 位置: {'x': 40, 'y': 80}, 得分: 0, 生命值: 3
当前敌机状态:
敌机: 敌机1, 位置: {'x': 50, 'y': 80}, 分值: 10
当前子弹状态:
敌机移动...
当前玩家状态:
玩家: 玩家1, 位置: {'x': 40, 'y': 80}, 得分: 0, 生命值: 3
当前敌机状态:
敌机: 敌机1, 位置: {'x': 40, 'y': 80}, 分值: 10
当前子弹状态:
玩家射击...
当前玩家状态:
玩家: 玩家1, 位置: {'x': 40, 'y': 80}, 得分: 0, 生命值: 3
当前敌机状态:
敌机: 敌机1, 位置: {'x': 40, 'y': 80}, 分值: 10
当前子弹状态:
玩家1的子弹, 位置: {'x': 40, 'y': 80}, 方向: right, 射程: 20
击中敌机!
游戏结束! 玩家得分:
玩家1得分: 10
```

图 3.6　程序持续运行直到成功摧毁敌机的最后几行输出结果

项目考核

【选择题】

1．面向对象编程（OOP）的主要特点是什么？（　　）。

A．函数　　　　　　　　　　　　B．模块化

C．封装、继承和多态　　　　　　D．顺序执行

2．在 Python 中定义一个类的语法是什么？（　　）

A．class ClassName:　　　　　　B．def ClassName():

C．ClassName = class{}　　　　　D．new ClassName()

3．如何在 Python 中创建一个类的实例？（　　）

A．ClassName()　　　　　　　　B．new ClassName

C．class ClassName:　　　　　　D．ClassName.new()

4．下面哪个是 Python 中的构造函数？（　　）

A．__init__()　　　　　　　　　B．__construct__()

C．__new__()　　　　　　　　　D．__start__()

5．在 Python 中，如何定义一个私有属性？（　　）

A．使用单下划线，如 _variable

B．使用双下划线，如 __variable

C．使用关键字 private，如 private variable

D．使用关键字 var，如 var variable

6．在 Python 中，如何定义一个类的方法？（　　）

A．def method_name:　　　　　　B．method method_name:

C．def method_name():　　　　　D．method_name = def():

7．在 Python 中，如何继承一个类？（　　）

A．class ChildClass(BaseClass):　　B．class BaseClass(ChildClass):

C．class ChildClass extends BaseClass:　D．class BaseClass extends ChildClass:

8．在 Python 中，如何调用父类的方法？（　　）

A．super().method_name()　　　　B．parent.method_name()

C．base.method_name()　　　　　D．this.method_name()

新能源汽车登记数据统计分析

项目描述

在深入贯彻党的二十大精神，坚定不移走生态优先、绿色低碳的高质量发展道路的背景下，新能源的重要性日益凸显。新能源汽车作为新能源领域的重要应用，可以推动绿色出行、降低碳排放、促进环境保护与可持续发展。中国积极响应全球环保趋势，高度重视新能源汽车产业的发展，通过制定并实施一系列政策措施，支持新能源汽车的研发、生产和销售，助力产业快速、健康发展。

温州市公共数据开放平台提供的"温州市新能源汽车每月增长量信息"数据，成为我们洞察新能源汽车在温州市发展状况的宝贵窗口。本项目以这些数据为基础，借助 Pandas 数据分析工具，对新能源汽车登记数据进行描述性统计分析。通过数据的清洗、整理、统计指标的计算和可视化图表的绘制，我们将探索新能源汽车在温州市的登记数量、增长速度、季节性变化等关键指标，揭示其市场现状和发展潜力。

本项目旨在将分析结果转化为实际行动的指南。借助 Pandas 数据分析工具，我们期望为各方决策提供更加精准的数据依据，优化资源配置。此外，也可以使市民直观地了解新能源汽车普及情况，促进市民对新能源汽车的认同。

拓展读一读

《国务院关于印发政务信息资源共享管理暂行办法的通知》（国发〔2016〕51 号）、《浙江省公共数据和电子政务管理办法》（省政府令第 354 号）、《浙江省公共数据开放与安全管理暂行办法》（省政府令第 381 号）、《浙江省公共数据条例》等一系列规定，为浙江省乃至全国范围内的公共数据管理和应用奠定了坚实的制度基础。这些规定详细阐述了公共数据的定义、共享与开放的原则、方式、范围及法律效力，为浙江各地数据开放平台的建设和运营提供了明确的指导和坚实的依据。

温州市公共数据开放平台作为其中的佼佼者，致力于公开和共享温州市市级及区县的公共数据资源，为社会公众、企业和研究机构等提供数据访问和使用的接口，促进数据的广泛应用和价值挖掘。其数据内容广泛，覆盖了科技创新、城建住房、法律服务、资源能源、医疗卫生、财税金融、公共安全、商贸流通、工业农业、机构团体、市场监督、交通运输、教育文化、气象服务、信用服务、生活服务、生态环境、安全生产、地理空间、社会救助、社保就业等多个领域。这一举措不仅有力支持了中国（温州）数安港的建设，更在推动温州市乃至整个浙江省的数字化改革进程中发挥了重要作用，确保了数字化改革的稳步前进和持续发展。

学习目标

知识目标

• 掌握数据统计分析的基本流程（重点：《大数据分析与应用职业技能等级标准》中级

1.2.1）。

- 了解数据获取的主要途径和读取方法。
- 掌握聚合分析的基本原理和主要方法（《大数据分析与应用职业技能等级标准》中级 2.1.1）。
- 掌握常见可视化图表中柱状图、散点图、折线图的画法。

能力目标

- 熟练使用 Python 集成开发工具，如 PyCharm、Anaconda 等。
- 会使用 Pandas 读取 CSV 等不同类型的本地文件。
- 会使用 Pandas 对数值数据进行描述性统计分析（重点：《大数据分析与应用职业技能等级标准》中级 2.1.1、《大数据应用开发（Python）职业技能等级标准》初级 3.2.1、《国家职业技术技能标准大数据工程技术人员》初级 5.2.1）。
- 会使用 Matplotlib 展现数据，能对坐标轴、标题、颜色等属性进行设置（难点：《大数据应用开发（Python）职业技能等级标准》初级 3.3.2）。

素质目标

- 强化懂流程、会操作、善分析的劳动意识。
- 明白在庞杂、散碎的信息中确保数据真实、可靠的重要性，强化大数据行业价值观。
- 通过对新能源汽车数据的分析，激发对新能源汽车技术和环保事业的兴趣和热情。
- 培养关注环境保护、倡导绿色出行的意识。

♻ 任务分析

随着数字经济的蓬勃发展，数据已经成为一种全新的生产要素，对经济社会的发展起到了推动作用。在如今这个信息爆炸、互联网深入人心的时代，每个人都仿佛置身于一个由数据汇成的海洋中。而数据分析就是从这茫茫数据海洋中挖掘、提炼那些隐藏的宝贵信息，决策提供科学、有力的支撑。

技术的日新月异和数据处理能力的飞速提升为数据分析提供了更强大的支撑。数据分析已经深入商业决策、医疗健康、政府公共管理和科学研究等多个领域，成为助推各行各业持续进步的重要力量。

本项目以数据处理的基本流程为出发点，分析和研究温州市新能源汽车的登记数据。首先，我们将进行数据获取工作，确保获取的数据真实、完整且具备研究价值。接着，在数据预处理环节剔除缺失值，为后续分析打下坚实基础。在数据分析的核心环节，我们将运用描述性统计分析方法，对新能源汽车登记数据进行全面分析。这不仅会描述数据基本特征，如均值、中位数、众数、方差等，还将深入探索数据间的内在联系和规律，以期揭示新能源汽车登记数量、增长速度及可能存在的季节性变化等重要信息。为了让分析结果更加直观、易懂，本项目还将采用数据可视化技术，将复杂的数据转换为图形和图像的形式。这不仅有助于高效沟通，还能让非专业人士快速了解数据的核心信息。

为了拓宽视野，我们还将积极引入其他行业数据，如观影数据和薪资数据等，进行跨领域的综合分析。通过这种多维度、全方位的数据分析和拓展学习，我们期望能够发现更多隐藏在数据背后的信息和规律，为更广泛的领域提供科学、精准的数据以支持决策。

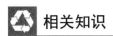 相关知识

1．数据分析

数据分析是指在数据获取、数据整理的基础上，通过统计运算得出结论的过程。数据分析是统计分析的核心和关键，通常可分为两个层次。

第一个层次是使用描述性统计计算出反映数据集中趋势、离散程度和相关强度的具有代表性的指标。

第二个层次是在描述性统计分析的基础上，使用推断统计的方法对数据进行处理，根据样本信息推断总体情况，并且分析和推测总体的特征和规律。

本项目主要使用第一个层次的分析方法对温州市新能源汽车登记数据进行简单统计，在后续项目中将进行推断统计相关内容的学习。

数据分析的基本流程如图 4.1 所示。

图 4.1　数据分析的基本流程

- 明确目的：分析要解决什么问题，从哪些角度分析问题，采用哪些方法或指标。
- 数据获取：明确获取数据的途径，主要包括从本地获取数据和从网络获取数据。
- 数据解析：整理杂乱无章的数据，形成有效数据。
- 数据分析：对数据进行分析操作，如进行分组、聚合等操作。
- 结果呈现：将数据以图表的形式直观地进行展示。

本项目基于上述步骤，实现对温州市新能源汽车登记数据的读取、清洗、简单统计分析和可视化操作。

2．描述性统计分析

描述性统计分析属于比较初级的数据分析，常见的分析方法包括对比分析法、平均分析法、交叉分析法等。在进行数据分析时，一般要先对数据进行描述性统计分析以发现其内在的规律，再进一步选择分析方法。

描述性统计分析要对调查总体所有变量的有关数据进行统计性描述，主要包括频数分析、集中趋势分析、离散程度分析、分布形态，以及一些基本的统计图形。

- 频数分析：主要针对分类变量进行，用于分析一组数据中不同数据出现的频数，了解数据的分布状况。我们可以使用频数分析来检验异常值，也可以发现一些统计规律。
- 集中趋势分析：用于反映数据的一般水平，常用指标包括均值、中位数和众数等。
- 离散程度分析：用于反映数据的差异程度，常用指标包括标准差、方差和极差等。
- 分布形态：描述数据分布的形状，包括正态分布、偏态分布等。一般假设样本的分布属于正态分布，需要使用偏度和峰度两个指标来检查样本是否符合正态分布。
- 可视化：通过图表等形式将数据可视化比使用文字表达更清晰、简明，包括直方图、箱形图、散点图等。

素质养成

在全球化和中国经济迅猛发展的背景下，专业技能已经成为衡量个人竞争力的重要标尺。

在中国，专业技能的提升不仅是个人职业发展的关键，更被赋予了一种深厚的国家情怀。我们提倡的"技能强国，数据报国"理念，正是新时代下对专业技能价值的深刻诠释和社会责任的集中体现。

作为新时代的青年，我们应当深切关注国家经济和社会的发展趋势，特别是新能源汽车等新兴产业。通过深入学习和不断磨炼专业技能，如在新能源汽车登记数据统计分析项目中精准挖掘数据价值，为产业的可持续发展提供有力支持，这正是我们回应时代召唤、承担社会责任的具体行动。在科技创新的浪潮中，每一位数据分析师、工程师和科学家的努力都是不可或缺的。

因此，我们不仅要通过实际操作不断提升自己的专业技能，更要学会运用这些技能去洞察问题、提出解决方案，以服务社会为己任，树立正确的人生观和价值观。

♻ 项目实施

随着全球气候变化问题日益严峻，减少碳排放、推动绿色发展已成为国际社会的共识。新能源汽车以其零尾气排放、低噪音等优势，成为实现环保目标的重要手段。中国政府出台了许多政策鼓励和支持新能源汽车的发展。例如，国务院发布的《新能源汽车产业发展规划（2021－2035 年）》明确提出，发展新能源汽车是我国从汽车大国迈向汽车强国的必由之路，是应对气候变化、推动绿色发展的战略举措。政府通过购置补贴、免征购置税、充电基础设施建设等措施，降低了新能源汽车的购买成本，刺激了消费者的购买热情。

温州市政府出台了一系列政策措施来支持新能源汽车产业的发展和新能源汽车的推广及应用，近年来，温州市新能源汽车登记数呈现出显著的增长趋势。根据温州市汽车流通行业协会的统计数据，在 2023 年，新能源汽车上牌量达到 9.42 万辆，占新注册登记汽车数量的 45.58%。

本项目通过收集温州市新能源汽车登记数据，使用 Pandas 进行数据清洗和分析，揭示新能源汽车在温州市的登记数量、增长趋势等指标，为相关决策和资源配置优化提供数据支持。

任务 1 登记数据的获取

为获取温州市新能源汽车的登记数据，我们首先从温州市公共数据开放平台下载了"温州市新能源汽车每月增长量信息"数据，该数据已保存至 xny.csv 文件中。

微课：项目 4 任务 1- 登记数据的获取.mp4

xny.csv 文件的部分内容如表 4.1 所示，各字段之间使用逗号进行分隔。在本任务中，我们将主要使用 Pandas 来操作 CSV 文件。

表 4.1 xny.csv 文件的部分内容

唯一编码	时间	新能源汽车登记数	年份	月份
1	201106	1	2011	6
2	201202	1	2012	2
3	201203	17	2012	3
4	201211	2	2012	11
5	201212	10	2012	12
...	...	...	...	...

动一动

从本地文件（xny.csv）中读取温州市新能源汽车登记数据。

任务单

任务单 4-1　登记数据的获取			

学号：＿＿＿＿＿　　姓名：＿＿＿＿＿　　完成日期：＿＿＿＿＿　　检索号：＿＿＿＿＿

➤ 任务说明

　本任务需要导入 Pandas，并且使用其 read_csv() 函数来加载 CSV 文件。这个函数能够智能地处理 CSV 文件中的分隔符、标题行和数据类型等，使数据导入过程变得简单高效。

➤ 引导问题

想一想

（1）数据分析的主要数据来源有哪些？如何从本地文件中读取数据？

（2）使用 Pandas 中的 read_csv() 函数能读取什么类型的文件？如何读取？

（3）read_csv() 函数的关键参数有哪些？哪些是必选的？如何指定路径和分隔符？

（4）中文字符无法读取的原因主要有哪些？如何解决？

（5）如何读取不同类型的文件？

（6）当 CSV 文件中存在大量数据时，如何分步读取数据？

重点笔记区

➤ 任务评价

评价内容	评价要点	分值	分数评定	自我评价
1. 任务实施	Pandas 的安装与导入	3 分	能正确安装 Pandas 得 1 分；能正常导入 Pandas 得 1 分；会使用别名得 1 分	
	数据读取	3 分	能正确使用 CSV 文件读取函数得 2 分；能正确读取中文得 1 分	
	数据字段截取	1 分	能正确索引所需要的数据列得 1 分	
2. 结果展现	数据显示	1 分	能正确列出文件中的数据得 1 分；能对数据快速地进行描述性统计分析得 1 分	
3. 任务总结	依据任务实施情况进行总结	1 分	总结内容切中本任务的重点和要点得 1 分	
合　计		10 分		

任务解决方案关键步骤参考

（1）如果使用的是 PyCharm 集成开发环境，请先确认 PyCharm 中是否已安装了 Pandas。如果使用的是 Anaconda，则环境中已默认安装了 Pandas，可以直接执行相关代码。

（2）编写如下代码，以实现数据读取。

```
# coding:utf-8
# 导入库
import pandas as pd
# 从文件中读取数据
xny = pd.read_csv('xny.csv', delimiter=',',encoding="gbk",index_col = 0)
```

```
xny['月份'] = xny['月份'].astype(int)
# 显示部分数据
xny.head()
```

（3）执行代码，读取的部分登记数据如图 4.2 所示，其中，第 1 列"唯一编码"被设置为索引列。

唯一编码	时间	新能源汽车登记数	年份	月份
1	201106	1.0	2011	6
2	201202	1.0	2012	2
3	201203	17.0	2012	3
4	201211	2.0	2012	11
5	201212	10.0	2012	12

图 4.2　读取的部分登记数据

（4）对读取的数据做一次统计描述，代码如下。

```
xny.describe()
```

执行结果如图 4.3 所示。读取的数据共有 114 条，新能源汽车登记数最多为 19097 辆。

	时间	新能源汽车登记数	年份	月份
count	114.000000	113.000000	114.000000	114.000000
mean	201742.342105	2895.761062	2017.359649	6.377193
std	287.620935	4190.786506	2.878444	3.475299
min	201106.000000	1.000000	2011.000000	1.000000
25%	201507.250000	47.000000	2015.000000	3.000000
50%	201711.500000	681.000000	2017.000000	6.000000
75%	202003.750000	3700.000000	2020.000000	9.000000
max	202208.000000	19097.000000	2022.000000	12.000000

图 4.3　执行结果

4.1.1　数据来源

在进行数据分析前，需要明确分析目的、范围和数据来源，以确保数据分析的合理性。数据来源分内部和外部两种。内部数据主要来自企业数据库、机器传感器和问卷调查，涵盖生产、销售、客户关系等数据。外部数据则主要来自互联网公开信息，如政府数据、上市公司报告等，也可以付费购买，还可以通过爬虫软件自动收集数据。

为确保数据分析的有效性，需要精准采集目标数据，数据来源多样，需要不断尝试以满足业务需求。从技术层面来讲，用户可以通过读取本地文件、从服务器下载日志，或者构建爬虫来获取数据。本地文件中常用的格式包括 TXT 文件、JSON 文件、CSV 文件等。

逗号分隔值（Comma-Separated Values，CSV）有时也被称为字符分隔值，但分隔字符也可以不使用逗号。CSV 文件以纯文本形式存储表格数据（数字和文本），它由任意数量的记录组成，记录之间使用某种换行符进行分隔。每条记录由字段组成，字段之间的分隔符是其他字符或字符串，常见的是逗号或制表符。通常，所有记录都有完全相同的字段序列。CSV 文件可以使用记事本打开，也可以使用 Excel 打开。

一旦有了数据，我们就可以对其进行检查和探索。

4.1.2 read_csv()函数

在读取文件内容时，我们需要明确字段之间的分隔符。我们可以使用 Pandas 中的 read_csv()函数从 CSV 文件中读取数据。

调用 read_csv()函数读取数据的格式如下。

```
pandas.read_csv(
    filepath_or_buffer, sep=',', delimiter=None, header='infer', names=None,
    index_col=None, usecols=None, squeeze=False, prefix=None,
mangle_dupe_cols=True,
    dtype=None, engine=None, converters=None, true_values=None, false_values=None,
    skipinitialspace=False, skiprows=None, nrows=None, na_values=None,
keep_default_
na=True, na_filter=True, verbose=False, skip_blank_lines=True, parse_dates=False,
    infer_datetime_format=False, keep_date_col=False, date_parser=None, dayfirst=
False,
    iterator=False, chunksize=None, compression='infer', thousands=None, decimal=
b'.',
    lineterminator=None, quotechar='"', quoting=0, escapechar=None, comment=None,
    encoding=None, dialect=None, tupleize_cols=None, error_bad_lines=True,
    warn_bad_lines=True, skipfooter=0, doublequote=True, delim_whitespace=False,
low_memory=True, memory_map=False, float_precision=None
)
```

从以上代码可知，read_csv()函数的参数有很多，常用的参数如表 4.2 所示，其余的参数可以参见 Python 具体说明文档，此处不再一一列出。

表 4.2　read_csv()函数常用的参数

参数名	类型	默认值	作用
filepath_or_buffer	URL	必填参数	指定文件路径
sep	字符串	,（逗号）	指定分隔符
delimiter	字符串	None	指定定界符，为备选分隔符（如果指定该参数，则 sep 参数失效）
header	整型或整型列表	infer	指定用作列名的行号和数据的起始位置。默认行为是推断列名：如果没有传递名称，则行为与 header=0 相同，并且列名将从文件的第一行推断出来；如果显式传递列名，则行为与 header=None 相同；如果显式传递了 header=0，则替换现有名称
index_col	字符串或整数	None	将 CSV 文件中的某一列设置为索引，可以将该列的名字（字符串）或序号（整数，从 0 开始计数）传递给 index_col
encoding	字符串	None	指定字符集类型，通常指定为"utf-8"
delim_whitespace	布尔型	False	指定空格是否作为分隔符使用，等价于设置 sep='\s+'。如果将这个参数的值设置为 True，则 delimiter 参数失效

当使用 read_csv()函数读取 CSV 文件时，常常会因为 CSV 文件中带有中文字符而产生字符编码错误，造成读取错误。在这时，我们可以尝试将 read_csv()函数的 encoding 参数的值设置为 gbk 或 utf-8。在本任务的示例代码中，使用了 gbk 解码，可以正常读取和显示中文标题。

数据也可以来源于 TXT 文件。TXT 文件的读取和相关方法如下。

（1）打开文件。

obj = open(filename, mode)：以 mode 指定的方法打开 filename 文件。

（2）读操作。

- read()：一次性读取文件的全部内容。
- readline()：在读取时以换行符"\n"为节点，逐行读取内容。
- readlines()：读取全部内容。以列表形式返回结果，列表中的每个元素都是每一行对应的内容。

（3）写操作。

- write()：将字符写入文件。
- writelines()：将列表中的内容写入文件。

（4）关闭文件。

close()：关闭文件。

（5）with 语句。

在文件处理前加入"with open(filename)as f_obj:"语句，有以下作用。

- 如果文件在处理过程中需要进行异常处理及自动调用文件关闭操作，则推荐使用 with 语句。
- 在对资源进行访问的场合中，无论是否发生异常都会执行"清理"操作，如关闭文件、自动获取线程和释放资源等。

任务 2　登记数据的解析

本任务主要是对获取的登记数据进行详细解析，包括清洗和筛选等，以确保数据质量和准确性。

微课：项目 4 任务 2-
登记数据的解析.mp4

动一动

（1）对从 xny.csv 文件中读取的数据进行清洗。具体地，我们需要从数据集中剔除那些包含空值或缺失值的"脏数据"，以确保后续分析的准确性和可靠性。

（2）从清洗后的数据集中，精确筛选出满足特定条件的记录，以供进一步分析使用。

任务单

任务单 4-2　登记数据的解析

学号：＿＿＿＿＿＿　　姓名：＿＿＿＿＿＿　　完成日期：＿＿＿＿＿＿　　检索号：＿＿＿＿＿＿

任务说明

常见的数据清洗技术包括数据去重、缺失值处理、异常值处理、数据标准化和数据转换。数据清洗可以提升数据的准确性和可靠性，消除数据错误和噪声，提高分析和建模的精度。本任务主要是对 xny.csv 文件中的空数据进行清洗，并且按要求进行筛选。

引导问题

想一想

（1）数据解析的主要步骤有哪些？如何发现"脏数据"？

（2）Pandas 中的哪些函数可以用来发现空值和处理空值？在读取的数据中，NaN 表示什么？

（3）对缺失值有哪几种处理方式？

（4）Pandas 中的 dropna()函数有哪些参数？如何根据业务需求进行设置？

（5）如何对 DataFrame 数据进行筛选？

续表

✎　重点笔记区

➡　任务评价

评价内容	评价要点	分值	分数评定	自我评价
1. 任务实施	发现空值	3 分	能正确导入 Pandas 得 1 分；能统计总记录数得 1 分；能统计空值记录得 1 分	
	显示空记录	2 分	能正确显示含有空值的数据记录得 2 分	
	处理空值	2 分	能正确删除空值得 1 分；能正确列出并统计处理后的数据得 1 分	
	数据筛选	2 分	能按要求正确筛选数据得 2 分	
2. 任务总结	依据任务实施情况进行总结	1 分	总结内容切中本任务的重点和要点得 1 分	
合　计		10 分		

任务解决方案关键步骤参考

（1）查看数据项中是否含有空值。

```
print("总记录数: "+ str(len(xny)))
# 显示每列数据中含有空值的记录数
print("每列含空值记录数: ")
xny.isnull().sum()
```

执行结果如图 4.4 所示，在 114 条记录中，"新能源汽车登记数"列中含有 1 个空值。

```
总记录数: 114
每列含空值记录数:

时间                0
新能源汽车登记数        1
年份                0
月份                0
dtype: int64
```

图 4.4　执行结果

（2）显示含有空值的记录。

```
xny_null = xny[xny.isnull().T.any()]
print("含有空值的记录: " + str(len(xny_null)))
xny_null.head(len(xny_null))
```

含有空值的记录共 1 条，如图 4.5 所示。

	时间	新能源汽车登记数	年份	月份
唯一编码				
114	202208	NaN	2022	8

图 4.5　含有空值的记录

（3）添加删除空值的代码，对缺失值进行处理。

```
# 数据清洗：删除含有空值的记录
xny= xny.dropna()
xny.head()
```

（4）添加代码"xny.describe()"对数据进行描述性统计分析，删除空值后的数据统计结果如图 4.6 所示。其中，有效数据为 113 条。

	时间	新能源汽车登记数	年份	月份
count	113.000000	113.000000	113.000000	113.000000
mean	201738.221239	2895.761062	2017.318584	6.362832
std	285.501743	4190.786506	2.857526	3.487380
min	201106.000000	1.000000	2011.000000	1.000000
25%	201507.000000	47.000000	2015.000000	3.000000
50%	201711.000000	681.000000	2017.000000	6.000000
75%	202003.000000	3700.000000	2020.000000	9.000000
max	202207.000000	19097.000000	2022.000000	12.000000

图 4.6　删除空值后的数据统计结果

（5）筛选出近 10 年的新能源汽车登记数据。

```
import datetime
now = datetime.datetime.now()
year = now.year
# 筛选"年份"列为近10年的数据
xny_date = xny.loc[(xny['年份']>= year - 10 + 1 )]
xny_date.head(5)
```

筛选后的部分数据如图 4.7 所示。

唯一编码	时间	新能源汽车登记数	年份	月份
23	201501	53.0	2015	1
24	201502	7.0	2015	2
25	201503	47.0	2015	3
26	201504	9.0	2015	4
27	201505	14.0	2015	5

图 4.7　筛选后的部分数据

4.2.1　数据解析

无论数据来源何处，所得结果都可能存在瑕疵。例如，登记数是否均为正数就是一个值得审视的问题。只有高质量的数据，才能确保后续模型构建与数据分析的准确性。然而，我们获取的数据可能缺失或不完整，因此数据核查这一环节至关重要。对于各类数据，我们都需要检查其极端情况，可以通过简单统计、测试和可视化操作进行核查。

数据解析涵盖数据检查、清洗与筛选等诸多环节。数据清洗是对数据进行重新审核和校验的过程，旨在消除重复信息、纠正既有错误，并且确保数据的一致性。顾名思义，数据清洗就是将"污垢"洗涤干净，它是发现并修正数据文件中可识别错误的过程。这一过程包括检查数据一致性、处理无效值与缺失值等。由于获取的数据通常是针对某一主题的集合，这些数据可能源自多个业务系统，或者包含各类历史记录。因此，难免存在错误数据或数据间的冲突，这些不合规的数据被我们称为"脏数据"。为剔除这些"脏数据"，我们需要遵循一定的规则进行"清洗"，这就是数据清洗的本质。数据清洗的一般流程如图4.8所示。

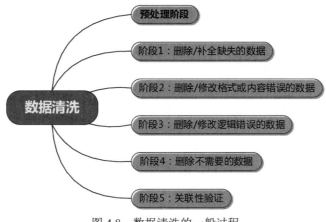

图 4.8　数据清洗的一般过程

4.2.2　缺失值处理

缺失值是指在粗糙数据中由于信息不完全而导致某些属性的值缺失。处理缺失值的方法主要有两种：删除含有缺失值的数据和缺失值插补。

1. 删除含有缺失值的数据

在许多数据分析工作中，缺失数据是经常发生的。Pandas 的设计目标之一就是使处理缺失数据的任务更加轻松。对于数值数据，Pandas 使用 NaN（Not a Number）表示缺失数据。

使用 dropna() 函数删除缺失数据。

```
df.dropna()
```

传入 how='all'，删除全部为 NaN 的行。

```
df.dropna(how='all')
```

传入 axis=1，删除全部为空值的列。

```
df.dropna(axis=1, how="all")
```

传入 thresh=n，删除 n 行。

```
df.dropna(thresh=n)
```

2. 缺失值插补

在缺失数据比较多的情况下，可以直接删除缺失数据。当缺失数据比较少时，可能希望通过其他方式填补那些"空洞"。对大多数情况而言，使用 fillna() 函数对数据进行填充很有必要。数据填充函数 fillna() 的默认参数如下，具体参数说明可以参考说明文档。

```
fillna(
    self, value=None, method=None, axis=None, inplace=False, limit=None,
    downcast=None, **kwargs
    )
```

4.2.3　数据筛选

数据的价值在于其能够反映的信息。然而在收集数据时，并不能完全考虑到未来的用途，只是尽可能地收集数据。当仅需要分析某些年份或某些月份的变化趋势时，我们可以对收集的数据进行筛选。数据筛选的目的是提升收集的数据的可用性，以便于后期进行数据分析。

DataFrame 类型类似于数据库表结构的数据结构，可以通过以下几种常用的筛选方式选取需要的数据。

- 筛选某一列：new_df = df['a']或 new_df =df.a，表示抽取 a 列。
- 筛选多列：new_df = df[['a','b']]，表示抽取其中的 a 列和 b 列。
- 筛选多行：new_df = df [0:2]，表示抽取索引为 0 和 1 的行。
- 按条件筛选：new_df = df[(df['a'] > 0)]，表示抽取 a 列中值大于 0 的行。
- 按索引筛选：new_df = df.iloc[1,2,5]，表示抽取索引为 1、2、5 的行；new_df=df.iloc[[0,3,5], 0:2]，表示抽取索引为 0、3、5 行中的第 0、1 列的数据；new_df=df.loc[0:3, ['a', 'b']]，表示抽取 0、1、2 行的 a 列和 b 列；new_df=df.loc[df['a'] == 6][['b', 'c']]，表示抽取 a 列中元素等于 6 的那一行的 b 列和 c 列。

当有多个条件时，可以使用"&"（与）和"|"（或）等进行连接，如 new_df = df[(df['a'] > 0)&(df['b'] < 0)| df['c'] > 0]，表示抽取 a 列中值大于 0、b 列中值大于 0 或 c 列中值大于 0 的行。

📝 练一练

（1）筛选新能源汽车登记数超过 100 的月份。

```
# 筛选新能源汽车超过100辆的月份
xny_year = xny[(xny["新能源汽车登记数"] > 100)]
# 输出年份计数值
print('总月份数：' + str(xny['月份'].count()))
print('超过100辆的月份数：' + str(xny_year['年份'].count()))
```

显示新能源汽车登记数小于或等于 100 的年份。

```
xny_year2 = xny[(xny["新能源汽车登记数"] <= 100)]
xny_year2.head()
```

（2）筛选新能源汽车登记数小于或等于 100 且年份大于 2015 的数据。

```
xny_out = xny[(xny["新能源汽车登记数"]<=100) & (xny['年份']> 2015)]
```

任务3 登记数据的描述性统计分析

在对数据做了处理后，我们接着对数据进行统计分析。本任务旨在通过对已处理的新能源汽车登记数据进行描述性统计分析，探究新能源汽车市场的增长趋势和波动情况。

微课：项目 4 任务 3-
登记数据的描述性统
计分析.mp4

📝 动一动

（1）统计近十年来新能源汽车的月平均登记数，以此来观察新能源汽车市场的增长趋势和波动情况。

（2）为了更深入地了解市场的长期变化趋势，进一步按年份进行分组，统计每五年的月平均登记数，以更清晰地展现出新能源汽车登记数的变化。

任务单

任务单 4-3　登记数据的描述性统计分析

学号：＿＿＿＿＿＿　姓名：＿＿＿＿＿＿　完成日期：＿＿＿＿＿＿　检索号：＿＿＿＿＿＿

任务说明

　　数据分析的目的是把隐藏在一大批看起来杂乱无章的数据中的信息集中并提炼出来，从而找出研究对象的内在规律。在实际应用中，数据分析可帮助人们做出判断，以便采取适当行动。本任务主要是对获取的新能源汽车登记数据进行简单的趋势分析和对比分析。

引导问题

想一想

（1）什么是描述性统计分析？具体有哪些指标？

（2）描述性统计分析主要有哪些方法？

（3）Pandas 支持的聚合函数有哪些？主要功能分别是什么？

（4）分组统计函数 groupby() 的主要参数有哪些？该如何设置？

（5）cut 函数主要用来做什么？如何与 groupby() 函数结合使用？

重点笔记区

任务评价

评价内容	评价要点	分值	分数评定	自我评价
1. 任务实施	描述性统计分析	3 分	能正确使用统计函数得 1 分；能变更列名得 1 分；结果显示正确得 1 分	
	数据分组	3 分	能使用 cut() 函数进行分组得 1 分；分组正确得 2 分	
	分组分析	3 分	能使用 groupby() 函数进行分组统计得 1 分；groupby() 函数使用正确得 1 分；结果显示正确得 1 分	
2. 任务总结	依据任务实施情况进行总结	1 分	总结内容切中本任务的重点和要点得 1 分	
合　计		10 分		

任务解决方案关键步骤参考

　　（1）统计近十年的温州市新能源汽车月平均登记数，添加以下代码。

```
result1 = xny_date.groupby('年份')['新能源汽车登记数'].mean()
result1 = pd.DataFrame(result1).reset_index()
result1 = result1.rename(columns={'新能源汽车登记数':'月平均数'})
result1.head()
```

　　（2）执行代码，根据年份进行聚合分析的结果如图 4.9 所示。

	年份	月平均数
0	2015	72.416667
1	2016	169.083333
2	2017	574.416667
3	2018	2481.833333
4	2019	4434.750000

图 4.9　根据年份进行聚合分析的结果（求平均）

（3）统计每五年的月平均登记数。添加以下代码。

```
# 根据年份分类（2011—2015、2016—2020、2021—2025）统计平均 GDP
year_groups = pd.cut(result1['年份'], bins =[2010,2015,2020,2025])
result2 = result1.groupby(year_groups, observed=False)['月平均数'].mean()
result2.head()
```

（4）执行代码，根据年份分组进行分析的结果如图 4.10 所示。

```
年份
(2010, 2015]        72.416667
(2015, 2020]      2255.816667
(2020, 2025]     10041.505952
Name: 月平均数, dtype: float64
```

图 4.10　根据年份分组进行分析的结果

4.3.1　描述性统计分析指标

在进行描述性统计分析时，我们经常会用到一系列关键的指标来刻画数据的中心趋势和分布情况。这些指标包括平均值、中位数、众数，以及最大值和最小值等。它们各自从不同的角度揭示了数据集的特征。

Pandas 为我们提供了一系列强大的聚合函数，用于方便地计算这些描述性统计分析指标。以下是一些常用的 Pandas 聚合操作。

- 平均值：使用 df.groupby('key1').mean()，我们可以轻松地计算出按照某个关键字（如 key1）分组的数据的平均值。
- 求和：使用 df.groupby('key1').sum()，我们可以快速求得按 key1 分组后，每组内数据的总和。
- 最值：使用 df.groupby('key1').max() 和 df.groupby('key1').min()，我们可以分别找到每个分组中的最大值和最小值。
- 计数：使用 df.groupby('key1').count()，我们可以统计每个分组中的数据项数量，这在数据分析中常用于了解数据的分布情况。

4.3.2　groupby() 函数

groupby() 函数允许用户根据一个或多个列对数据进行分组，并且为每组数据执行相应的操作，如统计、转换等。在 df.groupby(df['key1'])['key2'].sum() 中，会先对每个 key1 进行分组，再对 key1 进行求和。groupby() 函数的基本语法如下。

```
DataFrame.groupby(
    by=None, axis=0, level=None, as_index=True, sort=True, group_keys=True,
    squeeze=False, observed=False, dropna=True
    )
```

其中，by 参数指定用于分组的列名或列名列表，其值可以是函数、字典、Series，或者是这些的组合；axis 参数指定分组操作的轴向，默认为 0，表示沿着行方向分组（对列进行操作）；as_index 参数用于设置是否将分组标签作为索引，默认为 True；sort 参数指定是否对分组标签进行排序，默认为 True。grouped = df.groupby('Name')['Score'].mean() 表示使用 groupby() 函数进行分组，并且计算每组的平均分。

任务4 登记数据的可视化展现

数据可视化在数据科学中占据重要的地位，它通过图形化的方式精准而迅速地传递信息。在此过程中，视觉美学与信息传递的实用性相辅相成，共同挖掘复杂数据集的深层内涵和特征。本任务的核心是使用Matplotlib对温州市新能源汽车登记数据进行可视化展现。

微课：项目4任务4-登记数据的可视化展现.mp4

📖 动一动

（1）通过图表清晰地展示近十年温州新能源汽车的月平均登记数，从而直观地反映出其增长动向。

（2）绘制温州新能源汽车登记总数的年度变化曲线，以便全面观察其逐年的增减情况。

（3）深入分析近三年温州市新能源汽车登记数据的情况，将数据按季度划分，以揭示每个季度的增长规律和特点。

📖 任务单

任务单4-4 登记数据的可视化展现

学号：_____ 姓名：_____ 完成日期：_____ 检索号：_____

➡️ **任务说明**

使用Matplotlib可视化温州市新能源汽车新增登记数据，包括近十年的月平均登记数、年度总数变化，以及近三年的季度增长情况。

➡️ **引导问题**

🖥️ **想一想**

（1）如果要做对比分析，应该使用什么类型的图表？

（2）如何使用Matplotlib折线图揭示温州市新能源汽车登记数在不同年份的变化和可能的增长模式？

（3）如何根据月份获取季度信息？如何通过分组柱状图展现季度的登记数据变化情况？

（4）如何美化Matplotlib绘制的图形？该如何设置相应的参数？

✏️ **重点笔记区**

➡️ **任务评价**

评价内容	评价要点	分值	分数评定	自我评价
1. 任务实施	近十年数据对比分析	3分	能正确筛选数据得1分；能正确展现统计结果得2分	
	年增长趋势分析	3分	能分组统计年度总登记数得1分；能正确展现统计结果得2分	
	按季度分析	3分	能正确获取季度信息得1分；能使用groupby()函数进行分组统计得1分；能展现按季度分析结果得1分	
2. 任务总结	依据任务实施情况进行总结	1分	总结内容切中本任务的重点和要点得1分	
	合 计	10分		

📖 **任务解决方案关键步骤参考**

（1）添加以下代码，图形化显示近十年的温州市新能源汽车月平均登记数。

```
# 导入画图包
import matplotlib.pyplot as plt
# 将中文字体设置为SimHei，简黑字体
plt.rcParams['font.sans-serif'] = ['SimHei']
# 解决负号显示的问题
plt.rcParams['axes.unicode_minus'] = False

# 绘制柱状图，x轴和y轴分别为年份和平均月登记数，并且将每根柱子的颜色设置为淡蓝色，宽度为0.4
result1.plot('年份', '月平均数', color='lightblue', width=0.4, edgecolor = 'black',
kind='bar')
# 设置标题
plt.title('月平均登记数情况')
# 设置x轴和y轴的标题
plt.xlabel('年份')
plt.ylabel('月平均登记数/辆')
# 显示图像
plt.show()
```

执行代码，执行结果如图 4.11 所示。

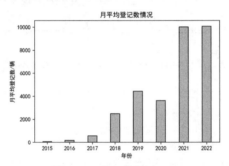

图 4.11　执行结果（1）

（2）显示数据标签和图例，对上述代码进行修改并添加以下代码。

```
plt.plot(result1['年份'], result1['月平均数'], color='lightblue', width=0.4,
edgecolor='black', kind='bar')
# 为图表添加数据标签
for x, y in zip(result1['年份'],result1['月平均数']):
    plt.text(x, y, '%.1f' % y, ha='center', va='bottom')
# 显示图例
plt.legend(['月平均数'])
```

执行代码，执行结果如图 4.12 所示。

图 4.12　执行结果（2）

（3）按年份显示温州市新能源汽车登记数的变化情况，添加以下代码。

```
result3 = xny.groupby('年份')['新能源汽车登记数'].mean()
result3 = pd.DataFrame(result3).reset_index()
result3['新能源汽车登记数'] = result3['新能源汽车登记数']*12
result3['新能源汽车登记数'] = result3['新能源汽车登记数'].astype(int)

# 设置标题
plt.title('新能源汽车登记数情况')
plt.xlabel('年份')
plt.ylabel('登记数/辆')
plt.plot(result3['年份'], result3['新能源汽车登记数'], color='red')
plt.scatter(result3['年份'], result3['新能源汽车登记数'], color='black',s=30)
# 给图添加数据标签
for x, y in zip(result3['年份'],result3['新能源汽车登记数']):
    plt.text(x, y + 3000, '%.0f' % y, ha='center', va='bottom')
plt.ylim(0,140000)
# 显示图像
plt.show()
```

执行代码，执行结果如图 4.13 所示。

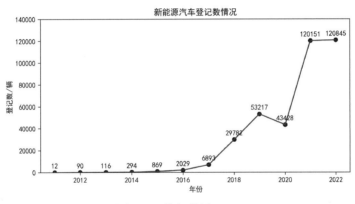

图 4.13   执行结果（3）

4.4.1　数据可视化

数据可视化是一种将大量数据转换为视觉形式的过程，旨在通过图形、图像、动画等直观的方式展示数据，帮助用户发现数据中的模式、趋势和关联，从而做出更好的决策。为了实现这一目标，数据可视化领域提供了多样化的图表，如折线图、柱状图、散点图、饼图、热力图、树状图、地图等，每一种都针对特定的数据分析需求。在 Python 编程环境中，数据可视化的实现手段同样广泛且强大。以下是几种备受欢迎的库及其特色应用方式。

- Matplotlib：作为 Python 中最基础、最常用的数据可视化库，Matplotlib 能够轻松绘制折线图、柱状图、散点图等多种图表，满足基础的数据展示需求。
- Seaborn：这个库在 Matplotlib 的基础上进行了扩展和优化，不仅提供了更高级的接口，还配备了更加美观的默认图表样式，使数据可视化更精致和专业。
- Plotly：专注于交互式图形的创建，Plotly 赋予了图表交互性。利用这个库，用户可以制作出支持鼠标悬停提示、拖曳查看细节、缩放功能的图表，极大提升了用户的数据探索体验。

- Bokeh：同样是交互式数据可视化的佼佼者，Bokeh 库致力于提供既优雅又简洁的图表构建方式，同时保证图表的高效性能和流畅的交互体验，是数据分析师和开发者的得力助手。
- Pandas：Pandas 库不仅提供了丰富的数据处理功能，还内置了基于 Matplotlib 的绘图功能。通过 Pandas，用户可以在进行数据分析的同时，便捷地完成数据的可视化展示。

4.4.2　统计分析结果展现形式

统计分析结果可以以多种形式呈现，包括表格式、图形式和文章式。表格式通过合理叙述统计指标，使统计结果更加系统、简洁、清晰，从而方便验证数据的完整性和准确性，以及进行数据的对比分析。这类统计表通常由标题、横行、纵栏和数字 4 个基本元素构成。

图形式则具有直观、醒目、易懂的特点。在当今计算机普及的时代，统计图表在数据分析中得到了广泛应用。传统的图表类型包括折线图、柱状图、散点图、K 线图、饼图、雷达图、和弦图、力导向布局图、地图等，同时支持任意维度的数据堆叠和多图表的混合展示。

文章式的主要表现形式是统计分析报告，它是各种表现方式中最全面的。统计分析报告集中体现了统计分析研究过程中形成的论点、论据和结论。这种表现形式巧妙地结合了统计资料、统计方法、数字和文字，对客观事物进行了深入的分析和研究。

4.4.3　Matplotlib 中的中文显示

在使用 Matplotlib 绘图时，默认情况下可能无法正常显示中文字符，因为默认的字体库可能不包含适当的中文字体。因此，中文字符可能会以乱码的形式呈现。为了解决这个问题，我们需要在代码中明确指定支持中文的字体。例如，通过 plt.rcParams['font.sans-serif'] = ['SimHei']，我们可以将显示的中文字体设置为 SimHei。

此外，在 Python 3.6 及之前的版本中，如果想在图表中显示中文字符串，则需要在字符串前添加前缀 u，如 u'年份'，以指明这是一个 Unicode 字符串。但从 Python 3.7 版本开始，这一前缀已不再是必需的。

另外，在使用 Matplotlib 绘图时，有时会遇到负号无法正常显示的问题。为了解决这个问题，可以通过设置 plt.rcParams['axes.unicode_minus'] = False 来确保负号能够正确显示。这样做会告诉 Matplotlib 不要使用 Unicode 来绘制负号，从而避免显示问题。

4.4.4　Matplotlib 图表绘制基础

1. matplotlib.pyplot

matplotlib.pyplot 是一个包含了一系列命令行风格函数的集合，它允许用户以简洁的方式创建和控制各种图形和图像的输出。Matplotlib 的设计灵感来源于 MATLAB，因此在操作逻辑和使用习惯上与 MATLAB 有着很多相似之处。

在 matplotlib.pyplot 中，每一个函数都承担着特定的绘图任务，能够对画布或图像进行精细化的操作。例如，用户可以利用这些函数创建一个全新的画布，或者在这个画布上划定一个专门的绘图区域。在这个绘图区域内，用户可以随心所欲地绘制直线、曲线，甚至是复杂的数据可视化图形。此外，matplotlib.pyplot 还提供了丰富的文本编辑功能，让用户能够轻松地为图像添加必要的文字说明和注解。

值得一提的是，matplotlib.pyplot 是有状态的，这意味着它会持续跟踪和保存当前图片及绘图区域的状态信息。这种设计使用户在进行连续的绘图操作时，每一个新的绘图函数都会基于当前图片的最新状态来执行，从而实现了绘图流程的连贯性和高效性。这种状态管理机制，不仅简化了绘图过程，还大大提升了绘图工作的灵活性和效率。

2. matplotlib.pyplot

matplotlib.pyplot.plot()是 Matplotlib 库中用于绘制线图的函数。这个函数非常灵活，可以接收多种格式的数据，并且能生成简单的二维线图。

matplotlib.pyplot.bar()是 Matplotlib 库中用于绘制条形图的函数。条形图是一种常用的数据可视化形式，它可以直观地展示不同类别的数据大小。每个条形代表一个特定的类别，并且条形的长度或高度与该类别的数据值成比例。

matplotlib.pyplot.scatter()是 Matplotlib 库中用于绘制散点图的函数。散点图是一种在二维空间中展示两个变量之间关系的图形，其中，数据点使用其横纵坐标表示，并且通常可以显示出某种趋势或关系。

3. 图形的相关参数设置

颜色（color）、标记（marker）和线型（linestyle）设置：颜色值在使用时，可以使用缩写形式来表示，如代码中的颜色"green"可以使用"g"来表示，"black"可以使用"k"来表示。常用的颜色包括"k"表示 black（黑色）、"b"表示 blue（蓝色）、"g"表示 green（绿色）、"r"表示 red（红色）、"c"表示 cyan（青色）、"m"表示 megenta（品红）、"y"表示 yellow（黄色）、"w"表示 white（白色）；标记中的"."表示 point（点）、","表示 pixel、"o"表示 circle（圆形）、"v"表示下三角形、"^"表示上三角形、"<"表示左三角形；线型中的"-"或"solid"表示粗线、"--"或"dashed"表示 dashed line（虚线）、"-."或"dashdot"表示 dash-dotted（虚线）、":"或"dotted"表示 dotted line（点线）、"None"或" "表示不进行任何绘画。

标题、轴标签、刻度和刻度标签设置：set_title()函数用于设置图表标题，set_xlabel()函数用于设置 x 轴的名称。要改变 x 轴的刻度，最简单的办法是使用 set_xticks()函数和 set_xticklabels()函数。set_xticks()函数用于指定 x 轴刻度的位置，set_xticklabels()函数用于设置这些刻度位置的标签。还可使用 set_xlim()函数和 set_ylim()函数手动设置坐标轴的起始和结束边界。

图例：可以使用 legend()函数自动创建图例。

注解：注解和文字可以使用 text()函数、arrow()函数和 annotate()函数进行添加。text()函数可以将文本绘制在图表的指定坐标。

保存图像：使用 plt.savefig()函数可以将当前图表保存到文件中。

✎ 练一练

分析近五年温州市新能源汽车各季度登记数，并且使用适当的图表展现。

（1）筛选近五年的数据，并且构造"季度"特征，代码如下。

```
import datetime
now = datetime.datetime.now()
year = now.year
# 筛选出"年份"列为近五年的记录
xny_date2 = xny.loc[(xny['年份']>= year - 5 + 1 )]
```

```
# 添加季度列

# 定义一个函数来映射月份到季度
def month_to_quarter_func(month):
    if 1 month <= 3:
        return '第一季度'
    elif 4 month <= 6:
        return '第二季度'
    elif 7 month <= 9:
        return '第三季度'
    else:
        return '第四季度'
xny_date2_copy = xny_date2.copy()
# 使用 apply() 函数来应用函数
xny_date2_copy['季度'] = xny_date2_copy['月份.1'].apply(month_to_quarter_func)
```

（2）统计每个季度的新能源汽车登记数，代码如下。

```
result4 = xny_date2_copy.groupby(['年份','季度'])['新能源汽车登记数'].mean()*3
result4 = pd.DataFrame(result4).reset_index()
result4.head()
```

执行代码，统计结果如图 4.14 所示。

	年份	季度	新能源汽车登记数
0	2020	第一季度	5837.0
1	2020	第三季度	12561.0
2	2020	第二季度	10162.0
3	2020	第四季度	14868.0
4	2021	第一季度	17090.0

图 4.14　统计结果（部分）

（3）可视化展现温州市新能源汽车季度登记数，代码如下。

```
fig, ax = plt.subplots()

plt.title('按季度分析新能源汽车登记数')
plt.xlabel('年度')
plt.ylabel('登记数/辆')
ss = ['第一季度','第二季度','第三季度','第四季度']
colors = ['silver','r','gold','blue']
st = -.3
for i in range(len(ss)):
    bar1 = result4[result4['季度']==ss[i]]
    ax.bar(bar1['年份']+st,bar1['新能源汽车登记数'],width =
0.2,color=colors[i],edgecolor = 'black')
    st += 0.2
ax.legend(ss)
ax.set_xticks([2019,2020,2021,2022,2023])
plt.show()result4.head()
```

执行代码，可视化结果如图 4.15 所示。

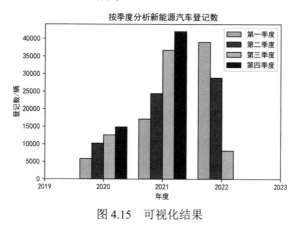

图 4.15　可视化结果

拓展实训：数据统计分析应用

【实训目的】

通过本拓展实训，学生能够初步掌握数据分析的流程，以及 Pandas 和 Matplotlib 的基本使用方法。

【实训环境】

PyCharm 或 Anaconda、Python 3.11、Pandas、Matplotlib。

【实训内容】

应用拓展 1：观影数据统计

（1）读取 film.csv 文件中的数据，并且输出读取的结果。

film.csv 文件中的部分数据如表 4.3 所示。

表 4.3　film.csv 文件中的部分数据

放映日期（date）	电影名称（filmname）	票房（BOR）
2010-05-09	唐山大地震	51 315.0
2010-05-16	老男孩	1599.0
…	…	…

注：文件内容抽取自 2017 年浙江省高职高专院校技能大赛"大数据技术与应用"赛项试题的训练数据样本。

依据本项目中的任务流程，根据数据读取、数据解析、数据分析和数据展现的步骤对观影数据进行处理和分析。编写代码实现数据读取。读取的部分数据如图 4.16 所示。

	date	filmname	BOR
0	2010-05-09	唐山大地震	51315.0
1	2010-05-16	老男孩	1599.0
2	2010-05-23	剑雨	2224.0
3	2010-05-23	剑雨	NaN
4	2010-05-23	老男孩	1605.0

图 4.16　读取的部分数据

（2）删除重复和具有缺失项的数据行，如图 4.17 所示。其中，索引为 3 的行被删除。

图 4.17　删除重复和具有缺失项的数据行

（3）根据电影名称统计 2010 年 5 月下半月的总票房，并且打印结果，如图 4.18 所示。

	filmname	BOR
0	X战警-天启	1422856.0
1	剑雨	15669.0
2	老男孩	22382.0
3	让子弹飞	1165745.0

图 4.18　根据电影名称统计 2010 年 5 月下半月的总票房

（4）对票房进行排序，要求热门电影靠前显示，如图 4.19 所示。

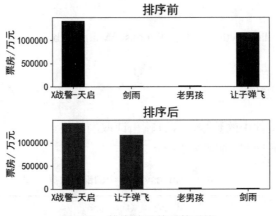

图 4.19　排序结果前后的对比

应用拓展 2：薪资数据统计

（1）读取 salary.csv 文件中的数据，并且输出读取的结果。读取的部分数据如图 4.20 所示，数据的可视化结果如图 4.21 所示。

	Year	Salary
0	1.0	39451
1	1.2	46313
2	1.4	37839
3	1.9	43633
4	2.1	39999

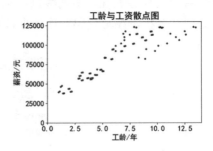

图 4.20　读取的部分数据　　　　图 4.21　数据的可视化结果

（2）删除重复和具有缺失项的数据行，并且输出结果。

（3）筛选工龄小于 12 年，工资小于 12 万元的数据行，并且打印结果。

（4）统计每个工龄的平均工资，并且打印结果。统计出的工龄为小数，对其进行四舍五入取整，如图 4.22 所示。

	Year	Salary
0	1.0	42310.200000
1	2.0	41195.800000
2	3.0	59174.500000
3	4.0	59582.733333
4	5.0	73295.000000

图 4.22　按工龄统计平均工资的结果

（5）使用柱状图展现每个工龄的平均工资，可视化结果如图 4.23 所示。

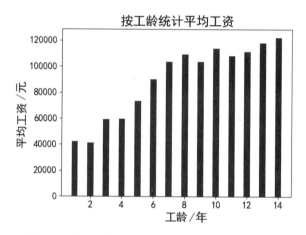

图 4.23　按工龄统计平均工资的可视化结果（1）

（6）使用柱状图、散点图分别展现每个工龄的平均工资，可视化结果如图 4.24 所示。

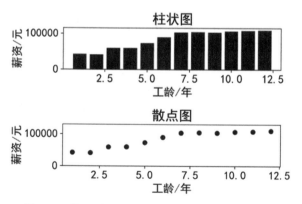

图 4.24　按工龄统计平均工资的可视化结果（2）

（7）以 film.csv 文件中的数据为训练数据，完成以下操作。

● 按电影名称统计 2010 年 5 月前半个月的日平均票房，统计结果如图 4.25 所示。

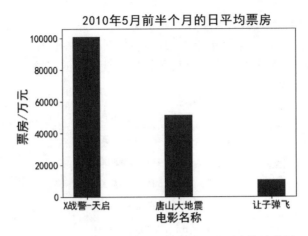

图 4.25 2010 年 5 月前半个月的日平均票房统计结果

- 数据可视化：按票房进行升序排序，并且分别使用子图比较排序前后的结果。

项目考核

【选择题】

1. 常用的本地文件格式不包括（　　）。

A. TXT 文件　　　B. Excel 文件　　　C. CSV 文件　　　D. DOT 文件

2. CSV 文件的默认分隔符是（　　）。

A. 逗号　　　　　B. 分号　　　　　C. 空格　　　　　D. Tab 制表符

3. Python 在 2.5 版本以后集成的数据库是（　　）。

A. SQLite　　　　B. Oracle　　　　C. SQL Server　　　D. MySQL

4. 在 read_csv()函数中，（　　）参数用于设置列名。

A. Name　　　　　B. names　　　　C. columns　　　　D. row

5. 一般来说，NumPy、Matplotlib、Pandas 常用于数据分析和展示，在下列选项中，（　　）的说法是不正确的。

A. Pandas 仅支持一维和二维数据分析，当进行多维数据分析时要使用 NumPy

B. Matplotlib 支持多种数据展示，使用 pyplot 子库即可

C. NumPy 底层是采用 C 语言实现的，因此运行速度很快

D. Pandas 也包含一些数据展示函数，可以不使用 Matplotlib 进行数据展示

6. Python 的基本语法仅支持整数、浮点数和复数，而 NumPy 和 Pandas 支持 int64、int32、int16、int8 等 20 余种数字类型，在下列选项中，（　　）的说法是不正确的。

A. 科学计算可能涉及很多数据，对存储和性能有较高要求，因此支持多种数字类型

B. NumPy 底层是采用 C 语言实现的，因此天然支持多种数字类型

C. 开发者必须精确指定数字类型，因此会给编程带来一定负担

D. 对元素类型进行精确定义，有助于 NumPy 和 Pandas 更合理地优化存储空间

7. 针对下面的代码，（　　）的说法是不正确的。

```
import numpy as np
a = np.array([0, 1, 2, 3, 4])
import pandas as pd
```

```
b = pd.Series([0, 1, 2, 3, 4])
```

  A．a 和 b 是不同的数字类型，它们之间不能直接进行运算

  B．a 和 b 表达相同的数据内容

  C．a 和 b 都是一维数据

  D．a 参与运算的执行速度明显比 b 快

  8．常用的聚合函数不包括（　　）。

  A．max()　　　　　B．count()　　　　C．sum()　　　　D．sex()

  9．（　　）提供了灵活高效的 groupby()函数，它使操作者能以一种自然的方式对数据集进行切片、切块、摘要等操作。

  A．Pandas　　　　B．Matplotlib　　　C．NumPy　　　　D．sklearn

  10．在以下代码中，plt 的含义是（　　）。

```
import matplotlib.pyplot as plt
```

  A．别名　　　　　B．类名　　　　　C．函数名　　　　D．变量名

  11．在以下代码中，fig 中将有（　　）个子图，其中，ax1 位于第（　　）子图。

```
fig = plt.figure()
ax1 = fig.add_subplot(4,2,5)
```

  A．4，2　　　　　B．5，4　　　　　C．8，5　　　　　D．10，4

项目 5

用餐数据多维分析

⟲ 项目描述

在数字经济蓬勃发展的时代背景下，数据被誉为"新时代的石油和黄金"，成为继土地、劳动力、资本、技术之后的第五大生产要素。全球众多国家已经将发展数字经济、充分释放数据价值视为推动国家发展的关键任务。

中国信息通信研究院发布的《全球数字经济白皮书（2022 年）》揭示，数字经济为全球经济复苏提供了重要支撑。我国也积极提出要大力发展数字经济，决心掌握数字技术发展的主动权，以便抢占新一轮科技革命和产业变革的先机。

为了进一步推动数字经济的发展，国务院于 2022 年 1 月正式发布了《"十四五"数字经济发展规划》，从国家层面为数字经济的发展指明了方向，并且详细规划了发展目标、重点任务和关键举措。2023 年 3 月，中共中央、国务院又联合印发了《党和国家机构改革方案》，明确提出了组建国家数据局，负责协调推进数据基础制度建设，统筹数据资源整合共享和开发利用，统筹推进数字中国、数字经济、数字社会规划和建设等。

要实现加快建设数字中国和网络强国的宏伟蓝图，数据要素的支撑作用不可或缺。数据要素涵盖了数据采集、存储、加工、流通、分析、应用和生态保障七大关键环节。本项目将聚焦于数据要素市场，针对大数据工程技术人员的技能要求，对公开的用餐数据进行数据处理、特征提取和数据分析，旨在熟练掌握数据预处理和常用的数据分析方法，以更好地适应数字经济的发展需求。

⟲ 学习目标

知识目标

- 掌握数据转换和特征构造的基本概念和主要方法（《国家职业技术技能标准大数据工程技术人员》初级 5.1）。
- 掌握检测与处理缺失值、重复值和异常值的常用方法。
- 掌握常用的数据分析方法，包括分组分析法、分布分析法、交叉分析法、结构分析法、相关分析法等（重点：《国家职业技术技能标准大数据工程技术人员》初级 5.2.2）。
- 了解不同数据分析方法的适用情境及其应用。

能力目标

- 会使用 Pandas 对数据进行操作，如数据集成、数据抽取等（《大数据应用开发（Python）职业技能等级标准》初级 3.1.4）。
- 会使用 Pandas 进行数据转换，并且构造特征。
- 会使用 Pandas 对数据进行清洗，包括缺失值、重复值、异常值的检测与处理等（重点：

2021 年全国工业化和信息化大赛"工业大数据算法"赛项考点、《大数据应用开发（Python）职业技能等级标准》初级 3.1）。

- 会熟练使用 Pandas 实现分组分析、分布分析、交叉分析、结构分析、相关分析（重难点：《国家职业技术技能标准大数据工程技术人员》中级 5.2.1、《大数据应用开发（Python）职业技能等级标准》初级 3.2）。
- 会选择适当的图表类型展现数据分析结果（《国家职业技术技能标准大数据工程技术人员》中级 6.4.1、《大数据应用开发（Python）职业技能等级标准》初级 3.3.3）。
- 能使用 Matplotlib、Seaborn 等展现数据分析结果（难点）。

素质目标

- 熟悉数据分析师岗位的工作任务，培养勤奋自律的学习习惯和数据思维。
- 把握大数据时代政策，提升数据驱动的大数据行业价值观。
- 提升数据处理过程中严谨、细致的工作态度与一丝不苟的科学精神。
- 合法、合规地使用数据，培养大局意识和遵纪守法、遵守社会公德的意识。

♻ 任务分析

数据分析是通过分析手段从数据中发现业务价值的过程。本项目将围绕基本的数据分析流程，使用不同的分析方法对用餐数据进行获取、预处理、多维度分析和可视化展现，以发现用餐数据特征。在拓展实训环节，我们将进一步结合其他业务领域，基于观影数据进行拓展分析与应用。

本项目的用餐数据分析主要涉及以下几项任务。

- 数据合并：将给定的两个数据集合并为一个数据集。
- 数据转换：对数据集中已有的数据字段（或特征项）进行处理，产生新的特征项，旨在从原始数据中提取出更多有用的信息，以供后续分析使用。
- 数据清洗：对数据集中存在的重复值、缺失值、异常值进行处理，便于后续的分析与挖掘。
- 数据分析：使用分组分析法、对比分析法、交叉分析法、结构分析法、相关分析法等分析方法对用餐数据进行多角度分析，提取出有价值的信息，为业务决策提供支持。

♻ 相关知识

1. 数据预处理

数据预处理是指对原始数据进行清洗、转换、集成和归约等一系列操作，以便为后续的数据分析和建模提供高质量的数据。其中，数据清洗主要是删除重复数据，处理缺失值和异常值等，确保数据的准确性和完整性；数据转换是对数据进行规范化、标准化、离散化、归一化等处理，使数据适合进行后续分析；数据集成是将不同来源、不同格式的数据进行整合，使其具有一致的格式和结构；数据归约则是通过聚合、抽样等方法减少数据的数量和复杂度，提高数据处理和分析的效率。数据预处理包括数据清洗和特征预处理等子问题。

2. 数据分析方法的分类

数据分析是指使用适当的统计分析方法对收集的大量数据进行分析，将它们加以汇总，理解并消化，以求最大化地发挥数据的作用。数据分析是为了提取有用信息和形成结论而对数据进行详细研究和概括总结的过程。

按照不同的准则，数据分析可以分为描述性统计分析、探索性数据分析和验证性数据分析。描述性统计分析是对数据集的基本统计项进行计算和总结，以描述数据的特征和分布情况。探索性数据分析是对数据集进行初步探索，以发现数据中潜藏的模式、异常和趋势等信息。验证性数据分析是对提出的假设证实或证伪，这个假设可以是平均数是否有差异（方差分析），是否存在上升或下降的趋势（趋势分析），是否符合预定模型结构（结构方程分析）。探索性数据分析侧重于在数据中发现新的特征，而验证性数据分析则侧重于对已有假设的证实或证伪。

此外，按照数据结果呈现的不同，数据分析可以分为定量数据分析和定性数据分析；按照数据来源的不同，数据分析可以分为调查数据分析和试验（实验）数据分析。

3. 常用的数据分析方法

在数据分析的过程中，主要是寻找适当的数据分析方法和工具，提取有价值的数据，形成有效的结论。常用的数据分析方法有对比分析、分组分析、结构分析、平均分析、交叉分析、漏斗图分析、矩阵分析、综合评价分析、5W1H 分析、相关分析、回归分析、聚类分析、判别分析、主成分分析、因子分析、时间序列分析、方差分析等。

4. 多维度数据分析

多维度数据分析是指在数据分析中考虑多个维度，以便全面地了解数据的特征和规律。多维度数据分析可以帮助人们从不同的角度来观察数据，发现数据中的潜在关联和趋势，以便更好地做出决策。

在多维度数据分析中，我们通常会使用数据透视表（Pivot Table）和交叉表（Crosstab）等方法来对数据进行分析。数据透视表可以将数据按照不同的维度进行汇总和分析；而交叉表则可以将数据按照两个或多个维度进行汇总和分析。

除了数据透视表和交叉表，还有一些多维度数据分析方法，如聚类分析、主成分分析和因子分析等。

♲ 素质养成

数据已经渗透到当今社会的每一个行业和业务职能领域，成为推动社会进步和经济发展的重要生产因素。在这个大数据时代，数据处理技术日新月异，带来了前所未有的变革，我们的思维方式也随之发生了转变。

大数据思维，这一新兴的思维方式，正是根据大数据时代的特点和需求应运而生的。它强调以数据为基石，进行科学的信息处理和决策。在大数据思维的引领下，数据驱动思维显得尤为重要，这种思维方式以数据为核心，使用数据驱动决策和解决问题。

作为数据分析师，我们不仅需要具备扎实的数据分析能力，更需要学会根据实际情况灵活使用不同的数据分析方法。例如，在电商行业，我们通过深入挖掘和分析用户数据，可以了解用户的购物习惯、产品偏好和消费能力等重要信息。这些信息对于制定更精准的市场策略、优化产品推荐、提升用户体验、促进销售增长具有至关重要的意义。

同样地，我们可以将数据分析的方法应用于用餐数据。基于用餐数据，我们需要运用各种技术和工具对数据进行去重、纠错、填充缺失值、格式化等操作，以确保清洗后的数据符合数据分析的要求。同时，我们可以使用不同的分析方法分析顾客的消费时段、消费习惯等关键信息，为餐厅制定营销策略提供有力支持，以增强顾客的黏性和忠诚度。

在项目实施过程中，我们不仅需要关注数据本身，也需要关注数据背后的业务逻辑和价值。只有这样，我们才能更好地利用数据来驱动决策，推动企业的数字化转型和升级。

📚 拓展读一读

针对数据科学领域的一项调查显示，当被问及"工作中面临的最大障碍"是什么时，大约一半的被调查者的回答是"脏数据"。

什么是"脏数据"？简单地说，它是由于重复录入、并发处理等不规范操作，产生的冗杂、混乱、无效的数据。这些数据像垃圾一样，不仅没有价值，还会带来"污染"，需要耗费时间和精力去"清洗"，所以被形象地称为"脏数据"。

"脏数据"可能造成重大损失。某保险公司将客户资料保存在数据库中，并且规定：在录入新数据之前，要搜索数据库中是否存在相关记录。但是，一些录入员图省事，跳过搜索环节直接录入，使数据被重复录入，导致系统运行缓慢、搜索结果不准确，最后，数据库彻底失灵，造成了巨大的经济损失。该公司这才如梦初醒，花大力气清洗"脏数据"，最终清除了近4万条有问题的数据。

数据有问题，苦心构建的数据库就失去了价值。正因如此，处理"脏数据"的工作不仅十分必要，而且越早越好。

♻️ 项目实施

本项目通过对用餐数据进行合并、转换、清洗和多维度分析，挖掘数据的价值。

任务 1　用餐数据的集成和处理

本任务给定用餐基本信息文件 tips1.csv 和用餐费用文件 tips2.csv。我们需要从这两个文件中分别读取数据集，并且对用餐数据进行集成和处理，以便后续的分析和使用。

微课：项目 5 任务 1-用餐数据的集成和处理.mp4

✒️ 动一动

（1）从 tips1.csv 文件和 tips2.csv 文件中读取数据，并且集成数据。

（2）对数据集中的用餐日期、用餐人员、用餐费用进行必要的处理。

✒️ 任务单

任务单 5-1　用餐数据的集成和处理

学号：＿＿＿＿＿　　姓名：＿＿＿＿＿　　完成日期：＿＿＿＿＿　　检索号：＿＿＿＿＿

> **➡️ 任务说明**
>
> 使用 read_csv()函数从 tips1.csv 文件和 tips2.csv 文件中读取数据后，按两个数据集的 ID 列进行集成操作。基于获得的数据集，使用 Pandas 中相应的工具对 sex、smoker、day 列进行数据映射。基于 day、date 列构造特征。对 name、phone、bill、tip 列进行必要的数据处理，需要将 name 列的首字母转换为大写形式，隐藏 phone 列中间 5 位（第 4～8 位）的数值，将 bill、tip 列的数据类型转换为浮点型。

续表

引导问题

想一想

（1）什么是数据集成？数据集成常见的操作有哪些？

（2）在 Pandas 中，用来对数据进行合并、连接等操作的函数是什么？

（3）merge()函数有哪些参数？它们分别用来指定什么？

（4）在 Pandas 中，用来构造特征的函数有哪些？它们的主要用途是什么？

（5）在 Pandas 中，数据类型转换函数有哪些？如何使用它们？

重点笔记区

任务评价

评价内容	评价要点	分值	分数评定	自我评价
	数据读取与集成	2 分	能读取数据得 1 分；能正确合并数据得 1 分	
	数据映射	2 分	能正确映射 sex、smoker 列得 1 分；能正确映射 day 列得 1 分	
1. 任务实施	特征构造	2 分	能正确构造是否是工作日得 1 分；能正确抽取月份得 1 分	
	数据加工与处理	3 分	首字母大写转换正确得 1 分；能正确隐藏部分手机号码得 1 分；能正确转换费用的数据类型得 1 分	
2. 任务总结	依据任务实施情况进行总结	1 分	总结内容切中本任务的重点和要点得 1 分	
合　计		10 分		

任务解决方案关键步骤参考

（1）从两个不同的 CSV 文件中读取数据。

```python
import pandas as pd
# 从 tips1.csv 文件中读取数据
df1 = pd.read_csv( "tips1.csv", index_col=0, header = 0, names = ['ID', 'sex',
'smoker', 'day', 'time','size', 'name', 'date', 'phone'])
df1.head()
# 从 tips2.csv 文件中读取数据
df2 = pd.read_csv( "tips2.csv", index_col=0, header = 0, names = ['ID','bill',
'tip'], encoding = 'gbk')
df2.head()
```

读取的部分数据如图 5.1 所示。

ID	sex	smoker	day	time	size	name	date	phone
0	Female	No	Sun	Dinner	2	quest Industries	2023-8-20	132□□□□9404
1	Male	No	Sun	Dinner	3	smith Plumbing	2023-8-20	132□□□□4844
2	Male	No	Sun	Dinner	3	aCME Industrial	2023-8-20	136□□□□2697
3	Male	No	Sun	Dinner	2	brekke LTD	2023-8-20	139□□□□8464
4	Female	No	Sun	Dinner	4	harbor Co	2023-8-20	138□□□□8410

ID	bill	tip
0	16.99美元	1.01美元
1	10.34美元	1.66美元
2	21.01美元	NaN
3	23.68美元	3.31美元
4	24.59美元	3.61美元

图 5.1　读取的部分数据

（2）按 ID 列对数据进行合并。

```
df = df1.merge(df2, on = 'ID')
df.head()
```

合并后返回 DataFrame 二维表结构的数据类型，部分数据如图 5.2 所示。通过 df.types 属性可以查看每列的数据类型，其中，phone 列为 int64 型，bill、tip 列为 object 型。

	sex	smoker	day	time	size	name	date	phone	bill	tip
ID										
0	Female	No	Sun	Dinner	2	quest Industries	2023-8-20	132█████404	16.99美元	1.01美元
1	Male	No	Sun	Dinner	3	smith Plumbing	2023-8-20	132████844	10.34美元	1.66美元
2	Male	No	Sun	Dinner	3	aCME Industrial	2023-8-20	136█████697	21.01美元	NaN
3	Male	No	Sun	Dinner	2	brekke LTD	2023-8-20	139█████464	23.68美元	3.31美元
4	Female	No	Sun	Dinner	4	harbor Co	2023-8-20	138█████410	24.59美元	3.61美元

图 5.2　合并后的部分数据

（3）按需对各列进行数据映射。

对 sex 列进行数据映射，将男性编码为 1，女性编码为 0。

```
import numpy as np
df['sex2'] = np.where(df['sex'] == 'Male',1,0)
df.head()
```

对 smoker 列进行数据映射，将不吸烟编码为 0，吸烟编码为 1。

```
df['smoker2'] = np.where(df['smoker'] == 'No',0,1)
```

对 day 列进行数据映射，将星期一映射为 1，星期二映射为 2，以此类推，保存为 day2 列。

```
days = {'Mon':1, 'Tues':2, 'Wed':3, 'Thur':4, 'Fri':5, 'Sat':6, 'Sun':7}
df['day2'] = df['day'].apply(lambda x:days[x])
```

数据映射结果如图 5.3 所示。

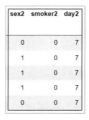

图 5.3　数据映射结果

（4）按需进行特征构造，下面以日期为例，说明构造过程。

构造 day3 列，将 day2 列中的星期几转换为是否是工作日。

```
df['day3'] = np.where(df['day2']>5,0,1 )
```

构造 month 列，从 date 列中抽取月份。

```
df['date'] = pd.to_datetime(df['date'],format="%Y-%m-%d", errors = 'coerce')
df['month']= df['date'].dt.month
```

（5）按需对数据进行处理。

处理 name 列，实现首字母大写。

```
df['name'] = df['name'].map(str.capitalize)
```

处理 phone 列，隐藏 phone 列中手机号码中间 5 位的数值，保存为 phone2 列。

```
df['phone2'] = df['phone'].astype(str).map(lambda x:x.replace(x[3:8],"*****"))
```

处理 bill、tip 列中的美元，并且将其转换为浮点型。

方法 1：采用字符串替换，代码如下。

```
df['bill2']=df['bill'].astype(str).apply(lambda x: float(x.replace("美元", "")))
df['tip2']=df['tip'].astype(str).apply(lambda x: float(x.replace("美元", "")))
```

方法 2：采用数据抽取，代码如下。

```
df['bill3'] = df['bill'].str.slice(0,-2).astype(float)
df['tip3'] = df['tip'].str.slice(0,-2).astype(float)
```

数据处理和特征构造后的部分数据如图 5.4 所示，其中框住的部分为第 4 步的处理结果。

name	date	phone	bill	tip	sex2	day2	day3	month	phone2	bill2	tip2	bill3	tip3
Quest industries	2023-08-20	13260079404	16.99美元	1.01美元	0	7	0	8	132*****404	16.99	1.01	16.99	1.01
Smith plumbing	2023-08-20	13260054844	10.34美元	1.66美元	1	7	0	8	132*****844	10.34	1.66	10.34	1.66
Acme industrial	2023-08-20	13642952697	21.01美元	NaN	1	7	0	8	136*****697	21.01	NaN	21.01	NaN
Brekke ltd	2023-08-20	13950656464	23.68美元	3.31美元	1	7	0	8	139*****464	23.68	3.31	23.68	3.31
Harbor co	2023-08-20	13865656410	24.59美元	3.61美元	0	7	0	8	138*****410	24.59	3.61	24.59	3.61

图 5.4　数据处理和特征构造后的部分数据

5.1.1　数据集成

数据集成是指将多个数据源中的数据合并到一个数据集中，常用的数据集成方式包括数据堆叠、数据合并、数据连接等。

数据堆叠是指将多个数据集堆叠在一起，形成一个更高维度的数据结构。在 Pandas 中，可以使用 stack()函数来实现数据堆叠。

数据合并是指将两个或两个以上的数据集按照某个共同的列或索引进行合并，形成一个新的数据集。在 Pandas 中，可以使用 merge()函数来实现数据合并。常用的数据合并方式包括内连接、左连接、右连接和外连接。例如，df = df1.merge(df2, on = 'ID')表示按 ID 列进行内连接。其官方定义如下。

```
pandas.merge(
    left: 'DataFrame | Series',        # 参与合并的左侧 DataFrame 对象
    right: 'DataFrame | Series',       # 参与合并的右侧 DataFrame 对象
    how: 'str' = 'inner',              # 要执行的连接方式，取值可以是 left、right、
                                       # outer、inner、cross，默认为 inner
    on: 'IndexLabel | None' = None,    # 用于连接的列索引名称（列标签名称）
                                       # 如果没有指定，则以列名的交集作为连接键
    left_on: 'IndexLabel | None' = None, # 指定左侧 DataFrame 中作为连接键的列名
    right_on: 'IndexLabel | None' = None,# 指定右侧 DataFrame 中作为连接键的列名
    left_index: 'bool' = False,        # 是否使用左侧 DataFrame 中的索引作为连接键
    right_index: 'bool' = False,       # 是否使用右侧 DataFrame 中的索引作为连接键
    sort: 'bool' = False,              # DataFrame 对象结果是否排序，默认为 False
    suffixes: 'Suffixes' = ('_x', '_y'), # 当存在相同的列名时，为其添加后缀
    copy: 'bool' = True,
    indicator: 'bool' = False,         # 在输出结果中添加 _merge 列，表明左右键来源情况
```

```
    validate: 'str | None' = None          # 验证连接键是否唯一，参数可填 1:1、1:m 或 m:1
    )
```

在 Pandas 中，使用 concat()函数可以沿坐标轴将数据进行简单的连接。concat()函数可以将多个 Series 或 DataFrame 连接到一起，默认为按行连接（axis 参数默认为 0），结果行数为被连接数据的行数之和。需要注意的是，concat()函数没有去重功能，如果要实现去重效果，则可以使用 drop_duplicates()函数。append()函数是 concat()函数的简略形式，但是 append()函数只能在 axis=0 时进行数据连接。

5.1.2　数据映射

映射就是创建一个映射关系列表，将元素和一个特定的标签或字符串绑定。创建映射关系列表最好的方式是使用字典，如 map = {'label1':'value1',label2:'value2', ...}。利用 Pandas 中的 map() 函数可以将序列中的每个元素替换为新的元素。例如，df["name"] = df["name"].map(str.capitalize)是将 name 列中所有的元素替换为首字母大写的元素。如果要将字符串列转换为整数列，则可以使用 df['column_name'] = df['column_name'].map(lambda x :int(x))。此时，column_name 列被强制转换为数值型。

Pandas 中的 apply()函数、applymap()函数，以及 NumPy 中的 where()函数、map()函数，都可用于数据映射。如果需要将函数应用于整行或整列，则可以使用 apply()函数。如果需要对数据集中的每个元素进行某种操作，则应使用 applymap()函数。

apply()函数是 Pandas 所有函数中自由度最高的函数。Series.apply(func, convert_dtype=True, args=(), **kwds)函数的作用是在序列的每个元素上应用自定义函数。DataFrame.apply(func, axis, broadcast, row, reduce, args=(), **kwds)函数的作用是在 DataFrame 对象指定的坐标轴方向应用自定义函数。如果要获得每行的最小值，则可以使用 df['min_value'] = df.apply(lambda x : x.min(), axis=1)。

applymap()函数是一个 DataFrame 级别的函数，应用于 DataFrame 中的每个元素。例如，如果我们要将所有数据除以 100，则可以使用 df = df.applymap(lambda x : x / 100)。

NumPy 中的 where()函数用于根据指定条件选择元素。它可以根据指定条件，返回满足条件的元素的索引或根据指定条件对数组进行修改。例如，df['sex2'] = np.where(df['sex'] == 'Male',1,0)表示对满足条件 df['sex'] == 'Male'的记录返回 1，否则返回 0。

5.1.3　数据类型转换

DataFrame 常见的数据类型包括数值型、字符型、时间型等。其中，数值型包括整型和浮点型，字符型包括字符串和对象型，时间型则是一个独立的类型，用于表示日期和时间。

强制类型转换是将一种数据类型转换为另一种数据类型的方法，通常使用 astype()函数实现。例如，将 df['col']浮点型转换为整型，可以使用 df['col'] = df['col'].astype(int)。

此外，Pandas 中也有特定类型转换函数，例如，to_numeric()函数用于将数据转换为数值型，根据具体情况可以转换为整型或浮点型；to_string()函数用于将数据转换为字符型。在 DataFrame 中，时间型是一种特殊的数据类型，常用于时间序列分析。如果 DataFrame 中的某一列数据类型为字符型但其内容本身为时间，则可以使用 to_datetime()函数将其转换为时间型。

任务 2　用餐数据的重复值检测和处理

重复值会导致数据方差变小，影响数据分析过程。重复值主要分为两种情况：一是记录重复，即一个或多个特征列的几条记录完全一致；二是特征重复，即一个或多个特征名不同，但数据完全一致。Pandas 提供了corr()函数用于相关度检测，当返回值为 1 时，表示两列完全相关，可以认为两列数据重复。

微课：项目 5 任务 2-用餐数据的重复值检测和处理.mp4

动一动

检测任务 1 中给定的用餐数据中是否存在重复记录，如果存在，则输出具体重复的记录并对记录进行适当的处理。检测数据集中数值型的特征列是否存在重复，如果存在，则进行相应的处理。

任务单

任务单 5-2　用餐数据的重复值检测和处理

学号：＿＿＿＿＿　　姓名：＿＿＿＿＿　　完成日期：＿＿＿＿＿　　检索号：＿＿＿＿＿

➡ 任务说明

为防止重复值对数据分析造成影响，本任务主要基于任务 1 中给定的用餐数据，使用 Pandas 中的工具检测数据中是否存在重复值。如果存在，则使用合适的方法对其进行处理。

➡ 引导问题

想一想

（1）如果数据中存在重复值，会产生什么影响？

（2）在 Pandas 中，哪些函数可以用来检测重复值？

（3）处理重复值的方法有哪些？如何选择合适的处理方法？

（4）在 Pandas 中，哪些函数可以用来处理重复值？

✎ 重点笔记区

➡ 任务评价

评价内容	评价要点	分值	分数评定	自我评价
1. 任务实施	重复值检测	2 分	能正确检测出数据中是否存在重复值得 2 分	
	重复值输出	2 分	能正确显示包含重复值的数据得 2 分	
	重复值处理	4 分	会使用不同的方法处理重复值，会使用一种方法得 2 分，至多得 4 分	
2. 任务总结	依据任务实施情况进行总结	2 分	总结内容切中本任务的要点，能比较不同处理方式的优劣得 2 分	
合　计		10 分		

任务解决方案关键步骤参考

（1）检测是否存在重复记录，如果结果为 True，则表示数据中存在重复记录。

```
df.duplicated().any()
```

（2）输出具体的重复记录。

```
df[df.duplicated() == True]
```

结果显示，用餐数据中存在与 ID 为 202 完全相同的记录，如图 5.5 所示。

	sex	smoker	day	time	size	bill	tip	sex2	smoker2	day2	day3	bill2	tip2
ID													
202	Female	Yes	Thur	Lunch	2	13美元	2美元	0		1	4	1	13.0	2.0

图 5.5　重复记录

（3）删除重复记录。

```
df.count()  # 显示删除重复记录前的记录数
df = df.drop_duplicates()
df.count()  # 显示删除重复记录后的记录数
```

（4）检测是否存在重复特征列，此外，检测 bill 列和 tip 列是否完全相关。

```
df['bill2'].corr(df['tip2'])
```

输出结果约为 0.678，即两列数据并不是完全相关的，即 bill 列和 tip 列不是重复特征列。

5.2.1　检测重复值

在数据获取环节中获取的原始数据集，往往会存在许多重复数据。重复数据是指在数据结构中所有列的内容都相同，即行重复。而处理重复数据是数据分析中经常要面对的问题之一。

Pandas 中的 duplicated()函数用于检测和标记重复值。它返回一个布尔型的数组，指示每个元素是否存在重复项。其使用方法如下。

```
Dataframe.duplicated(subset=None, keep='first')
```

其中，subset 为可选参数，用于标识要检测的重复项的列名或列名列表。在默认情况下，它会比较所有特征项。keep 为可选参数，用于指定标记重复项的方式，如果值为 first，则表示第一次出现的项不会被标记为重复；如果值为 last，则表示最后出现的项不会被标记为重复；如果值为 False，则所有重复项都会被标记为重复；默认值为 first。

5.2.2　处理重复值

Pandas 中的 drop_duplicates()函数用于删除 DataFrame 或 Series 中的重复值。该函数可以根据一列或多列的数值进行判断。如果指定的这些列的数值均相同，则认为这行数据是重复的。其使用方法如下。

```
DataFrame.drop_duplicates(subset=None, keep='first', inplace=False)
```

前两个参数与 duplicated()函数中参数的含义类似，inplace 参数为布尔型，用于指定在删除重复值时是否保留副本，默认值为 False，表示保留副本。

任务 3　用餐数据的缺失值检测和处理

缺失值也被称为空值或空缺值，指的是现有数据集中某个或某些属性的值是不完整的。缺失值会对数据的准确性和完整性产生影响，并且在进行数据分析和建模时会导致模型精度降低或计算错误。因

微课：项目 5 任务 3-用餐数据的缺失值检测和处理.mp4

此，处理缺失值对于保证数据的质量和可靠性非常重要。

用餐数据的某些属性值中可能存在数据缺失的问题。在本任务中，我们需要检测各列是否存在缺失值，并且使用合适的方法进行处理。

📝 动一动

基于任务 1 中给定的用餐数据，检测各列是否存在缺失值，并且尝试使用不同的方法对缺失值进行处理。

📝 任务单

任务单 5-3　用餐数据的缺失值检测和处理

学号：_____　姓名：_____　完成日期：_____　检索号：_____

➡ 任务说明

为防止缺失值对数据分析造成影响，本任务主要基于任务 1 中给定的用餐数据，使用 Pandas 中的工具检测数据中是否存在缺失值。如果存在缺失值，则使用合适的方法（如删除法、插补法等）对其进行处理。

➡ 引导问题

🌱 想一想

（1）数据中存在缺失值会产生什么影响？

（2）在 Pandas 中，哪些函数可以用来检测缺失值？

（3）处理缺失值的方法有哪些？如何选择合适的处理方法？

（4）在 Pandas 中，哪些函数可以用来处理缺失值？

✏ 重点笔记区

➡ 任务评价

评价内容	评价要点	分值	分数评定	自我评价
1. 任务实施	缺失值检测	2 分	能正确检测出数据集中是否存在缺失值得 2 分	
	缺失值输出	2 分	能正确显示存在缺失值的记录得 2 分	
	缺失值处理	5 分	会使用不同的方法处理缺失值，会使用一种方法得 1 分，至多得 5 分	
2. 任务总结	依据任务实施情况进行总结	1 分	总结内容切中本任务的要点，能比较不同处理方法的优劣得 1 分	
合　计		10 分		

📝 任务解决方案关键步骤参考

（1）检测是否存在缺失值的代码如下。如果执行结果的某一列显示为 True，则表示该列存在缺失值。缺失值检测的部分结果如图 5.6 所示，我们可以看到，tip 列中存在缺失值。

```
df.isna().any()
```

```
sex      False
smoker   False
day      False
time     False
size     False
name     False
date     False
phone    False
bill     False
tip       True
sex2     False
```

图 5.6　缺失值检测的部分结果

（2）输出 tip 列中存在缺失值的具体记录。

```
df[df['tip'].isna() == True]
```

具体查询结果如图 5.7 所示。在 ID 为 2 的记录中，tip 列数据为 NaN。

ID	sex	smoker	day	time	size	name	date	phone	bill	tip
2	Male	No	Sun	Dinner	3	Acme industrial	2023-08-20	13542902597	21.01美元	NaN

图 5.7　具体查询结果

（3）处理缺失值。

方法 1：删除数据集中存在缺失值的记录，保存为 re1。

```
df.count()  # 显示删除前的记录数
re1 = df.dropna()
df.count()  # 显示删除后的记录数，结果显示记录数为 242 条
```

方法 2：将缺失值设置为 0，保存为 re2。

```
re2 = df.fillna(0)
re2.iloc[2]  # 显示该条记录
```

方法 3：使用邻近数值填充。

使用下一个非缺失值填充缺失值。

```
re3_1 = df.bfill()
```

使用前一个非缺失值填充缺失值。

```
re3_2 = df.ffill()
```

方法 4：使用平均值填充缺失值，保存为 re4。

```
re4 = df.fillna(df['tip2'].mean())
```

5.3.1　检测缺失值

在 Python 中，狭义的缺失值一般是指 DataFrame 中的 NaN。广义的缺失值分为 3 种：一是 Pandas 中的 3 种缺失值，即 numpy.nan、None、pandas.NaT；二是空值，即空字符串""；三是在导入的各类文件（如 Excel）中，原本用来表示缺失值的字符，如 "-" "?" 等。

为查询狭义的缺失值，Pandas 中提供了 isnull()、notnull()、isna() 等函数。当数据量较大时，可以配合使用 any() 函数和 sum() 函数。其中，any() 函数表示一个序列中有一个是 True，则返回 True；sum() 函数则用于对序列进行求和计算。例如，df.isnull().sum() 可用于计算 df 中每列为空的个数。

5.3.2　处理缺失值

处理缺失值的方法主要有以下几种。

- 删除法。它是指直接删除缺失值所在的行或列。这种方法简单直接，但会降低数据的可靠性和有效性。删除缺失值后，数据可能会丢失一部分，导致分析结果不准确。该方法一般用于缺失值占比非常小的场合。
- 替换法。当直接删除缺失值的代价和风险较大时，我们可以考虑使用替换法替换缺失值，如使用平均值、众数替换。
- 插补法。它是指根据数据的分布规律，利用已知数据对缺失值进行估计，可以分为单变量插补法和多变量插补法，这是实战中常用的方法。回归插补、二阶插补、热平台、冷平台、抽样填补都是单变量插补法。
- 不处理也是一种处理方法，当使用对缺失值不敏感的数据分析和挖掘方法时，我们可以选择不处理缺失值。

在 Pandas 中，fillna()函数用于处理缺失值，其官方定义如下。

```
DataFrame.fillna(value=None, method=None, axis=None, inplace=False, limit=None,
downcast=None)[source]
```

其中，method 参数的取值可以是 pad、ffill、backfill、bfill、None，默认为 None。pad 和 ffill 表示使用前一个非缺失值填充缺失值；backfill 和 bfill 表示使用下一个非缺失值填充缺失值；None 表示使用指定值替换缺失值。limit 参数用于限制填充个数。但在新版本中，method 参数已被弃用。可以使用 bfill()函数、ffill()函数来完成填充。

任务 4　用餐数据的异常值检测和处理

异常值是指样本数据中明显偏离其余观测值的个别数值，如年龄小于 0、身高超过 3m 等。异常值会大幅改变数据分析和统计建模的结果，大多数的机器学习算法对异常值敏感。本任务主要对用餐数据中的异常值进行检测，并且进行适当处理。

微课：项目 5 任务 4-用餐数据的异常值检测和处理.mp4

动一动

基于任务 3 的结果，对用餐数据中的 tip 列数据进行异常值检测，如果发现异常值，则对其进行适当的处理。

任务单

<table>
<tr><td colspan="4" align="center">任务单 5-4　用餐数据的异常值检测和处理</td></tr>
<tr><td>学号：_____</td><td>姓名：_____</td><td>完成日期：_____</td><td>检索号：_____</td></tr>
<tr><td colspan="4">

任务说明

　　在数据分析中，异常值对数据分析结果将产生影响。检测异常值的工具和方法有很多，如直方图、箱形图、散点图、离群检测算法、专家判断等。本任务主要通过对 tip 列进行异常值检测和处理来讲解异常值检测和处理的基本方法。当然，我们也可以结合其他信息变量对异常值进行检测和处理。

引导问题

想一想

（1）什么是异常值？异常值对数据分析有什么影响？

（2）检测异常值的方法有哪些？在使用时，有什么需要注意的地方？

</td></tr>
</table>

续表

（3）Pandas 提供了哪些异常值检测工具？

（4）如何对已发现的异常值进行处理？

（5）Pandas 提供了哪些异常值处理工具？

 重点笔记区

 任务评价

评价内容	评价要点	分值	分数评定	自我评价
1. 任务实施	异常值检测	5 分	会使用不同的方法检测异常值，会使用一种方法得 1 分，至多得 5 分	
	异常值输出	2 分	能正确显示存在异常值的记录得 2 分	
	异常值处理	2 分	会使用不同的方法处理异常值，会使用一种方法得 1 分，至多得 2 分	
2. 任务总结	依据任务实施情况进行总结	1 分	总结内容切中本任务的要点，能比较不同异常值检测方法的适用场合得 1 分	
合　计		10 分		

任务解决方案关键步骤参考

（1）基于单项数据，检测 tip 列数据是否存在异常值。

方法 1：使用散点图查看数据分布，观察 tip 列的数据分布及与发生日期的关系。

```
import matplotlib.pyplot as plt
fig, ax = plt.subplots()
ax.scatter(re1['day'], re1['tip2'])
```

tip 列数据分布散点图如图 5.8 所示，从中我们可以观察所有 tip 列数据的具体分布状态。

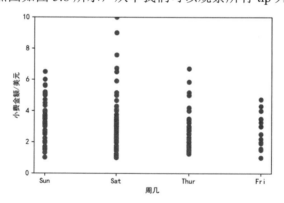

图 5.8　tip 列数据分布散点图

方法 2：使用简单统计方法进行分析。例如，对 tip 列的数据进行排序，排序后的数据呈现规律性，容易帮助用户发现异常值。

```
re1.sort_values(by = 'tip2',ascending = True)
```

方法 3：对于服从正态分布的数据，可以使用 3σ 原则。首先，使用直方图查看 tip 列数据的分布状态。

```
re1['tip2'].hist(bins = 20)
```

tip 列数据分布直方图如图 5.9 所示，tip 列的数据近似服从正态分布。

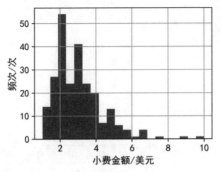

图 5.9　tip 列数据分布直方图

然后，依据 3σ 原则查看异常的数据记录。

```
# 获得小费平均值
u = re1['tip2'].mean()
# 获得小费标准差
delta = re1['tip2'].std()
# 计算小费边界值
a = u - 3 * delta
b = u + 3 * delta
# 条件筛选，显示异常记录
re1[(re1['tip2']<a) | (re1['tip2']>b)]
```

结果显示有 3 条记录存在异常，如图 5.10 所示。

ID	sex	smoker	day	time	size	name	date	phone	bill	tip
23	Male	No	Sat	Dinner	4	Quest industries	2023-08-26	136222482811	39.42美元	7.58美元
170	Male	Yes	Sat	Dinner	3	Brekke ltd	2023-09-23	140620159803	50.81美元	10美元
212	Male	No	Sat	Dinner	4	Boo	2023-09-09	170854650415	48.33美元	9美元

图 5.10　tip 列数据异常的记录

方法 4：使用箱形图。

```
re1[['tip2']].boxplot()
```

tip 列数据分布箱形图如图 5.11 所示。其中，图表上方部分的圆点为异常值。

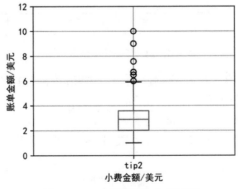

图 5.11　tip 列数据分布箱形图

依据箱形图的绘制原理，查找并显示具体的异常记录。

```
# 计算下四分位数
Q1 = np.percentile(re1['tip2'],25)
# 计算中位数
median= np.percentile(re1['tip2'],50)
# 计算上四分位数
Q3 = np.percentile(re1['tip2'],75)
# 计算 IQR（Interquartile Range，四分位距）
IQR = Q3-Q1
# 计算下极限
low = Q1 - 1.5*IQR
# 计算上极限
high = Q3 + 1.5*IQR
# 筛选异常记录
re1[(re1['tip2']<low) | (re1['tip2']>high)]
```

得到的记录共 8 条，部分异常记录如图 5.12 所示。

ID	sex	smoker	day	time	size	name	date	phone	bill	tip
23	Male	No	Sat	Dinner	4	Quest industries	2023-08-26	13622240231	39.42 美元	7.58 美元
47	Male	No	Sun	Dinner	4	Lee wang	2023-08-27	13296571489	32.4美元	6美元
59	Male	No	Sat	Dinner	4	Aaron	2023-09-02	13569931128	48.27 美元	6.73 美元

图 5.12　部分异常记录

（2）基于多项数据，检测 tip 列数据是否存在异常值。

例如，可以基于聚餐人数检测 tip 列中的异常值。

```
df.boxplot(by='size', column=['tip2'])
```

基于聚餐人数检测 tip 列中的异常值的结果如图 5.13 所示。图中的小圆圈表示的就是异常值。

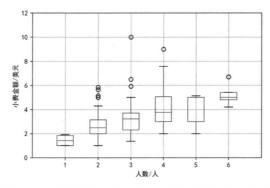

图 5.13　基于聚餐人数检测 tip 列中的异常值的结果

（3）对异常值进行处理。

直接删除异常记录。

```
new_re1 = re1[(re1['tip2'] <= high) & (re1['tip2'] >= low)]
```

其他方法：用户可参考缺失值的处理方法对异常值进行替换，也可以选择不处理。

5.4.1 检测异常值

异常值是指样本数据中明显偏离其余观测值的个别数值（样本点），所以也被称为离群点。异常值分析就是将这些离群点找出来并进行分析。

在不同的数据中，鉴别异常值有不同的标准，常规的有以下几种。

- 查看数据是否超过某个标准值，这主要根据专业知识或个人经验，判断数据是否超过了理论范围，数据中有没有明显不符合实际情况的错误。例如，测量成年男性身高（单位为 m），出现 5.8m，这显然不符合实际情况。
- 查看数据是否大于 $\pm 3\sigma$ 标准差。3σ 原则在数据服从正态分布时用得比较多，在这种情况下，异常值被定义为一组测定值中与平均值的偏差超过 3 倍标准差的值。

检测异常值的工具和方法主要有以下几种。

- 简单统计分析。可以对属性值进行描述性统计分析，查看哪些值是不合理的。例如，通过排序观察最值及数值间距。
- 使用散点图，通过展示两组数据的位置关系，可以清晰、直观地看出哪些值是异常值，在研究数据关系（如进行回归分析）前，用户会先绘制散点图以观察数据中是否存在异常值。
- 使用直方图。可以使用直方图查看数据分布情况，检查数据是否服从正态分布，并且在数据服从正态分布的前提下确定异常值。
- 使用箱形图。箱形图提供了一个识别异常值的标准，即大于或小于箱形图设定的上下界数值则为异常值。
- 3σ 原则。当样本点与平均值的距离大于 3σ 时，则认定该样本点为异常值。

在这些检测异常值的工具和方法中，主要用到了散点图、直方图和箱形图，下面就这 3 种图做简单介绍。

- 散点图：通过散点图可以直接看到数据的原始分布状态，可以观测和识别异常值（离群点）。在散点图上，大部分数据点应该会形成一个相对集中的区域或趋势。注意观察是否有远离这个集中区域或趋势的点，这些点可能就是异常值。
- 直方图：通过直方图可以直观地看到数据的分布情况。在直方图中，每个矩形的高度表示该数据区间内的频数或频率。在正常情况下，数据分布相对集中。异常值会导致某个矩形远离其他矩形。此外，直方图的形状也可以提供有关异常值的线索。如果直方图呈现明显的偏态（如左偏或右偏），或者峰态异常（如尖峰或平峰），则可能存在异常值。
- 箱形图：箱形图也被称为盒须图、盒式图或箱线图，是一种用于显示一组数据分散情况的统计图，因形状如箱子而得名。其主要反映原始数据的分布特征，也可以进行多组数据分布特征的比较。使用箱形图可以发现异常值。在箱形图绘制完成后，观察从箱体延伸出去的"胡须"及超出"胡须"范围的点。这些点就是根据箱形图定义识别出的异常值。

5.4.2 处理异常值

是否删除异常值需要视具体情况而定，因为有些异常值可能含有有用的信息。处理异常值的常用方法有以下几种。

- 删除法。直接将含有异常值的记录删除，在观测值很少的情况下，会造成样本数量不足，可能会改变变量的原有分布，从而造成分析结果不准确。
- 填补法。将异常值视为缺失值，利用处理缺失值的方法对异常值进行处理。
- 平均值修正法。使用前后观测值的平均值修正异常值。
- 不处理。当使用对异常值不敏感的数据分析方法时，也可以选择直接在存在异常值的数据集上进行分析和建模。

任务5　对用餐数据进行多维分析

本任务将依托经过预处理的用餐数据，根据用餐人数和用餐时间，综合运用分组分析法、分布分析法、交叉分析法、结构分析法和相关分析法等，全面地分析用餐数据，并且为业务决策提供有力支持。

微课：项目 5 任务 5-对用餐数据进行多维分析.mp4

动一动

（1）进行分组分析，以性别和用餐人数为分类标准，详细统计并分析各组的账单金额情况。

（2）进行分布分析，根据用餐时间将数据非等距分组，并且考查各时间段内账单金额的分布情况。

（3）进行交叉分析，综合考虑性别、用餐时间和小费金额等多个变量，探索它们之间的内在联系。

（4）进行结构分析，深入研究数据的组成结构，特别是周一到周日消费人数的占比情况，以揭示消费习惯和趋势。

（5）进行相关分析，探讨小费与账单金额、用餐时间及用餐人数等变量之间的相关性，从而明确各变量之间的关联程度和方向。

任务单

任务单 5-5　对用餐数据进行多维分析
学号：　　　　　姓名：　　　　　完成日期：　　　　　检索号：
➡ **任务说明**
使用 Pandas 强大的数据处理功能，我们将能够根据性别、用餐人数、用餐时间等变量，详细地统计并解读账单金额、小费金额，以及各变量之间的相关性，从而为业务决策提供有力的数据支持。
➡ **引导问题**
📖 **想一想**
（1）如何使用 Pandas 的 groupby()函数按照性别和用餐人数对数据进行分组？分组后，如何计算每组账单金额的平均值、中位数和标准差？
（2）如何使用 Pandas 将用餐时间列转换为适合进行分布分析的格式？如何使用 Pandas 的 cut()函数或 qcut()函数将用餐时间非等距分组，并且计算每个时间段的账单金额分布情况？
（3）如何使用 pivot_table()函数或 crosstab()函数创建性别、用餐时间和小费金额的交叉表？如何解读这个交叉表，以理解这些变量之间的内在联系？
（4）如何使用 Pandas 相关运算统计周一到周日的消费人数，并且计算占比情况？
（5）如何使用 Pandas 的 corr()函数计算小费与账单金额、用餐时间（可能需要转换为数值型）及用餐人数之间的相关系数？如何解读这些相关系数，判断各变量之间的关联程度和方向？

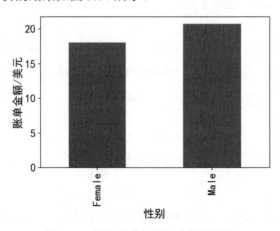

评价内容	评价要点	分值	分数评定	自我评价
1. 任务实施	分组分析	1 分	能按性别对账单金额进行分组分析得 1 分	
	分布分析	2 分	能按用餐时间对账单金额进行分布分析得 2 分	
	交叉分析	2 分	能使用交叉表进行交叉分析得 1 分；能使用透视表进行交叉分析得 1 分	
	结构分析	1 分	能按周一到周日对消费情况进行占比分析得 1 分	
	相关分析	3 分	能使用散点图分析相关性得 1 分；能正确得出相关度得 1 分；能正确展现所有数据的相关度得 1 分	
2. 任务总结	依据任务实施情况进行总结	1 分	总结内容切中本任务的重点和要点得 1 分	
合　计		10 分		

任务解决方案关键步骤参考

（1）完成分组分析。按性别分组计算各账单金额的平均值，并且做对比。

```python
xb = df.groupby(["sex"])['total_bill'].mean()
xb.plot(kind = "bar")
```

按性别进行分组分析的结果如图 5.14 所示。

图 5.14　按性别进行分组分析的结果

（2）完成分布分析。首先，根据消费时间将数据按是否是工作日进行不等距分组。

```python
week_groups = pd.cut(df['day2'],bins=[0,5,7])
print(df.groupby(week_groups,observed=False)['id'].count())
```

按是否是工作日进行分布分析的结果如图 5.15 所示。可见，工作日期间消费了 81 笔，而非工作日期间消费了 163 笔。

然后，使用 df['day2'].hist(bins=[1,6,7])展现分析结果，如图 5.16 所示。

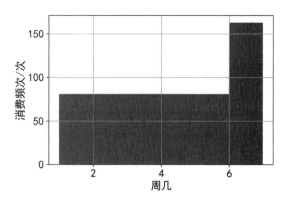

```
day2
(0, 5]      81
(5, 7]     163
Name: id, dtype: int64
```

图 5.15　按是否是工作日进行分布分析的结果（1）　　图 5.16　按是否是工作日进行分布分析的结果（2）

（3）完成交叉分析。首先，使用交叉表统计周几和性别对小费金额的影响。

```
crs = pd.crosstab(df['day'],df['sex'],values = df['tip'],aggfunc = 'mean')
crs.head()
```

执行代码，结果如图 5.17 所示。

然后，使用 sns.heatmap(crs, cmap = 'rocket_r')展现分析结果，其中，sns 是 Seaborn 库的别名，如图 5.18 所示。颜色越深，表示对应小费金额越高。

sex	Female	Male
day		
Fri	2.781111	2.693000
Sat	2.801786	3.083898
Sun	3.367222	3.160000
Thur	2.575625	2.980333

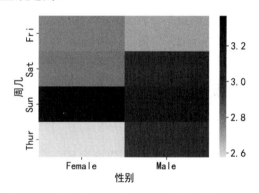

图 5.17　使用交叉表进行交叉分析的结果（1）　　图 5.18　使用交叉表进行交叉分析的结果（2）

此外，还可以使用透视表进行交叉分析。

```
pd.pivot_table(df,index=['day','sex'],values=['tip'])
```

执行代码，结果如图 5.19 所示。

day	sex	tip
Fri	Female	2.781111
	Male	2.693000
Sat	Female	2.801786
	Male	3.083898
Sun	Female	3.367222
	Male	3.160000
Thur	Female	2.575625
	Male	2.980333

图 5.19　使用透视表进行交叉分析的结果

（4）完成结构分析。先按周一到周日进行分组，再统计每天的消费人数占比情况。

```
re4 = df.groupby('day')['size'].sum()
re4 = re4.div(re4.sum())
re4.head()
```

执行代码，不同消费时间的人数占比情况如图 5.20 所示。

接着，使用 re4.plot(kind='pie')展现分析结果，如图 5.21 所示，可见周六、周日的消费人数居多。

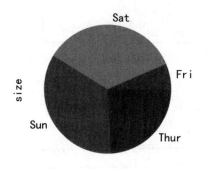

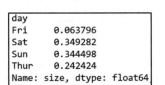

图 5.20　不同消费时间的人数占比情况　　　　图 5.21　结构分析的结果

（5）完成相关分析。可以使用散点图查看两者的相关性，以下代码以账单金额和小费金额为例，进行相关分析。

```
df.plot(kind='scatter', x='total_bill', y='tip')
```

执行代码，小费金额与账单金额的相关分析结果如图 5.22 所示。可以看出账单金额和小费金额之间是正相关的。

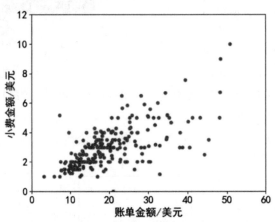

图 5.22　小费金额与账单金额的相关分析结果

对于具体的相关度，可以调用 corr()函数来计算。执行结果显示，两者的相关度为 0.668。

```
df['tip'].corr(df['total_bill'])
```

另外，还可以直接使用该函数查看所有数据的相关度。

```
corr_re = df.iloc[:, [1, 2, 6, 8]].corr()
corr_re.head()
```

执行代码，所有数据的相关度如图 5.23 所示。计算结果在[-1,1]范围内，0 表示不相关。1 表示完全自相关。

为更好地表达相关度，可以使用热力图来展现，执行 sns.heatmap(corr_re, cmap = 'rocket_r')，如图 5.24 所示。

	total_bill	tip	day2	size
total_bill	1.000000	0.668093	0.173693	0.598315
tip	0.668093	1.000000	0.122877	0.480126
day2	0.173693	0.122877	1.000000	0.165350
size	0.598315	0.480126	0.165350	1.000000

图 5.23 所有数据的相关度

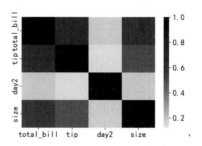

图 5.24 相关度分析热力图

5.5.1 分组分析

分组分析是指根据分组列，将分析对象划分成不同的部分，以对比分析各组之间的差异性的一种分析方法。分组分析常用的统计指标包括平均值、总和、最值等。

分组分析将总体数据按对象的不同性质划分，以便用户进一步了解内在的数据关系。因此，分组分析常常和对比分析结合使用。分组统计函数 groupby() 的语法格式如下。

```
groupby( by = [分组列 1,分组列 2,…] )
        [统计列 1,统计列 2,…]
        .agg({统计列别名 1:统计函数 1,统计列别名 2:统计函数 2,…})
```

5.5.2 分布分析

分布分析是指根据分析的目的，将定量数据进行等距或不等距的分组，研究各组分布规律的一种分析方法，如学生成绩分布、用户年龄分布、收入状况分布等。分布分析主要分为两种：对定量数据的分布分析和对定性数据的分布分析。对定量数据的分布分析主要包括求极差、决定组距和组数、决定分点、得到频率分布表及绘制频率分布直方图。对定性数据的分布分析根据变量的类型来确定分组，使用图形对信息进行展示。

在对定量数据的分布分析中，我们需要确定组距与组数。在 Pandas 中，使用 cut() 函数和qcut() 函数可以将连续的数据划分为不同的区间，以分析数据的分布情况。在对数据进行分组后，可以使用 groupby() 函数对数据进行统计，并且使用 Matplotlib 中的 hist() 函数或 Seaborn中的 distplot() 函数来绘制频率分布直方图。

cut() 函数用于将一维数据按照给定的区间进行分组，并且为每个值分配对应的标签。它的作用是将连续的数值数据转换为离散的分组数据，以便用户进行分析和统计。

cut() 函数的语法格式如下。

```
pandas.cut(x, bins, labels=None, right=True, include_lowest=False, precision=3)
```

其中，x 参数用于指定要分组的一维数据，可以是 Series 或类似数组的对象。bins 参数用来指定分组的区间边界，该参数可以是一个整数，表示将数据分成多少个等宽的区间，也可以是一个列表或数组，表示自定义的区间边界。labels 是可选参数，用于为每个分组分配自定义的标签。如果不指定标签，则返回的结果是每个分组的索引号。precision 也是可选参数，用于指定结果标签的小数位数，默认为 3。

5.5.3 交叉分析

交叉分析也被称为立体分析，是在纵向分析和横向分析的基础上，从交叉、立体的角度出发，由浅入深、由低级到高级的一种分析方法。交叉分析通常用于分析两个或两个以上分组变量之间的关系，以交叉表的形式进行变量之间关系的对比分析，即将有一定联系的变量及其值交叉排列在一张表内，使各变量值成为不同变量的交叉节点，形成交叉表，从而分析交叉表中变量之间的关系。

交叉分析从数据的不同维度，综合进行分组细分，进一步了解数据的构成、分布特征。交叉分析可使用交叉表和数据透视表对数据进行分析。

1. 交叉表

交叉表（cross tabulation）简称 crosstab，是一种用于计算分组频率的特殊的数据透视表。交叉表和数据透视表一样，其本质也是对数据进行分组和聚合。crosstab()函数的官方定义如下。

```
pandas.crosstab(
        index, columns, values=None, rownames=None, colnames=None, aggfunc=None,
        margins=False, margins_name='All', dropna=True, normalize=False
        )
```

crosstab()函数在默认情况下，计算一个因子的频率表。index 参数为数组、系列或数组/系列的列表，用于指定在行中要分组的值。columns 参数为数组、系列或数组/系列的列表，用于指定在列中要分组的值。

2. 数据透视表

数据透视表是一种可以对数据进行动态排布、分类汇总的表格格式。在 Pandas 中，pivot_table()函数的返回值是数据透视表的结果，该函数的功能相当于 Excel 中的数据透视表功能。pivot_table()函数的官方定义如下。

```
pandas.pivot_table(
        data, values=None, index=None, columns=None, aggfunc='mean',
        fill_value=None, margins=False, dropna=True, margins_name='All',
        observed=False, sort=True
        )
```

pivot_table()函数中的参数较多，其中有 5 个尤为重要，分别是 data、values、index、columns 和 aggfunc。data 参数用于指定数据源，也就是要分析的 DataFrame 对象。如果 pivot_table()函数是以 DataFrame 对象中的方法出现的，则这个数据源就是这个 DataFrame 对象本身，此时可以不指定 data 参数。values 参数用于指定需要的数据列，默认全部为数值型数据。index 参数用于指定行分组键，它可以是一个值，也可以是多个值，如果是多个值，则需要使用列表，从而形成多级索引。columns 参数用于指定列分组键。aggfunc 参数用于指定对数据执行聚合操作时使用的函数名，默认为 aggfunc='mean'，表示使用求平均值的函数。

5.5.4 结构分析

结构分析也被称为比重分析，通过计算某项指标各项组成部分占总体的比重，进而分析总体的内部特征和内容构成的变化。进行结构分析可以掌握事物的特点和变化趋势。

结构分析是在分组及交叉的基础上计算各组成部分所占比重的，可以先使用 pivot_table()函数进行数据透视表分析，然后通过 axis 参数指定对数据透视表按行或按列进行计算，或者使用 sum()函数和 div()函数求出比重。

饼图可用于表现结构（占比）分析结果。数据表中一列或一行的数据均可绘制到饼图中，它使用一个扇形区域的大小来表示每一项数据比例。通常，饼图只能表示一个数据系列。当有多个数据系列时，可以进一步考虑使用环形图（Ring Diagram）。

DataFrame.plot()是 Pandas 库中的绘图函数，它允许用户使用数据帧（DataFrame）中的数据绘制各种类型的图表，以更直观地展现数据的分布、趋势和关系。

DataFrame.plot()函数的官方定义如下。

```
DataFrame.plot(
            x=None, y=None, kind='line', ax=None, subplots=False,
            sharex=None, sharey=False, layout=None, figsize=None,
            use_index=True, title=None, grid=None, legend=True,
            style=None, logx=False, logy=False, loglog=False,
            xticks=None, yticks=None, xlim=None, ylim=None, rot=None,
            fontsize=None, colormap=None, position=0.5, table=False, yerr=None,
            xerr=None, stacked=True/False, sort_columns=False,
            secondary_y=False, mark_right=True, **kwds
            )
```

kind 是可选参数，用于指定绘制的图表类型，可选值为 line、bar、scatter、pie。其中，line 表示折线图，bar 表示柱状图，scatter 表示散点图，pie 表示饼图，默认为 line。x 参数用于指定 x 轴的列名，y 参数用于指定 y 轴的列名。figsize 是可选参数，用于指定图表的大小，该参数使用元组类型指定，如 figsize=(8, 6)。title 是可选参数，用于指定图表的标题。

5.5.5　相关分析

关联是指事物之间相互影响、相互制约、相互印证的关系。而事物之间相互影响、相互制约的关系，在统计学上被称为相关关系，简称相关性。

相关分析用于研究现象之间是否存在某种依存关系，是研究随机变量之间相关关系的一种统计方法。通过相关分析，我们可以探讨存在依存关系的现象的方向和相关度。例如，当我们想知道 A 和 B 之间的关系时，可以使用相关分析来确定它们之间的相关性。描述两个变量之间是否有相关性，常用的方式有可视化相关图（如散点图和列联表等）、相关系数、统计显著性。常用的方法有简单相关分析、偏相关分析、距离相关分析等。

相关分析是一种重要的数据分析方法，可以帮助我们更好地理解和描述现象之间的关系。我们可以使用 DataFrame.corr()函数和 Series.corr(other)函数进行简单相关分析。

DataFrame.corr()函数可以用于计算 DataFrame 对象中列与列之间，甚至是所有列之间的相关系数，包括皮尔逊（Pearson）相关系数、肯德尔（Kendall）相关系数、斯皮尔曼（Spearman）相关系数，默认为 Pearson 相关系数。Pearson 相关系数适用于两个变量的度量水平都是尺度数据，并且两个变量的总体都是正态分布或近似正态分布的情况。Pearson 相关系数的取值范围为[-1,1]。如果系数值大于 0，则表示两个变量之间存在正相关关系；如果系数值小于 0，则表示两个变量之间存在负相关关系；系数值越趋于 0，线性相关性越弱，如果值为 0，则表示两个变量之间不存在线性相关关系。

DataFrame.corr()函数在计算时，任何 NaN 值都会被自动排除，任何非数值型数据都会被忽略。其官方定义如下。

```
pandas.DataFrame.corr(self, method='pearson', min_periods=1)
```

method 参数的可选值为 pearson、kendall、spearman。min_periods 参数表示样本最少的数据量。该函数的返回值为 DataFrame 数据类型。

热力图是相关分析结果的一种直观展示方式。当进行多变量之间的相关分析时，通过计算出的相关系数可以构建一个相关系数矩阵。这个矩阵可以使用热力图来可视化，其中每个单元格的颜色深浅表示两个变量之间的相关程度。

拓展实训：对观影数据进行统计分析

【实训目的】

通过本拓展实训，学生能够进一步掌握数据分析的基本流程和常用数据分析方法的应用，并且会使用 Pandas、Matplotlib 实现数据分析与可视化。

【实训环境】

PyCharm 或 Anaconda、Python 3.11、Pandas、NumPy、Matplotlib、Seaborn。

【实训内容】

在接下来的实训中，将基于给定的电影数据文件 movie1.csv 和 movie2.csv，对数据进行合并、抽取和筛选操作。

（1）根据 ID 列合并 movie1.csv 和 movie2.csv 文件中的数据。

（2）对"想看"列进行数据抽取处理，并且将其转换为数值型。

（3）对"制片国家/地区"列进行数据处理，将列中的数据进行切片，获得独立的制片国家。

（4）基于上述结果，对电影数据进行条件筛选。

- 列出制片国家是中国的电影名称。
- 列出制片国家不是中国的电影名称。
- 列出所有 3 月份放映的电影名称。
- 列出想看人数超过 10000 人的电影名称。
- 列出想看人数在 1000～2000 人的电影名称。
- 列出类型为动作和科幻的电影名称。
- 列出类型不是剧情的所有电影名称。

（5）对观影数据进行分组分析：分析每月想看电影的总人数，如图 5.25 所示。

（6）对观影数据进行分布分析：分析每个季度电影上映的热度，如图 5.26 所示。

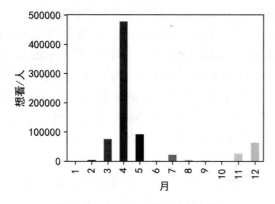

图 5.25　每月想看电影的总人数

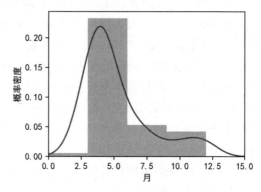

图 5.26　每个季度电影上映的热度

（7）对观影数据进行交叉分析：分析不同国家和不同月份电影上映的热度，如图 5.27 所示。

（8）对观影数据进行结构分析：分析不同国家上映电影的占比情况，如图 5.28 所示。也可以按季节对上映电影的部数进行占比分析。

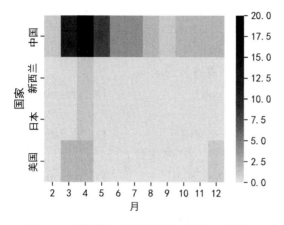
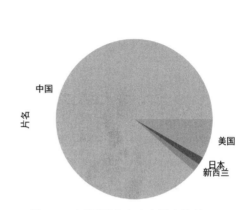

图 5.27　不同国家和不同月份电影上映的热度　　　　图 5.28　不同国家上映电影占比情况

（9）对观影数据进行相关分析：分析放映月份与想看人数的相关性。

项目考核

【选择题】

1. 在《新一代人工智能发展规划》和《促进新一代人工智能产业三年行动计划（2018-2020）》的助力下，（　　）的人工智能时代已全面开启。

A. 科技驱动　　　　　B. 信息驱动　　　　　C. 大数据驱动　　　　　D. 理论驱动

2. 常用的聚合函数不包括（　　）。

A. max()　　　　　　B. count()　　　　　　C. sum()　　　　　　D. sex()

3.（　　）提供了一个灵活高效的 groupby() 函数，使操作者能以一种自然的方式对数据集进行切片、切块、摘要等操作。

A. Pandas　　　　　B. Matplotlib　　　　　C. NumPy　　　　　D. sklearn

4. 阅读以下代码：

```
import pandas as pd
dt = {'one': [9, 8, 7, 6], 'two': [3, 2, 1, 0]}
a = pd.DataFrame(dt)
```

请问，希望获得['one', 'two']，应使用以下哪个语句？（　　）

A. a.index　　　　　B. a.row　　　　　　C. a.values　　　　　D. a.columns

5. 在 DataFrame 中，（　　）用于求平均值。

A. average　　　　　B. median　　　　　　C. mean　　　　　　D. Avg

6. 阅读以下代码：

```
import pandas as pd
dt = {'one': [9, 8, 7, 6], 'two': [3, 2, 1, 0]}
a = pd.DataFrame(dt)
```

请问，以下哪个关于 a.reindex() 的说法是正确的？（　　　）

A．a 中部分列的值可能被修改　　　　　　B．a 中部分行的值可能被修改

C．a 中部分索引可能被修改　　　　　　　　D．a 的值不改变

7．今日头条的个性化推荐、当当网的图书关联推荐等行为，都是通过对消费者的诉求和实际情况进行数据统计和分析，发现事物之间的某种联系，即（　　　），并且进行具体应用的例子。

A．样本关系　　　　　B．相关关系　　　　　C．数据关系　　　　　D．因果关系

8．在 Pandas 中，（　　　）函数用于把一组数据分割成离散的区间。

A．divide()　　　　　B．div()　　　　　C．cut()　　　　　D．groupby()

9．（　　　）可以用于表达交叉分析的结果。

A．散点图　　　　　B．直方图　　　　　C．交叉图　　　　　D．热力图

10．在 corr() 函数中，method 参数的取值可以为（　　　）。（多选题）

A．pearson　　　　　B．kendall　　　　　C．kernel　　　　　D．spearman

【填空题】

1．补全以下代码，调整变量 a 中的第 2 行和第 3 行，使这两行交换位置：

import pandas as pd

dt = {'one': [9, 8, 7, 6], 'two': [3, 2, 1, 0]}

a = pd.DataFrame(dt)

a = a.reindex(＿＿＿＿＿＿ = (2, 3))

2．补全以下代码，对生成的变量 a 在第 2 列上进行数值升序排列。

import pandas as pd

import numpy as np

a = pd.DataFrame(np.arange(20).reshape(4,5), index = ['z', 'w', 'y', 'x'])

a.＿＿＿＿＿＿＿(2)

3．补全以下代码，打印其中非 NaN 变量的数量。

import pandas as pd

import numpy as np

a = pd.DataFrame(np.arange(20).reshape(4,5))

b = pd.DataFrame(np.arange(16).reshape(4,4))

print((a+b).＿＿＿＿＿＿())

4．在 Pandas 中，＿＿＿＿＿＿和＿＿＿＿＿＿函数可用于交叉分析。

发电量数据推断统计分析

项目描述

在社会主义现代化建设的征途中，作为新时代青年的我们应积极响应国家"双碳"目标的号召，秉持科学精神和方法论，深耕专业领域，为实现绿色低碳的宏伟愿景贡献自己的力量。在数据分析岗位上，深入剖析数据并精准把握其内涵，是制定决策、助推"双碳"目标的核心所在。

本项目聚焦于推断统计分析，从有限的样本数据中提取宝贵的信息，进而推断出总体的特征、参数和潜在规律。推断统计分析不仅在医学、经济学、工程学、社会科学等多个领域发挥着重要作用，更在电力行业数据分析中具有举足轻重的地位。

电力行业作为国民经济的重要支柱，其数据能够直接反映出我国的能源结构、经济发展态势和环境保护的成效。本项目以各类发电量数据为分析对象，通过对这些数据的深入挖掘和分析，使我们可以更准确地把握电力结构的演变趋势，洞察各类发电量之间的动态关系，为电力系统的持续优化和绿色转型提供有力的数据支撑。

在本项目中，我们首先将目光投向火力发电数据，深入剖析其内在规律和影响因素。随后，我们将视野拓展至风力发电领域，对其数据进行全面的探索和分析，旨在通过科学的方法，为实现"双碳"目标贡献智慧和力量，推动我国电力行业向更加绿色、低碳、高效的方向发展。

学习目标

知识目标

- 掌握 MySQL 和 PyMySQL 的基本使用方法（《国家职业技术技能标准大数据工程技术人员》初级 4.2.3）。
- 掌握时间序列分析、方差分析等基本方法。
- 理解推断统计分析的基本原理和方法，包括如何从样本数据中推断总体特征。
- 熟悉电力行业的基本知识和发电量数据的特性。

能力目标

- 会使用 PyMySQL 建立与 MySQL 数据库的连接。
- 会从 MySQL 数据库中读取并操作数据（《大数据应用开发（Python）职业技能等级标准》中级 2.3.4）。
- 能运用推断统计分析方法对发电量数据进行深入分析，包括描述性统计分析、相关性分析、趋势预测等（重点：《国家职业技术技能标准大数据工程技术人员》初级 5.2.2、中级 6.2.2）。
- 能根据分析结果，洞察电力结构的演变趋势和各类发电量之间的动态关系。

- 能基于数据分析结果，提出有针对性的电力系统优化和绿色转型建议。

素质目标

- 提升数据意识和数据素养，能在实际工作中主动运用数据分析方法解决问题。
- 提升逻辑思维能力，能条理清晰地分析和解释复杂数据，具备透过现象看本质的思辨能力。
- 增强创新意识和实践能力，在数据分析过程中积极探索新的方法和思路。
- 强化对新发展理念的理解和认识，特别是绿色低碳发展的重要性。

任务分析

电力行业是国民经济和社会发展的基础产业。电力系统按照其所使用能源的不同，可以分为火力发电、水力发电、风力发电、核能发电、太阳能发电、地热发电、潮汐发电等。电力行业的发展水平是衡量国家经济发展程度的重要标准。

本项目以我国年发电量数据为基础，运用推断统计分析方法对使用火力、水力、风力、核能四种不同能源的发电量数据进行获取和分析，以洞察电力结构的演变趋势和各类发电量之间的关系，加深学生对我国电力结构的认知和理解，并且提出电力系统优化和绿色转型的建议。以下是详细的任务分析。

（1）数据获取与准备：使用 PyMySQL 建立与 MySQL 数据库的连接；从 MySQL 数据库中读取火力发电和风力发电的相关数据，对数据进行预处理，以确保数据质量和分析的准确性。

（2）数据分析：通过描述性统计分析，了解发电量数据的基本情况；通过时间序列分析法，研究发电量数据随时间的变化趋势，包括季节性变化、周期性变化和长期趋势；通过方差分析等统计方法探究不同发电方式之间的差异性和影响因素。

（3）结果解释与报告：根据分析结果，详细阐述电力结构的演变趋势，识别出影响发电量的关键因素并解释其如何影响发电量的变化，并且提出有针对性的电力系统优化建议。

相关知识

1. 数据库

数据库是一个集合，专门用于有组织地存储、管理和检索数据。为了有效地操作这些数据库，人们设计了数据库管理系统（Database Management System，DBMS），这是一种能创建、管理和操控数据库的软件。市面上有很多数据库管理系统，如 MySQL、Oracle、SQL Server、PostgreSQL 等。

在数据库中，数据的组织方式由数据模型决定。关系模型是常见的数据模型，它使用类似表格的结构来展现数据。此外，还有文档模型、键值模型和图形模型等。

特别地，关系数据库依赖关系模型来整理数据，该模型利用由行和列构成的表格来呈现数据。在此结构中，每一行代表一条独立的记录，而每一列则对应一个特定的属性。为了管理这些关系数据库，人们采用了结构化查询语言（Structured Query Language，SQL）进行查询、插入、更新和删除数据等操作。

2. 推断统计分析

推断统计分析是一种基于样本数据对总体特征进行推断的方法，它涉及推断性假设检验，旨在从有限的样本信息中提炼出关于总体的结论，并且对这些结论的可靠性进行评估。参数估计、假设检验和回归分析等是常用的技术手段。

本项目特别选用了假设检验这一推断统计分析方法。假设检验的核心思想是，先为总体参数设定一个假设值，接着利用样本数据来验证该假设的合理性。

假设检验是统计学中用于验证数据是否支持特定假设的重要工具。它常用于探究样本数据与某个假设之间的关系，如判断两组数据间是否存在显著差异，或者检验样本特性是否与总体的某一属性相关联。

在假设检验过程中，通常会设立两个对立假设：零假设（H0）和备择假设（H1）。零假设通常表示没有观察到明显的效应或差异，而备择假设则反映了研究者希望验证的效应或差异存在。

通过对样本数据进行统计分析，我们可以计算出一个特定的统计量（如 t 值、F 值、z 值等）。随后，将这个统计量与预设的临界值进行比较。如果统计量超出临界值，则有理由拒绝零假设，认为结果具有统计上的显著性；反之，则接受零假设。

需要注意的是，在进行假设检验时，我们可能会犯两类错误：弃真错误和取伪错误。弃真错误（也被称为第 I 类错误或 α 错误）是指在真实情况与零假设一致的情况下，我们基于样本数据错误地拒绝了零假设，这个错误的概率被记为 α，即显著性水平，通常在进行假设检验前就已确定。取伪错误（也被称为第 II 类错误或 β 错误）则是指在零假设实际不成立的情况下，我们基于样本数据错误地接受了它，这个错误的概率被记为 β。

素质养成

《中共中央 国务院关于完整准确全面贯彻新发展理念做好碳达峰碳中和工作的意见》（简称《意见》）中指出，实现碳达峰、碳中和，是以习近平同志为核心的党中央统筹国内国际两个大局作出的重大战略决策，是着力解决资源环境约束突出问题、实现中华民族永续发展的必然选择，是构建人类命运共同体的庄严承诺。《意见》中提出，到 2025 年，我国非化石能源消费比重达到 20%左右。

作为新时代青年，我们必须深刻领会国家"双碳"目标的深远意义，并且意识到这一目标已经渗透到我们生产生活的各个方面。从生产制造到日常消费，每一个环节都需要我们积极践行绿色低碳理念，以实际行动响应国家的号召，为实现"双碳"目标贡献自己的力量。这不仅是对国家战略的贯彻，更是我们作为新时代青年应有的责任与担当。

通过亲身参与数据处理、模型构建、结果解读的全过程，我们不仅能显著提升数据分析能力，还能加深对我国电力系统的认识。这将有助于培养既懂技术又懂行业的复合型人才，为我国电力事业的持续发展贡献智慧和力量。

本项目不仅是对推断统计分析方法的一次实战应用，更是对我国电力行业发展趋势的一次深入探索，同时为青年学子的成长提供了一个宝贵的实践平台。通过分析国家电力数据，我们能够了解国家为实现"双碳"目标在电力生产领域做出的努力和成就。我们也应该响应"双碳"目标的号召，将绿色生活、低碳生活理念落实到日常生活中。

项目实施

发电量数据直观反映了能源供需的平衡状态。发电量的增长通常代表着产能的提升，进而映射出经济的蓬勃发展。同时，随着发电量的增加，对进口能源的依赖逐渐减少，有效强化了国家的能源安全。绿色能源在总发电量中所占的比重，直接彰显了国家在环境保护方面的重视程度和实施能力。因此，发电量不仅与能源需求紧密相连，更是环境保护、经济发展和国家安全的重要风向标。

接下来，我们将利用 2019 年至 2023 年国家统计局公布的发电量数据，遵循数据分析的标准流程，深入剖析不同年份、不同能源的发电量。通过这一系列分析，我们期望能够清晰描绘出我国电力系统的演变趋势。

任务 1　从 MySQL 数据库中读取数据

MySQL 是流行的开源关系数据库，使用 SQL 管理数据，广泛应用于网络开发、数据分析等，特点有多用户多线程、跨平台、可扩展、性能优化和功能丰富。本任务主要介绍如何使用 Python 从 MySQL 数据库中读取数据。

微课：项目 6 任务 1-从 MySQL 数据库中读取数据.mp4

✎ 动一动

（1）连接 MySQL 数据库服务器。

（2）从 MySQL 数据库中读取数据。

✎ 任务单

任务单 6-1　从 MySQL 数据库中读取数据

学号：＿＿＿＿＿　　姓名：＿＿＿＿＿　　完成日期：＿＿＿＿＿　　检索号：＿＿＿＿＿

➲ 任务说明

本项目使用的数据表中包含了 2019 年至 2023 年所有的发电量数据。我们可以使用 PyMySQL 中的 connect()函数建立与 MySQL 数据库的连接，再使用 SQL 语句读取数据。

➲ 引导问题

🎓 想一想

（1）MySQL 数据库有哪些主要功能？应该使用什么 SQL 语句读取数据？

（2）如何使用 PyMySQL 中的 connect()函数？如何通过 connect()函数读取数据？

（3）connect()函数的关键参数有哪些？哪些是必选的？

（4）如果连接失败，应该从哪些地方寻找原因？

（5）如果 MySQL 数据库没有安装在本地，如何读取远程 MySQL 数据库中的文件？

（6）当数据表中存在大量数据时，应该如何分步读取数据表中的数据？

✐ 重点笔记区

续表

任务评价

评价内容	评价要点	分值	分数评定	自我评价
1. 任务实施	PyMySQL 的安装和导入	2 分	能正确安装 PyMySQL 得 1 分；能正常导入 PyMySQL 得 1 分	
	数据库连接	3 分	能正确使用 connect()函数得 2 分；能成功建立与 MySQL 数据库的连接得 1 分	
	数据字段截取	3 分	能写出正确的 SQL 语句得 2 分；能成功读取数据得 1 分	
2. 结果展现	数据显示	1 分	能正确列出 MySQL 数据库中的数据得 1 分	
3. 任务总结	依据任务实施情况进行总结	1 分	总结内容切中本任务的重点和要点得 1 分	
合　计		10 分		

✎ 任务解决方案关键步骤参考

（1）在命令行中输入"pip install pymysql"，安装 PyMySQL。

（2）编写以下代码，实现数据读取。

```
# coding:utf-8

import pandas as pd
import pymysql

# 建立与 MySQL 数据库的连接
conn = pymysql.connect(host="127.0.0.1",    # 表示 MySQL 数据库在本地
                       port=3306,           # MySQL 数据库一般使用 3306 端口
                       user="user",
                       password="***",      # 这里写入自己设置的用户名和密码
                       db="elec",           # 数据库名为 elec
                       charset="utf8")
try:
    # 编写查询表的 SQL 语句
    sql = "SELECT * FROM data"  # 读取 data 表中的所有记录，注意使用英文的引号和逗号

    # 从 MySQL 数据库中读取数据
    data_frame = pd.read_sql(sql, conn)

    # 显示部分数据
    data_frame.head()
finally:
    # 关闭 MySQL 数据库连接
    conn.close()
```

（3）执行代码，执行结果如图 6.1 所示，其中第 1 列为索引列。

	能源类型	月份	当期发电量（亿千瓦时）
0	火力发电	2019-03	4159.7
1	火力发电	2019-04	3886.2
2	火力发电	2019-05	3830.6
3	火力发电	2019-06	4051.9
4	火力发电	2019-07	4562.5

图 6.1　执行结果

6.1.1　连接 MySQL 数据库

PyMySQL 是专门用于连接和操作 MySQL 数据库的 Python 库。该库为 Python 提供了一种简便的方式来执行 SQL 查询，并且实现与 MySQL 数据库的交互。在使用 PyMySQL 时，我们通过调用 connect()函数来建立与 MySQL 数据库的连接。这个方法会返回一个 Connections 模块下的 Connection 实例。在日常使用中，有几个关键的参数需要我们特别关注，如表 6.1 所示。

表 6.1　connect()函数的关键参数

参数名	作用
host	主机 IP 地址，当仅在本地运行时一般填写本地 IP 地址 127.0.0.1
port	指定端口号，MySQL 数据库一般默认使用 3306 端口
user	指定 MySQL 数据库中的用户名
password	MySQL 数据库中用户名对应的密码
db	指定使用的数据库名
charset	指定字符集类型，通常指定为 utf-8

6.1.2　读取数据

在建立与 MySQL 数据库的连接后，读取数据的方法有多种，其中最常用的有两种。

一种简单直接的方法是使用 Pandas 库中的 read_sql()函数。通过向该函数直接输入 SQL 语句，我们可以从已建立的连接中访问 MySQL 数据库。该函数会返回一个 DataFrame，其中包含了查询的结果。除了基本的 SQL 语句和数据库连接参数，read_sql()函数还提供了一些其他常用的可选参数。例如，index_col 参数用于指定索引列；coerce_float 参数用于将数字形式的字符串自动转换为浮点数；parse_dates 参数可以将日期型字符串转换为 datetime 型数据，类似于 pd.to_datetime()函数的功能，它接收列名或列名和日期格式的字典；columns 参数用于选择需要查询的列，通常这一选项会直接写在 SQL 语句中；chunksize 参数定义了查询结果的窗口大小，当指定该参数后，函数会返回一个迭代器，每次输出 chunksize 个查询结果。

另一种常用的方法是使用 cursor 对象。在建立与 MySQL 数据库的连接后，我们可以直接使用 conn.cursor()函数来创建一个 cursor 对象，然后通过这个对象来执行 SQL 查询并获取数据。具体创建 cursor 对象的方式是 mycursor = conn.cursor()。

使用 cursor 对象可以调用一系列方法来执行 SQL 命令和获取查询结果。以下是一些常用的命令。

- mycursor.callproc(procname, args)：用于执行存储过程。它接收存储过程名称和参数列表作为参数，并且返回受影响的行数。
- mycursor.execute(sql, args)：用于执行单条 SQL 语句。它接收 SQL 语句和使用的参数列表，返回受影响的行数。

- mycursor.executemany(query, args)：允许多次重复执行同一条 SQL 语句，并且返回受影响的行数。

为了获取查询结果，可以使用以下函数。

- mycursor.fetchall()：用于检索查询返回的所有结果行。
- mycursor.fetchmany(size=None)：用于检索指定数量的结果行。如果请求的 size 大于可用的结果行数，则返回所有剩余的行。
- mycursor.fetchone()：用于检索查询返回的单个结果行。
- mycursor.scroll(value, mode='relative')：用于移动结果集中的指针。当将 mode 参数的值设置为 relative 时，指针将从当前位置向后移动 value 行；当将 mode 参数的值设置为 absolute 时，指针将从结果集的第一行开始移动 value 行。

任务2　对发电量进行时间序列分析

微课：项目 6 任务 2-
对发电量进行时间序
列分析.mp4

时间序列分析是一种专门用于分析随时间变化的数据的统计分析方法。该方法的核心在于收集、整理和解读一系列按时间顺序排列的数据，目的在于识别出数据的模式、趋势和周期性变化。时间序列分析广泛应用于多个领域，包括但不限于经济学、金融学、气象学和工程学。

在进行时间序列分析时，我们通常会采用多种分析方法，例如，绘制时间序列图，进行趋势分析、季节性分析、周期性分析，以及平稳性检验等。此外，还有一些常用的模型，如自回归模型（AR）、移动平均模型（MA）、自回归移动平均模型（ARMA）和自回归积分移动平均模型（ARIMA），这些都是进行时间序列分析时的重要工具。通过这些方法和模型，我们能够预测未来的趋势，为决策提供数据支持，或者更深入地理解数据的特性。

在本任务中，我们的目标是将从 MySQL 数据库中读取的数据转换为时序数据，并且利用趋势分解法对其进行初步的分析。

动一动

（1）对发电量数据中的时间进行预处理。

（2）采用趋势分解法对发电量的趋势进行分析。

任务单

任务单 6-2　对发电量进行时间序列分析

学号：＿＿＿＿＿＿　　姓名：＿＿＿＿＿＿　　完成日期：＿＿＿＿＿＿　　检索号：＿＿＿＿＿＿

任务说明

从 MySQL 数据库中直接读取的数据并不天然是时序数据。时序数据特指包含时间序列及其对应数值的数据集。如果 MySQL 数据库中的日期信息是以字符串格式存储的，那么时间序列分析的相关函数将无法正确地将这些数据识别为时序数据。在这种情况下，我们需要先利用时间处理函数将这些非时序数据转换为时序数据。

一旦我们获得了标准的时序数据，就可以运用趋势分解法对其进行分析。我们将利用 Python 统计分析库——statsmodels 完成分析。该库提供了广泛的统计功能，包括假设检验、回归分析和时间序列分析等，并且能够与 NumPy 和 Pandas 等库无缝集成，显著提高工作效率。在本任务中，我们使用 statsmodels.tsa.seasonal 模块中的 seasonal_decompose()函数来进行分解操作。

引导问题

想一想

（1）如何判断读取的日期是字符串型还是日期型？

（2）应该使用什么时间处理函数将字符串型的月份信息转换为日期型？

（3）seasonal_decompose()函数有哪些关键参数？如何选择不同的参数？为成功使用该函数，应该对 DataFrame 进行哪些修改？

（4）如果分解后得到的结果不符合预期，应该如何更改参数？

（5）如果趋势分解无法得到符合预期的结果，还能使用哪些时间序列分析方法和函数？

重点笔记区

任务评价

评价内容	评价要点	分值	分数评定	自我评价
1. 获得时序数据	查看数据类型	1 分	能查看每一列的数据类型得 1 分	
	使用时间处理函数	2 分	能正确使用时间处理函数得 1 分；能得到类型为日期的月份数据得 1 分	
2. 时序分析	使用时序分析函数	3 分	能选择正确的参数得 1 分；能成功分解四种发电量数据得 2 分	
3. 结果可视化	将分解得到的趋势图可视化	3 分	能正确使用 plt 得 1 分；能得到图像得 1 分；能输出汉字得 1 分	
4. 任务总结	依据任务实施情况进行总结	1 分	总结内容切中本任务的重点和要点得 1 分	
合　计		10 分		

任务解决方案关键步骤参考

（1）查看变量类型。可以使用 dtypes 属性获得 data_frame 中每一列及其自身的数据类型。执行结果如图 6.2 所示。

```
print(data_frame.dtypes)
```

```
能源类型              object
月份                object
当期发电量（亿千瓦时）      float64
dtype: object
```

图 6.2　执行结果

可以看到，月份对应的数据类型为 object，说明月份是按照字符串型处理的。这显然不符合时间序列分析的要求，需要将其转换为日期型。

（2）将 object 型转换为 datetime 型（如果数据本来就是 datetime 型的，则跳过此步），如图 6.3 所示。

```
data_frame['月份']=pd.to_datetime(data_frame['月份'])
print(data_frame.dtypes)
```

```
能源类型                        object
月份                             datetime64[ns]
当期发电量（亿千瓦时）                    float64
dtype: object
```

图 6.3　数据类型转换结果

（3）将月份信息转换为索引，并且使用 seasonal_decompose()函数进行趋势分解。

```python
# 以火力发电为例
thermal_df = data_frame[data_frame['能源类型'] == '火力发电']
# 将月份设为索引
thermal_df.set_index('月份',inplace=True)
# 趋势分解
from statsmodels.tsa.seasonal import seasonal_decompose

decomposition = seasonal_decompose(thermal_df['当期发电量（亿千瓦时）'],
                model='additive',period=10)
```

（4）对结果进行可视化，如图 6.4 所示。

```python
import matplotlib.pyplot as plt
plt.rcParams['font.sans-serif'] = ['SimHei']    # 设置中文字体
plt.rcParams['axes.unicode_minus'] = False      # 解决负号显示问题

decomposition.plot()
# 将坐标轴标签改为中文
fig = plt.gcf()
axes = fig.get_axes()
axes[0].set_ylabel('发电量')
axes[1].set_ylabel('趋势值')
axes[2].set_ylabel('季节指数')
axes[3].set_ylabel('残差')

plt.show()
```

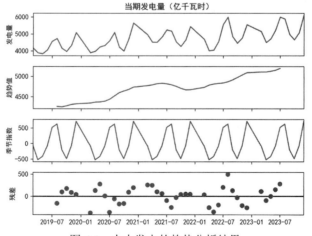

图 6.4　火力发电的趋势分析结果

6.2.1　时间处理函数

时间处理函数是指专门用于处理和操作时间数据的函数。在编程过程中，对时间数据的处理，如日期解析、格式化、时间差计算、时区转换等，是常见的任务。为满足这些需求，不同的编程语言和第三方库提供了大量的时间处理函数，旨在帮助开发者简化与时间相关的操作。常见的时间处理函数有以下几类。

- 日期解析函数：这类函数主要用于将字符串形式的日期和时间转换为日期时间对象。开发者通常可以指定日期和时间的具体格式。datetime.strptime()和 pd.to_datetime() 就是两个被广泛使用的日期解析函数。

- 格式化函数：这类函数将日期时间对象转换为特定格式的字符串，以满足不同的应用需求。strftime()就是经常被使用的格式化函数。

- 时间差计算函数：这类函数能帮助开发者计算两个日期时间之间的差值，或者在特定的日期时间上增加或减去一个时间段。在 Python 中，timedelta 对象就提供了这样的时间差计算功能。

- 时区转换函数：这类函数用于处理不同时区之间的时间转换。例如，pytz 库为用户提供了全面的时区处理功能。

- 时间操作函数：这类函数能执行各种与日期时间相关的操作，如获取年、月、日、时、分、秒等信息。datetime 对象提供了一系列的操作函数，如 now()和 today()等。

这些丰富多样的时间处理函数为开发者对时间数据进行操作提供了极大的便利，从而使开发者能够轻松应对数据分析、可视化、系统开发等多种需求。

6.2.2 时间序列分析

时间序列分析是一种重要的数据分析方法，其中，趋势分解法（也被称为季节分解法）是核心分析手段。趋势分解法的主要目标是将时间序列数据拆解为趋势、季节性变动和残差三个组成部分。这种方法对于识别时间序列数据中的长期趋势和周期性变化非常有效，还能剔除季节性影响和随机噪声，从而更清晰地揭示数据的基本特征。

根据组成要素是否互相独立，趋势分解法可以进一步细分为加法模型和乘法模型。当变动要素相互独立时使用加法模型，即认为时间序列数据是趋势、季节性变动和残差三部分之和。反之，如果这些因素之间存在相互依赖关系，则使用乘法模型，认为时间序列数据是这三部分的乘积。

本项目将主要使用趋势分解法中的加法模型，其数学原理如下。

首先，对时序数据进行滑动平均处理，以计算出平均值 t。接着，对平均值 t 进行中心化，从而得到趋势值 T。根据加法模型 $Y=T+S+R$（其中，Y 为观察值，T 为趋势值，S 为季节性指数，R 为残差），可以通过等式 $S+R=Y-T$ 求得 $S+R$ 的值，这里我们将其记为 W。然后，对 W 取平均值以消除残差 R 的影响，进而得到季节性指数 S。最后，通过做差的方式求得残差 R。

在 Python 中，趋势分析法可以通过 seasonal_decompose()函数实现，其常用参数如表 6.2 所示。

表 6.2　seasonal_decompose()函数的常用参数

参数名	作用
x	时间序列。需要以 datetime 或 period 类型为索引，并且包含至少两个完整的周期
model	取值为 additive 或 multiplicative，表示使用加法模型或乘法模型。默认为 additive
filt	滤波器类型，用于计算季节性和趋势的滤波器。滤波中使用的具体移动平均法（单边或两侧）由 two_sided 确定
two_sided	滤波中使用的移动平均法。如果为 True（默认），则使用双边过滤，即计算居中移动平均值。如果为 False，则使用单边过滤，仅计算左半边窗口（历史记录）平均值
period	时间序列的周期。如果 x 是具有时间序列索引的 pandas 对象，则使用 x 的默认周期，否则必须指定（在本项目中，由于每年的当期发电量仅从 3 月开始统计，一年仅统计了 10 个月，故必须指定为 10）

想一想

seasonal_decompose()函数中的 period 参数一定要指定为 10 吗？如果增大或减小，会对结果产生怎样的影响？能够得出什么结论？结合我国 2021 年提出的"双碳"目标，试比较 2021 年之前和之后我国各类发电量趋势是否有什么明显的变化。

任务3　对发电量进行假设检验

通过趋势分析，我们观察到火力发电具有两个高峰。这两个高峰虽然有不同成因，但是可能存在统计学上的差异。为了探究这一差异，我们计划进行方差分析，但在此之前，必须对数据的独立性、正态性和方差齐性进行检验。

微课：项目 6 任务 3-对发电量进行假设检验.mp4

对于数据的独立性，我们将利用自相关函数（Autocorrelation Function，ACF）进行检验，通过 statsmodels 库中的自相关函数 plot_acf()和 plot_pacf()来实现。对于数据的正态性，考虑到样本量适中，我们选择使用 Shapiro-Wilk 检验，该检验对样本量较小的情况依然有效，并且对分布的对称性、尖峰度和尾重敏感。对于数据的方差齐性，我们将采用 Levene 检验，这种方法适用于非正态数据，并且对数据的分布形态不敏感，特别适用于小样本或含异常值的情况。

实施步骤如下。

（1）对火力发电整体数据应用自相关函数，检验数据的独立性。

（2）将数据分为热季（5 月—9 月）和冷季（10 月—次年 4 月）两组。

（3）对热季和冷季数据分别进行 Shapiro-Wilk 检验。

（4）对两组数据进行 Levene 检验。

通过以上步骤，我们能够确保数据满足方差分析的前提条件，从而准确地探究热季和冷季用电高峰在统计学上的差异。

动一动

（1）对火力发电数据整体使用自相关函数进行独立性检验。

（2）将数据分为热季、冷季两组，其中，热季为 5 月—9 月，冷季为 10 月—次年 4 月，并且对两组数据进行 Shapiro-Wilk 检验和 Levene 检验。

 任务单

任务单 6-3 对发电量进行假设检验			

学号：_____ 姓名：_____ 完成日期：_____ 检索号：_____

➡ **任务说明**

本任务使用 plot_acf() 函数和 plot_pacf() 函数进行独立性检验。进行数据筛选，分别提取出 5 月—9 月和 10 月—次年 4 月的火力发电数据，形成两组数据集。利用 scipy 库中的 shapiro() 函数和 levene() 函数，对这两组数据集进行正态性和方差齐性检验。

➡ **引导问题**

🗔 **想一想**

（1）plot_acf() 函数和 plot_pacf() 函数的参数是什么？如何查看结果？

（2）如何筛选数据？使用什么条件进行筛选？在先前的任务中，我们对数据索引进行了修改，会不会影响筛选？如果有影响，怎样消除影响？

（3）shapiro() 函数的参数是什么？有什么要求？

（4）如果检验结果不符合假设，应该如何处理？

（5）还有其他检验方法吗？如何计算？可以使用哪些第三方库提供的函数？

✏ **重点笔记区**

➡ **任务评价**

评价内容	评价要点	分值	分数评定	自我评价
1. 任务实施	使用推断统计分析方法	4 分	能正确调用库得 1 分；三种检验方法使用正确各得 1 分	
	分组筛选	2 分	能使用正确的方法进行筛选得 1 分；筛选正确得 1 分	
	结果分析	3 分	对每个检验结果进行判断，判断正确各得 1 分	
2. 任务总结	依据任务实施情况进行总结	1 分	总结内容切中本任务的重点和要点得 1 分	
合　计		10 分		

✎ **任务解决方案关键步骤参考**

（1）完成独立性检验，使用 plot_acf() 函数绘制自相关函数图。

```
from statsmodels.graphics.tsaplots import plot_acf,plot_pacf
# 绘制自相关函数图
# 先前已经将火力发电的数据筛选并存储到了 df 中
plot_acf(df['当期发电量（亿千瓦时）'])
plt.show()
```

执行代码，如图 6.5 所示。其中，蓝色区域是 95% 置信区间。

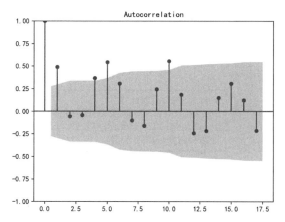

图 6.5　使用 plot_acf()函数绘制的自相关函数图

也可以使用 plot_pacf()函数绘制自相关函数图。

```
plot_pacf(df['当期发电量（亿千瓦时）'])
plt.show()
```

执行代码，如图 6.6 所示。

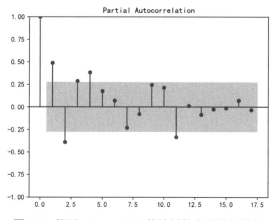

图 6.6　使用 plot_pacf()函数绘制的自相关函数图

（2）完成分组筛选。在先前的任务中，为了进行时间序列分析，我们将月份设置为索引。使用 dtypes 属性可以看到索引的类型为 0，不方便进行筛选。于是，我们选择重新对 MySQL 数据库进行读取，通过 SQL 语句进行筛选。

```
Select * from data WHERE MONTH(月份)>4 AND MONTH(月份)<10
```

（3）完成正态性检验。使用 shapiro()函数分别检验热季和冷季数据的正态性。

```
from scipy.stats import shapiro

alpha = 0.05          # 显著性水平

# 将读取的热季数据存储到 sum_data 中
statistic, p_value = shapiro(sum_data['当期发电量（亿千瓦时）'])
print("Shapiro-Wilk Test:")
print("Statistic:", statistic)
print("p-value:", p_value)

if p_value > alpha:
```

```
    print("样本看起来来自正态分布")
else:
    print("样本不是来自正态分布")
```

执行代码，如图 6.7 所示。

```
Shapiro-Wilk Test:
Statistic: 0.9455994367599487
p-value: 0.19915500283241272
样本看起来来自正态分布
```

图 6.7   热季数据的正态性检验

（4）完成方差齐性检验。使用 levene() 函数对两组数据进行方差齐性检验。

```
from scipy.stats import levene

statistic, p_value = levene(sum_data['当期发电量（亿千瓦时）'], win_data['当期发电量
（亿千瓦时）'])
# 打印结果
print("Levene Test:")
print("Statistic:", statistic)
print("P-value:", p_value)

if p_value > alpha:
    print("样本看起来满足方差齐性")
else:
    print("样本不满足方差齐性")
```

执行代码，如图 6.8 所示。

```
Levene Test:
Statistic: 0.0005507979934290278
P-value: 0.9813733929673248
样本看起来满足方差齐性
```

图 6.8   方差齐性的检验结果

6.3.1   独立性检验和自相关函数

自相关即时间序列与其自身延迟版本之间的相关性，是衡量同一时间序列在不同时间点的取值之间关联程度的重要指标。如果时间序列在时间 t 与 $t+k$ 之间展现出显著的相关性，则称之为存在滞后值为 k 的自相关。为了量化这种相关性，引入了自相关函数，用于评估时间序列在不同滞后值下的自相关程度。自相关函数的函数值越趋近于 0，表示相关性越弱。而偏自相关函数（Partial Autocorrelation Function，PACF）则进一步提供了测量特定滞后值与当前值之间关系的方法。它通过剔除先前滞后项所解释的变化，从而更精确地揭示时间序列中滞后项之间的直接联系。然而，偏自相关函数在突出直接相关性的同时，可能会忽略某些间接相关性，其计算公式如下：

$$R(k) = E\left(\left(X_i - \mu_i\right)\left(X_{i+k} - \mu_{i+k}\right)\right) / \sigma^2$$

其中，X_i、μ_i 分别为时序数据在时间 i 的真实值和预测值，σ^2 为方差。

statsmodels 库提供了便捷的自相关函数计算与可视化工具，即 plot_acf() 函数和 plot_pacf() 函数。这两个函数不仅支持对 Pandas 数据帧的操作，而且默认会绘制出 95% 置信水平的蓝色

区间。在使用这两个函数时，用户只需将数据集作为 x 参数传入即可。plot_acf()函数的常用参数如表 6.3 所示，plot_pacf()函数的常用参数如表 6.4 所示。

表 6.3 plot_acf()函数的常用参数

参数名	作用
x	时间序列
lags	滞后值，用于限制横轴的最大值。默认为 lags=np.arange(len(corr))
alpha	置信水平。默认为 0.05

表 6.4 plot_pacf()函数的常用参数

参数名	作用
x	时间序列
lags	滞后值，用于限制横轴的最大值。默认为 lags=np.arange(len(corr))
alpha	置信水平。默认为 0.05
method	计算方法，默认为 ywm（无调整的 Yule-Walker 法）。此外还有 ols（时间序列在时滞和常数上的回归法）、ld（Levinson-Durbin 递归法）等

调用 plt.show()函数查看结果。如果点落在蓝色范围内，则表示其在置信水平内，可以认为数据不存在自相关。横轴的大小 k 代表着时序数据 x_t 与 x_{t+k} 之间的相关性。

6.3.2 正态性和 S-W 检验

S-W 检验，全称 Shapiro-Wilk 检验，是检验小样本数据正态性的常用方法。S-W 检验法计算统计量 $W = \left(\sum_{i=1}^{n} a_i x_i \right)^2 / \sum_{i=1}^{n} \left(x_i - \bar{x} \right)^2$，可以根据 W 的值判断样本是否符合正态分布。其中，x_i 是有序递增的，即在实现上需要先对 x 进行一次排序；a_i 是与标准正态分布及其分位数相关的一系列常数。最后，根据 W 和显著性水平确定 p 值，用于判断是否拒绝假设。

这一系列过程集成到了第三方库 scipy 的 shapiro()函数中。该函数的定义如下。

```
scipy.stats.shapiro(x, *, axis=None, nan_policy='propagate', keepdims=False)
```

shapiro()函数的常用参数如表 6.5 所列。

表 6.5 shapiro()函数的常用参数

参数名	作用
x	样本数据
axis	如果是 int，则为计算统计信息的输入轴。输入的每个轴切片（如行）的统计信息将出现在输出的相应元素中。默认为 None
nan_policy	如何应对空值 NaN。默认为 propagate（原封不动地计算并输出 NaN）。omit 表示忽略空值，如果在计算统计量时数据不够，则对应条目输出 NaN。raise 表示如果存在空值，则报错 ValueError
Keepdims	保留维度。如果设置为 True，则会保留被压缩的维度且长度为 1

shapiro()函数的返回值有两个：一个是 statistic，即统计量 W；另一个是 p-value，即 p 值。在假设检验中，只要 p 大于 α，就认为不能在该置信水平下否定原假设，反之则认为原假设被否定。

6.3.3 方差齐性和 Levene 检验

Levene 检验通过比较不同样本组之间的方差平均水平来判断各组样本的方差是否相等。Levene 检验先对原始值计算相应的中心化绝对偏差，即原始值和该值所在样本组的均值或中位数的绝对差值，通过对中心化绝对偏差进行单因素方差分析，比较不同样本组的偏差的平均水平是否一致来实现对方差齐性的检验。

在 scipy 中，通过调用 levene()函数实现 Levene 检验，其官方定义如下。

```
scipy.stats.levene(
        *samples, center='median', proportiontocut=0.05, axis=0,
        nan_policy='propagate', keepdims=False
        )
```

其中，大部分参数与 shapiro()函数的参数相同或相似，不同的是，center 参数用于设置中心化绝对偏差的计算方法，默认为 median，即中位数。也可指定为 mean，即均值，或者指定为 trimmed，即去掉部分极端数据后的均值。proportiontocut 参数为修剪率。当且仅当 center 取 trimmed 时才会被使用，表示剪切的数据比例，默认为 0.05。levene()函数的返回值与 shapiro()函数的相同，都是返回一个统计量和 p 值。

任务4　对发电量进行方差分析

通过任务 3 的分析，我们证明了火力发电的数据均满足进行方差分析的假设。由于我们仅探究季节对发电量的影响，因此可以将其视为单变量方差分析。在 Python 中，第三方库 scipy 的 stats 模块提供了 f_oneway()函数来进行单变量方差分析。接下来，我们将使用 f_oneway()函数对数据进行单变量方差分析，以解答任务 3 提出的问题。

微课：项目 6 任务 4-
对发电量进行方差分
析.mp4

对发电量进行单变量方差分析。

```
from scipy.stats import f_oneway

# 使用 f_oneway()函数进行单变量方差分析
f_statistic, p_value = f_oneway(sum_data['当期发电量（亿千瓦时）'], win_data['当期发电量（亿千瓦时）'])

# 输出结果
print("F-statistic:", f_statistic)
print("p-valuie:", p_value)

alpha = 0.05
if p_value > alpha:
    print("季节对发电量似乎没有影响")
else:
    print("季节对发电量有显著影响")
```

单变量方差分析的结果如图 6.9 所示。

```
F-statistic: 0.6463514115837724
p-valuie: 0.4253839771931397
季节对发电量似乎没有影响
```

图 6.9 单变量方差分析的结果

6.4.1 方差分析与 F 统计量

方差分析（Analysis of Variance，ANOVA）是一种用于比较多个方差相同的正态样本的平均值的统计方法。其核心理念在于，通过将总体变异性分解为组间变异性和组内变异性，以检验多个组之间的平均值是否存在显著差异。在进行方差分析时，有几个关键概念。

- 假设检验：我们设定一个零假设 H0 和一个备择假设 H1。在方差分析的上下文中，零假设 H0 通常假设所有组的平均值是相等的。通过计算得出 F 统计量和 F 分布的临界值并进行比较，我们可以进行假设检验，以决定是否拒绝零假设。
- 总体变异性：这是通过总平方和（Sum of Squares for Total，SST）来衡量的，它表示所有观测值与总体均值之间的整体差异。
- 组间变异和组内变异：组间变异使用组间平方和（Sum of Squares for factor A，SSA）来表示，反映了不同组之间平均值的差异，也被称为因素平方和。组内变异使用组内平方和（Sum of Squares for Error，SSE）来表示，它反映了每组样本各观测值的离散状况。如果组间平方和较大，则意味着组间平均值差异显著；如果组内平方和较大，则意味着组内个体差异较大。
- F 统计量：方差分析的主要目的是判断组间变异与组内变异的比例是否显著，这通过计算 F 统计量来实现。F 统计量是组间变异与组内变异的比值。如果观测到的 F 统计量超出预期，则可以推断出组间存在显著差异，即各组的平均值不相同。

📖 学一学

假设一共有 k 组，n_i 为第 i 组的数据量，$\overline{\overline{x}}$ 为总体平均值，$\overline{x_i}$ 为第 i 组的组内平均值，x_{ij} 为第 i 组第 j 个数据，则上述概念的计算公式如下：

$$\text{SST} = \sum \left(x_{ij} - \overline{\overline{x}} \right)^2$$

$$\text{SSA} = \sum_{i=1}^{k} n_i \left(\overline{x_i} - \overline{\overline{x}} \right)^2$$

$$\text{SSE} = \sum_{i=1}^{k} \sum_{j=1}^{n_i} \left(x_{ij} - \overline{x_i} \right)^2$$

计算得到 SSA 和 SSE 后，就可以计算 F 统计量了，计算公式如下：

$$F = \frac{\text{SSA} / \mathrm{d}f_a}{\text{SSE} / \mathrm{d}f_e}$$

其中，$\mathrm{d}f_a$ 是组间自由度，也被称为因子自由度。当分为 k 组时，取值为 $k-1$；$\mathrm{d}f_e$ 是组内自由度，也被称为误差自由度，当数据总量为 N 时，取值为 $N-k$。

计算得到 F 统计量后，根据计算得到的 F 统计量和自由度查询 F 分位表，得到 p 值。

6.4.2 假设检验的步骤

推断统计分析是一种分析方法，旨在研究如何基于样本数据来推断总体的数量特征。这种分析方法在科学研究、医学、经济学、社会学等领域均有深入应用，它能帮助研究者从样本数据中提取关于总体的关键特征信息，进而进行准确的推断和明智的决策。

假设检验是推断统计分析中的重要环节，其步骤如下。

（1）提出假设：明确研究的问题，并且据此提出零假设 H0 和备择假设 H1。

（2）确定统计量：如果在 H0 和 H1 中已经包含了具体的统计量，则直接采用这些统计量。如果未明确给出统计量，如统计量在某些特定项目中，则需要通过数学计算来确定其他适用的统计量（如正态性检验中的 W 统计量）。

（3）设定显著性水平和置信区间：由于我们通常更加关注第一类错误，因此需要将犯这类错误的概率控制在一个预设的范围内，这就需要设定显著性水平。显著性水平也会影响置信区间的大小，只有当计算出的统计量落在置信区间内时，我们才能选择不拒绝零假设。

（4）计算统计量并得出结论：计算统计量的具体数值，并且根据该数值与之前设定的显著性水平和置信区间来得出最终的结论。

拓展实训：风力发电数据推断统计

【实训目的】

通过本拓展实训，学生能够初步掌握推断统计分析的过程，以及 Pandas、scipy、statsmodels 等的基本使用方法。

【实训环境】

PyCharm 或 Anaconda 环境、Python 3.11、Pandas、NumPy、scipy、statsmodels。

【实训内容】

（1）读取数据库中的风力发电数据，并且输出读取结果，读取的部分风力发电数据如图 6.10 所示。

（2）对风力发电数据进行趋势分析，得到季节性趋势，如图 6.11 所示。可以看到，风力发电量每年只有一个峰值，但逐年上升。

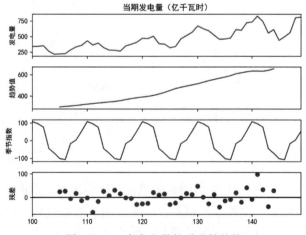

	能源类型	月份	当期发电量（亿千瓦时）
100	风力发电	2019-03-01	341.7
101	风力发电	2019-04-01	342.9
107	风力发电	2019-10-01	286.2
108	风力发电	2019-11-01	334.2
109	风力发电	2019-12-01	358.8

图 6.10　读取的部分风力发电数据　　　　图 6.11　风力发电量的季节性趋势

对结果进行初步分析后，可以尝试对风力发电数据进行方差分析。

（3）对风力发电数据进行独立性分析。示例结果如图 6.12 所示。

使用偏自相关函数进行分析，结果如图 6.13 所示。可以看到，风力发电数据仅与上一个月的强相关。可以认为，在风力发电数据中随机取样，两个样本相互独立的概率非常高。

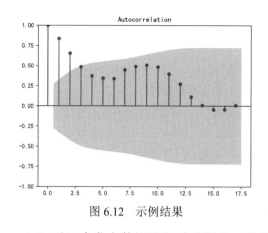

图 6.12　示例结果

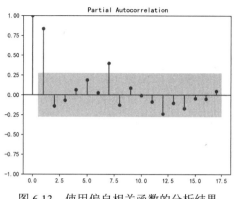

图 6.13　使用偏自相关函数的分析结果

（4）对风力发电数据进行季节划分。热季风力发电的部分数据如图 6.14 所示。

（5）对风力发电数据进行正态性检验。正态性检验结果如图 6.15 所示。可以看出热季数据满足正态性。同样可以对冷季的数据进行正态性检验。

	能源类型	月份	当期发电量（亿千瓦时）
100	风力发电	2019-03-01	341.7
101	风力发电	2019-04-01	342.9
107	风力发电	2019-10-01	286.2
108	风力发电	2019-11-01	334.2
109	风力发电	2019-12-01	358.8

图 6.14　热季风力发电的部分数据

```
Shapiro-Wilk Test:
Statistic: 0.9570350050926208
p-value: 0.35859164595603943
样本看起来来自正态分布
```

图 6.15　正态性检验结果

（6）对风力发电数据进行方差齐性检验，结果如图 6.16 所示。

（7）对假设检验的结果进行分析。根据先前的执行结果不难发现，风力发电数据满足独立性、正态性和方差齐性假设，因此可以进行方差分析。方差分析结果如图 6.17 所示。

```
Levene Test:
Statistic: 1.340801048244062
P-value: 0.25262200032931553
样本看起来满足方差齐性
```

图 6.16　方差齐性检验结果

```
F-statistic: 7.311117471792113
p-valuie: 0.009451678666992811
季节对发电量有显著影响
```

图 6.17　方差分析结果

（8）总结结论。由方差分析的结果可以看出，风力发电与火力发电不同，季节对风力发电量有显著影响。

项目考核

【选择题】

1．常用的数据库软件不包括（　　）。

A．Oracle　　　　　　　B．MySQL　　　　　　C．SQLite　　　　　　D．Tomcat

2．以下数据库中，开源的是（　　）。

A. Oracle　　　　　　　B. MySQL　　　　　　C. SQL Server　　　D. DB2C

3．SQL 的全称是（　　）。

A．结构化定义语言　　　　　　　　　　B．结构化控制语言

C．结构化查询语言　　　　　　　　　　D．结构化操纵语言

4．以下关于 MySQL 的说法中，错误的是（　　）。

A．MySQL 是一种关系数据库

B．MySQL 是一种开放源码的软件

C．MySQL 服务器工作在客户端/服务器模式下或嵌入式系统中

D．在 Windows 系统中书写 MySQL 语句区分大小写

5．以下关于趋势分解法的说法中，错误的是（　　）。

A．在加法模型和乘法模型中，趋势值 T 的计算方法相同

B．在加法模型和乘法模型中，季节指数 S 的计算方法相同

C．在加法模型和乘法模型中，残差 R 的计算方法不同

D．在加法模型和乘法模型中，季节指数 S 的物理意义不同

6．以下关于 seasonal_decompose()函数的说法中，正确的是（　　）。

A．对于完整无误的多周期时序数据 x，可以直接运行 seasonal_decompose(x)

B．period 可以指定为任何长度不超过 x 的正整数

C．只有时序数据才能进行趋势分解

D．seasonal_decompose()函数默认采用乘法模型

7．图 6.18 是某数据的自相关函数图，以下说法中，正确的是（　　）。

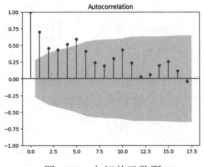

图 6.18　自相关函数图

A．在 plot_acf()函数和 plot_pacf()函数的运行结果中，置信水平越高，蓝色范围越大

B．lags 越大，运行效果越好

C．蓝点在 6 之后才进入蓝色范围，说明该数据强自相关

D．如果将该时序数据以 5 为大小进行分组，则组内数据互相独立

8．常用的正态性检验方法不包括（　　）。

A．Q-Q 图检验　　B．S-W 检验　　　C．K-S 检验　　　　　D．Bartlett 检验

9．（　　）提供了功能强大的 stats 模块，它使操作者能轻松快捷地使用多种统计分析的函数和工具，包括概率分布、统计检验等操作。

A．Pandas　　　　B．Matplotlib　　C．scipy　　　　　　D．statsmodels

10．以下关于 scipy 的说法中，正确的是（　　）。

A．在已经导入 NumPy 的情况下也可以直接导入 scipy

B．scipy 的绝大部分函数都不能直接接收 NumPy 中 ndarray 的输入

C．scipy 的绝大部分函数都不能直接接收 Pandas 中 DataFrame 的输入

D．scipy 与 NumPy、Pandas 等集成良好

项目 7

电商平台用户消费数据分析

♻ 项目描述

从农业经济时代到工业经济时代，再到如今的数字经济时代，数据已逐渐成为驱动经济发展的新的生产要素。大数据从计算领域逐步延伸到科学和商业领域，为我们提供了一种认识复杂系统的全新思维和探究客观规律的全新手段。过去几年，以网络购物、共享经济、移动支付为代表，数字经济已深入我们的日常生活。

商务领域主体庞大、载体多样、场景丰富，是数字化发展的重要动力和主要场景。我国连续 11 年位居全球第一大网络销售市场，跨境电商占货物贸易进出口比重持续提升，数字领域外资准入不断扩大，数字经济成为国际合作热点，我国商务领域新经济规模快速增长，在服务构建新发展格局中发挥了积极作用。中国互联网络信息中心（CNNIC）的数据显示，截至 2024 年 6 月，我国网民规模近 11 亿人（10.9967 亿人），网络购物用户规模达 9.05 亿人，占网民整体的 82.3%。

随着大数据的应用和普及，新时代赋予了大数据更重要的社会责任。《"十四五"大数据产业发展规划》提出，大数据发展的主要任务是加快培育数据要素市场、发挥大数据特性优势、夯实产业发展基础、构建稳定高效产业链、打造繁荣有序产业生态、筑牢数据安全保障防线。同时，在大数据高速发展的过程中，要加强隐私计算、数据脱敏、密码等数据安全技术与产品的研发应用，提升数据安全产品供给能力，做大做强数据安全产业。随着数字经济的发展，大数据产业发展的理念也从注重效率转变为愈发关注人的需求。

在数字化的浪潮中，用户的数据蕴含着巨大的价值。通过对这些数据进行分析，深入了解用户的需求、行为偏好、消费习惯等，企业可以发现新机会，开拓新市场，发展新产品和新服务，还可以优化业务流程，提高生产效率，降低成本。

本项目以电商平台用户消费数据为基础，使用 Python 进行数据处理和分析，探索用户的行为规律，培养学生的数据思维和创新能力。

📚 拓展读一读

数字商务是商务领域新质生产力的重要驱动因素，是数字经济在商务领域的具体实践，也是数字经济发展最迅速、创新最活跃、应用最丰富的重要组成。为贯彻落实党中央、国务院关于建设数字中国、发展数字经济的决策部署，加快培育新质生产力，赋能经济社会发展，服务构建新发展格局，商务部研究起草了《数字商务三年行动计划（2024-2026 年）》（以下简称《行动计划》）。

《行动计划》以习近平新时代中国特色社会主义思想为指导，深入贯彻党的二十大精神，完整、准确、全面贯彻新发展理念，遵循数字经济发展规律，立足商务工作"三个重要"定位，以发展新质生产力为抓手，创新数字转型路径，提升数字赋能效果，做好数字支撑服务，打造数字商务生态体系，全方位提升商务发展数字化、网络化、智能化水平，助力我国数字经济不断做强做优做大。

《行动计划》开展 5 项重点行动、共 20 条具体举措。

一是开展"数商强基"行动，提出培育创新主体、构建监测评价体系、提升治理水平、强化智力支撑、推动规范发展 5 项举措，持续夯实数字商务发展基础。

二是开展"数商扩消"行动，提出培育壮大新型消费、促进线上线下融合、激发农村消费潜力、促进内外贸市场对接、推动商贸流通领域物流数字化发展 5 项举措，更好地激发数字消费活力。

三是开展"数商兴贸"行动，提出提升贸易数字化水平、促进跨境电商出口、拓展服务贸易数字化内容、大力发展数字贸易 4 项举措，加快培育对外贸易新优势。

四是开展"数商兴产"行动，提出建强数字化产业链供应链、优化数字领域吸引外资环境、扩大数字领域对外投资合作 3 项举措，推动赋能现代化产业体系建设。

五是开展"数商开放"行动，提出拓展"丝路电商"合作空间、开展数字规则先行先试、积极参与全球数字经济治理 3 项举措，不断深化数字经济国际合作。

♻ 学习目标

知识目标

- 掌握 NumPy 的 ndarray 对象的属性和创建方法（《Python 程序开发职业技能等级标准》高级 1.1.4）。
- 了解 NumPy 中的矩阵创建、矩阵运算和广播机制（《Python 程序开发职业技能等级标准》高级 1.2.1）。
- 了解 NumPy 中的常用函数（重点：《Python 程序开发职业技能等级标准》高级 1.2.1）。

能力目标

- 会使用 NumPy 进行数组操作和数据处理（《Python 程序开发职业技能等级标准》高级 1.2.1）。
- 会使用 NumPy 进行多维数组计算和矩阵运算。
- 会使用 NumPy 进行科学计算和统计分析（难点）。

素质目标

- 认识数据分析在推动社会可持续发展中的作用，从而增强自身的社会责任感和使命感。
- 认识在数据分析过程中遵守数据伦理的重要性，并且增强数据安全意识，遵守相关的数据保护法规，做到知法守法。
- 能独立思考、发现问题、解决问题，具备批判性思维和创新意识。

♻ 任务分析

在当前电商行业的激烈竞争中，用户数据分析成为企业优化运营、提升竞争力的重要手段。洞察企业用户群画像，能够帮助企业实现"千人千面"。通过了解用户的年龄、爱好、性格等信息，企业可以针对不同人群制定差异化的运营策略，获得更多的目标用户，从而更好地达成营销目标。因此，本项目旨在通过利用 NumPy 等数据分析工具，对电商平台的用户数据进行深入分析，挖掘用户行为的潜在规律和趋势，为企业的战略决策提供有力支持。本项目主要涉及以下方面。

- 用户数据的创建：通过创建用户数据，企业可以建立用户档案，为后续的数据分析和精准营销打下基础。
- 用户数据的更新：通过定期更新用户数据，企业可以实时掌握用户的最新动态，及时调整营销策略。
- 用户数据的分析：通过分析用户数据，企业可以深入了解用户的消费习惯、兴趣偏好、购买能力等，从而制定个性化的营销策略，提升用户满意度和忠诚度。

♻ 相关知识

1. NumPy 简介

NumPy（Numerical Python）是 Python 的一个扩充程序库。在 Python 中进行科学计算或数据分析时，NumPy 是必不可少的。

Python 诞生不久，开发者就产生了数值计算的需求。1995 年，Jim Hugunin 开发了 Numeric，这是第一次尝试使用 Python 进行科学计算，随后又诞生了 Numarray。这两个库都是专门用于数组计算的，但各有优势。Travis Oliphant 整合了 Numeric 和 Numarray，开发了 NumPy，于 2006 年发布了它的第一个版本，奠定了 Python 科学计算生态系统的基础。NumPy 支持多维数组与矩阵运算，也针对数组运算提供大量的数学函数库。

当前，NumPy 是开源项目，使用 BSD 许可证。在众多开发者的支持下，这个库的潜力得到了进一步挖掘。

2. NumPy 的安装

安装 NumPy 的方法通常有以下 3 种。

- 使用 Python 发行版：一些 Python 发行版可能会预装 NumPy，可以通过检查 Python 环境的库列表来确定是否已安装 NumPy。
- 使用 pip 工具：pip 是 Python 的官方包管理工具，可以使用"pip install numpy"命令来安装 NumPy。如果遇到权限问题，则可以尝试使用"pip install --user numpy"命令或在命令前加上 sudo（适用于 Linux 和 Mac 系统）。
- 使用系统的包管理器：在 Linux 或 Mac 系统中，可以使用系统的包管理器来安装 NumPy。例如，在 Ubuntu 系统中，可以使用"apt-get install python-numpy"命令安装 NumPy。

此外，在安装完成后，可以通过执行简单的测试代码来验证 NumPy 是否安装成功。例如，尝试导入 NumPy 库并打印其版本号。

```
# coding:utf-8
# 导入 NumPy
import numpy as np
print(np.__version__)
```

如果上述代码没有报错且打印出了版本号，则说明 NumPy 安装成功。

♻ 素质养成

伴随着数字经济的快速发展，人们的生活正在被数字化、被记录、被跟踪。数据的收集和分析涉及大量的个人信息。这些数据的规模和运用能力，不仅是企业或组织业务发展的核心驱动力，也与个人消费、个人属性特征、隐私等问题息息相关，其带来的数据安全及隐私保护方面的问题也成为热点。数据安全是事关国家安全、经济社会发展和个人切身利益的重大问题。敏感数据一旦泄露并被恶意利用，将造成重大危害。我们要通过学习，提高个人的信息防护能力，切实保护自身信息的安全。

在大数据时代，数据无处不在，我们可以利用各种数据源，在真实情景中解决问题，通过实际项目锻炼解决问题的能力，在解决问题后进行反思和总结，使用批判性思维来审视和分析问题。

项目实施

随着大数据时代的到来，企业和组织积累了大量的用户数据。有效分析和利用这些数据对于企业的发展至关重要。用户数据分析涉及多种数据类型和复杂的数据处理流程，传统的数据分析工具在处理大规模数据集时可能会遇到性能瓶颈。NumPy 作为一个高效的库，提供了多维数组对象和丰富的函数，可以方便地进行各种数学运算和数据分析任务，具有高效的数据处理能力，能够满足高性能计算的需求。

接下来，我们将结合数据分析基本流程进行用户数据的创建、更新和分析。

任务 1　用户数据的创建

用户数据通常包括用户属性数据和用户行为数据。用户属性数据反映了用户的基本信息和状态，如姓名、性别、年龄、教育水平、职业等。这些信息有助于企业了解用户的基本特征，从而进行市场细分和个性化服务。用户行为数据记录了用户在使用产品或服务过程中的行为，如点击、浏览历史、购买记录等。通过分析用户行为数据，企业可以了解用户的偏好和习惯，进而优化产品设计和营销策略。

微课：项目 7 任务 1-
用户数据的创建.mp4

本任务主要介绍如何使用 NumPy 创建数组，录入用户属性数据。

动一动

创建 Python 文件，使用 NumPy 录入用户的编号、年龄、性别、职业数据。

任务单

任务单 7-1　用户数据的创建			
学号：	姓名：	完成日期：	检索号：

任务说明

编辑 Python 代码，使用 NumPy 创建数组，录入用户属性数据。通过本任务，掌握 ndarray 对象的属性和创建方法。

引导问题

　　想一想

（1）NumPy 数组与 Python 列表有什么不同？它们各自的优势是什么？

（2）如何使用 NumPy 创建数组？能否创建一个特定数据类型的数组？

续表

（3）用户属性数据包括哪些数据类型？

（4）如何使用 NumPy 进行条件筛选，找到目标用户？

 重点笔记区

任务评价

评价内容	评价要点	分值	分数评定	自我评价
1. 任务实施	NumPy 的安装和导入	3 分	能正确安装 NumPy 得 1 分；能正常导入 NumPy 得 1 分；使用别名得 1 分	
	创建数据	2 分	能使用 NumPy 创建数据，录入用户数据得 2 分	
	数据类型设置	2 分	能正确设置用户数据类型得 2 分	
2. 结果展现	数据筛选	2 分	能正确筛选数据并展示得 2 分	
3. 任务总结	依据任务实施情况进行总结	1 分	总结内容切中本任务的重点和要点得 1 分	
合　计		10 分		

任务解决方案关键步骤参考

（1）如果使用的是 PyCharm，请先确认 PyCharm 中是否已经安装了 NumPy。如果使用的是 Anaconda，则 Anaconda 中已经默认安装了 NumPy，可以直接执行相关代码。

（2）创建用户数据数组。

```
import numpy as np
# 创建 user_data 结构化数组，包含 user_id、age、gender、occupation 等字段，使用 dtype 定义数据类型
user_data = np.array([
    (1, 26, 'Male', 'Engineer'),
    (2, 32, 'Female', 'Teacher'),
    (3, 18, 'Female', 'Student'),
    (4, 50, 'Male', 'Teacher'),
    (5, 41, 'Female', 'Teacher'),
    (6, 18, 'Female', 'Student')
], dtype=[
    ('user_id', int),
    ('age', int),
    ('gender', 'U8'),
    ('occupation', 'U32')
])
print(user_data)
```

（3）执行代码，打印用户数据，如图 7.1 所示。

```
[(1, 26, 'Male', 'Engineer') (2, 32, 'Female', 'Teacher')
 (3, 18, 'Female', 'Student') (4, 50, 'Male', 'Teacher')
 (5, 41, 'Female', 'Teacher') (6, 18, 'Female', 'Student')]
```

图 7.1 用户数据

7.1.1 数组创建

NumPy 提供了两种基本的对象：ndarray（n-dimensional array object，多维数组对象）和 ufunc（universal function object，通用函数）。ndarray 对象是一种由相同类型的元素组成的多维数组，元素数量是事先给定的。元素的数据类型由 dtype（data-type）对象来指定，每个 ndarray 对象只有一种 dtype 类型。ndarray 对象的大小固定，创建好数组后，数组大小是不会发生改变的。在 NumPy 中，维度 Dimensions 叫作轴（Axes），轴的个数叫作秩（Rank）。注意，numpy.array 和 Python 标准库 array.array 并不相同，前者更加强大，后者只能处理一维数组，提供少量功能。这也是我们学习 NumPy 的重要原因之一。

为了更好地理解和使用数组，在创建数组前，我们可以先了解数组的基本属性。数组的属性及其说明如表 7.1 所示。

表 7.1　数组的属性及其说明

属性	说明
ndim	返回 int，表示数组维度
shape	返回 tuple，表示数组的尺寸，对于 n 行 m 列的矩阵，形状为(n,m)
size	返回 int，表示数组的元素总数，等于数组形状的乘积
dtype	返回 data-type，描述数组中元素的类型
itemsize	返回 int，表示数组的每个元素的大小（以字节为单位）。例如，一个元素类型为 float64 的数组的 itemsize 属性值为 8（float64 占用 64Bit，每个字节长度为 8，所以 64/8，占用 8 个字节）。又如，一个元素类型为 complex32 的数组的 itemsize 属性值为 4，即 32/8

使用 NumPy 提供的 array()函数可以创建一维或多维数组，其基本语法格式如下。

```
np.array(object, dtype=None, copy=True, order=None,subok=False, ndmin = 0)
```

array()函数的主要参数及其说明如表 7.2 所示。

表 7.2　array()函数的主要参数及其说明

参数	说明
object	接收 array，表示需要创建的数组对象，是唯一且必需的参数，无默认值
dtype	数组元素的数据类型，默认为 None
copy	对象是否需要复制
order	创建数组的样式，C 为行方向，F 为列方向，A 为任意方向（默认）
subok	默认返回一个与基类型一致的数组
ndmin	指定生成数组的最小维度，默认为 0

创建一维数组与多维数组并查看数组属性。

```
arr1 = np.array([1,2,3,4])
arr2 = np.array([[1,2,3,4],[5,6,7,8],[9,10,11,12]])
print("创建一维数组:",arr1)                        # 创建一维数组
print("创建二维数组:",arr2)                        # 创建二维数组
print("data2 数组的形状为:", arr2.shape)           # 查看数组的形状
print("data2 数组元素的数据类型为:", arr2.dtype)    # 查看数组元素的数据类型
print("data2 数组的元素个数为:", arr2.size)         # 查看数组的元素个数
print("data2 每个元素的存储空间为:", arr2.itemsize) # 查看每个元素的存储空间
```

除了可以使用 array()函数创建数组，也可以通过以下几种方式来创建数组。

1. 使用 arange()函数创建一维数组

np.arange(start, stop, step, dtype)：根据 start 参数和 stop 参数指定的范围及 step 参数指定的步长，生成一个 ndarray 对象。start 参数为起始值，默认为 0；stop 参数为终止值（不包含）；step 参数为步长，默认为 1；dtype 参数表示返回 ndarray 的数据类型，如果没有提供，则使用输入数据的类型。

例如：

```
x = np.arange(10,20,2)
print (x)                     # 输出 "[10  12  14  16  18]"
```

2. 使用 linspace()函数创建等差数组

np.linspace(start, stop, num=50, endpoint=True, retstep=False, dtype=None)：start 参数为序列的起始值；stop 参数为序列的终止值；num 参数为要生成的等步长的样本数量，默认为 50；当 endpoint 参数为 true 时，数列中包含 stop 值，反之，则不包含，默认为 True；当 retstep 参数为 True 时，生成的数组中会显示间距，反之，则不显示；dtype 参数表示返回 ndarray 的数据类型。

例如：

```
x = np.linspace(1,10,10)
print (x)                     # 输出 "[ 1.  2.  3.  4.  5.  6.  7.  8.  9.  10.]"
```

3. 使用 logspace()函数创建等比数列

np.logspace(start, stop, num=50, endpoint=True, base=10.0, dtype=None)：start 参数表示序列的起始值为 $base^{start}$；stop 参数表示序列的终止值为 $base^{stop}$；num 参数为要生成的等步长的样本数量，默认为 50；当 endpoint 参数为 True 时，数列中包含 stop 值，反之，则不包含，默认为 True；base 参数表示对数 log 的底数；dtype 参数表示返回 ndarray 的数据类型。

```
x = np.logspace(1.0, 10.0, num = 10, base=2)
print (x)                     # 输出 "[2.  4.  8.  16.  32.  64.  128.  256.  512.  1024.]"
```

4. 使用 zeros()、eye()、identity()、diag()和 ones()函数创建特殊数组

- np.zeros(shape, dtype = float, order = 'C')：创建指定大小的数组，元素以 0 来填充。
- np.eye(N,M=None,k=0,dtype=<class 'float'>,order='C')：创建单位矩阵，即主对角线上的元素以 1 来填充，其余元素以 0 来填充。在功能上，identity()函数和 eye()函数是相同的，区别在于使用 identity()函数只能创建方阵，即 N=M。
- np.diag(v, k=0)：用于从输入数组中提取对角线元素，或者将一系列元素放置在输出数组的对角线上，其他位置以 0 来填充。
- np.ones(shape, dtype = None, order = 'C')：创建指定形状的数组，元素以 1 来填充。

5. 使用 asarray()函数创建数组

np.asarray(a, dtype = None, order = None)：与 array()函数类似，但 asarray()函数的参数只有三个，比 array()函数少两个。

6. 使用 empty()函数创建数组

np.empty(shape, dtype = float, order = 'C')：创建一个指定形状（shape）、数据类型（dtype）且未初始化的数组。注意：生成的数组元素为随机值，因为它们未初始化。

7.1.2　数组数据类型

Python 支持的数据类型有整型、浮点型和复数型，但这些类型不足以满足科学计算的需

求，因此 NumPy 添加了很多其他的数据类型。在实际应用中，为了提高计算结果的准确度，需要使用不同精度的数据类型，并且不同的数据类型占用的内存空间也不同。

在 NumPy 中，大部分数据类型的名称是以数字结尾的，这个数字表示其在内存中占用的位数。NumPy 的基本数据类型及其取值范围如表 7.3 所示。

表 7.3　NumPy 的基本数据类型及其取值范围

名称	描述
bool	布尔型数据类型（True 或 False）
int	默认的整数类型（类似于 C 语言中的 long、int32 或 int64）
int8	字节（-128～127）
int16	整数（-32768～32767）
int32	整数（-2147483648～2147483647）
int64	整数（-9223372036854775808～9223372036854775807）
uint8	无符号整数（0～255）
uint16	无符号整数（0～65535）
uint32	无符号整数（0～4294967295）
uint64	无符号整数（0～18446744073709551615）
float	float64 类型的简写
float16	半精度浮点数，包括 1 个符号位、5 个指数位、10 个尾数位
float32	单精度浮点数，包括 1 个符号位、8 个指数位、23 个尾数位
float64	双精度浮点数，包括 1 个符号位、11 个指数位、52 个尾数位
complex_	complex128 类型的简写，即 128 位复数
complex64	复数，表示双 32 位浮点数（实数部分和虚数部分）
complex128	复数，表示双 64 位浮点数（实数部分和虚数部分）

数组有一个 dtype 属性，通过该属性可以查看数组的数据类型，方法是"数组名.dtype"，而数组的数据类型在创建数组时就已经通过 dtype 参数确定了。如果想实现数组中数值类型的转换，则可以使用 astype() 函数。astype() 函数的格式为"数组名.astype(np.数据类型)"。

自定义数据类型是一种异构数据类型，可以将它看作电子表格标题行的数据。例如，创建一个存储用户属性的数据类型，其中包含 user_id、age、gender、occupation 等字段。那么，使用自定义数据类型来创建数组的方法如下。

（1）使用 dtype 属性创建自定义数据类型。

```
df = np.dtype([('user_id', int),
    ('age', int),
    ('gender', 'U8'),
    ('occupation', 'U32')])
print('数据类型为：',df)
# 输出"数据类型为：[('user_id', '<i4'), ('age', '<i4'), ('gender', '<U8'),
('occupation', '<U32')]"
```

（2）查看数据类型，可以直接查看或使用 np.dtype() 函数查看数据类型。

```
print('数据类型为：',np.dtype(df['user_id']))
# 输出"数据类型为：int32"
```

（3）在使用 array() 函数创建结构化数组时，使用 dtype 属性指定数组的数据类型。

```
user_data = np.array([
    (1, 26, 'Male', 'Engineer'),
    (2, 32, 'Female', 'Teacher'),
    (3, 18, 'Female', 'Student'),
    (4, 50, 'Male', 'Teacher'),
    (5, 41, 'Female', 'Teacher'),
    (6, 18, 'Female', 'Student')
], dtype=df)
print(user_data)
```

输出结果如下。

```
[(1, 26, 'Male', 'Engineer') (2, 32, 'Female', 'Teacher')
 (3, 18, 'Female', 'Student') (4, 50, 'Male', 'Teacher')
 (5, 41, 'Female', 'Teacher') (6, 18, 'Female', 'Student')]
```

7.1.3 数组的索引和切片

NumPy 通常以提供高效率的数组著称，这主要归功于索引的易用性。ndarray 对象的内容可以通过索引或切片来访问和修改，与 Python 中 list 的切片操作相同。ndarray 对象可以基于 0~n 的下标进行索引，切片对象可以通过内置的 slice() 函数，并且设置 start、stop 和 step 参数，从原数组中分割出一个新数组。

在 NumPy 中，可以使用索引来访问数组中的元素。索引从 0 开始，使用 [] 进行索引操作。第一个元素的索引是 0，第二个元素的索引是 1，以此类推。示例如下。

```
# 创建一个示例数组
arr = np.array([1, 2, 3, 4, 5])
# 访问第一个元素
print(arr[0])  # 输出 "1"
# 访问第三个元素
print(arr[2])  # 输出 "3"
```

也可以使用负索引从数组末尾开始访问元素，例如，-1 表示最后一个元素，-2 表示倒数第二个元素，以此类推。示例如下。

```
# 创建一个示例数组
arr = np.array([1, 2, 3, 4, 5])
# 访问最后一个元素
print(arr[-1])  # 输出 "5"
# 访问倒数第二个元素
print(arr[-2])  # 输出 "4"
```

NumPy 还可以通过冒号来分割切片，方法如下。

```
数组名[start:end:step]
```

其中，start 参数表示截取数组中开始元素的索引（下标）；end 参数表示截取数组中终止元素的索引（下标），但是不包括 end 索引（下标）所指定的元素；step 参数表示步长。如果只使用一个参数，如 arr[2]，则返回与该索引相对应的单个元素。如果为 arr[2:]，则表示从该索引开始，之后的所有项都将被提取。如果使用了两个参数，如 arr[2:5]，则提取两个索引（不包括终止索引）之间的元素。示例如下。

```
# 创建一个数组
```

```
arr = np.arange(10)
print(arr[2])          # 输出"2"
print(arr[2:])         # 输出"[2 3 4 5 6 7 8 9]"
print(arr[2:5])        # 输出"[2 3 4]"
print(arr[:5])         # 输出"[0 1 2 3 4]"
# 从索引 2 开始到索引 7 停止，间隔为 2
print(arr[2:7:2])      # 输出"[2 4 6]"
```

内置函数 slice()可以用于构造切片对象，该函数需要传递 3 个参数值，分别是 start（起始索引）、stop（终止索引）和 step（步长），通过它可以实现从原数组上切割出一个新数组，示例如下。

```
# 创建一个数组
arr = np.arange(10)
# 从索引 2 开始到索引 7 停止，间隔为 2
s = slice(2,7,2)
print(arr [s])  # 输出"[2 4 6]"
```

二维数组由行和列组成，二维数组中的每一行相当于一维数组。二维数组中元素的索引由该元素所在的行下标和列下标组成，即由元素的行索引和列索引组成。例如，arr 是二维数组，则该二维数组元素使用 arr[行索引,列索引]表示；获取二维数组中第 2 行第 2 列的元素，使用 arr[1,1]即可。如果需要截取二维数组中某个区域之间的元素，则可以使用以下方法。

```
数组名[rows_start:rows_end:rows_step, cols_start:cols_end:cols_step]
```

其中，rows_start:rows_end 参数表示截取数组中元素的行索引范围；cols_start:cols_end 参数表示截取数组中元素的列索引范围，但不包括 rows_end 行索引和 cols_end 列索引所指定的元素；rows_step 参数表示行索引的步长；cols_step 参数表示列索引的步长。示例如下。

```
arr = np.array([[1,2,3,4],[5,6,7,8],[9,10,11,12]])
print(arr[1,1])    # 获取第 2 行第 2 列，输出"6"
print(arr[1,:])    # 获取第 2 行元素，输出"[5 6 7 8]"
print(arr[:,1])    # 获取第 2 列元素，输出"[2 6 10]"
```

结构化数组的数据类型是组织为命名字段序列的简单数据类型的组合。每个字段在结构中都有一个名称、一个数据类型和一个偏移量。字段的数据类型可以是任何 NumPy 数据类型，包括其他结构化数据类型，也可以是行为类似于指定形状的 ndarray 的子数组数据类型。字段的偏移量是任意的，字段甚至可能重叠。偏移量通常由 NumPy 自动确定，但也可以指定。结构化数组可以通过使用字段名称为数组编制索引来访问和修改结构化数组的各个字段。示例如下。

```
x=np.array([(1,'Alan','male'),(2,'Betty','female')],dtype=[('user_id',int),('name','U8'),('gender','U8')])
print("用户名: ",x['name'])             # 输出"用户名: ['Alan' 'Betty']"
```

NumPy 比一般的 Python 序列提供了更多的索引方式，如整数索引、布尔索引等。

整数索引就是从两个序列的对应位置取出两个整数组成行下标和列下标。

布尔索引可以通过一个布尔数组索引目标数组，也可以通过布尔运算（如比较运算符）获取符合指定条件的元素的数组。示例如下。

```
arr1=np.arange(6)
# 创建一个布尔值组成的列表
arr2=[True,False,True,False,True,False]
# 将布尔值列表作为索引
```

```
print(arr1[arr2])        #输出"[0 2 4]"
# 筛选 arr1 中大于 3 的元素
condition=ar1>3
print(arr1[condition])   #输出"[4 5]"
# 使用逻辑运算非筛选元素
print(arr1[~condition])  #输出"[0 1 2 3]"
```

✏️ 练一练

（1）从原始数据中获取用户的职业数据。

```
# 假设职业在第 4 列，获取职业列
occupations = user_data[:, 3]
# 假设用户数组为结构化数组，获取职业列
occupations = user_data['occupation']
```

（2）从原始数据中筛选年龄大于 30 岁的用户。

```
# 假设年龄在第 2 列，筛选年龄大于 30 岁的用户
users_over_30 = user_data[user_data[:, 1] > 30]
print(users_over_30)
```

也可以通过 where()函数，返回输入数组中满足指定条件的元素的索引。where()函数的格式为：np.where(condition[, x, y])。当 condition 参数为真时，产生 x，否则产生 y。使用 where()函数筛选年龄大于 30 岁的用户的参考代码如下。

```
# 使用 where()函数筛选年龄大于 30 岁的用户
# 获取年龄列
ages = user_data[:, 1]
# 使用 where()函数找到年龄大于 30 的用户的索引
indices_over_30 = np.where(ages > 30)
# indices_over_30现在包含了一个元组，其中第一个数组是满足条件的索引，我们可以使用这些索引提取
原始数组中的对应元素
users_over_30 = ages[indices_over_30]
print(users_over_30)
```

任务2　用户数据的更新

激烈的市场竞争要求企业必须快速响应市场变化，而有效的用户数据分析可以帮助企业取得竞争优势。通过更新用户数据，企业可以更好地理解用户需求，从而提供更加精准和个性化的服务。准确的用户行为数据可以帮助企业预测用户决策，提前为用户提供他们可能需要的服务或产品，增强用户体验。

微课：项目 7 任务 2-
用户数据的更新.mp4

在录入用户数据之后，我们还要及时进行维护和更新，包括基本信息的完善和最近行为记录的更新等。

✏️ 动一动

使用 NumPy 更新用户的评分和购买记录数据。

任务单

<table>
<tr><td colspan="4">任务单 7-2　用户数据的更新</td></tr>
<tr><td>学号：_____</td><td>姓名：_____</td><td>完成日期：_____</td><td>检索号：_____</td></tr>
</table>

📌 **任务说明**

在 Python 中，我们可以使用 NumPy 库来处理和更新用户数据。NumPy 是一个用于处理数组的库，它提供了大量的数学函数来操作这些数组。在处理用户数据时，需要对数据进行一些操作，如添加新的数据、删除旧的数据、修改现有的数据等。接下来，我们要使用 NumPy 的函数来实现这些操作。

📌 **引导问题**

⌨ **想一想**

（1）NumPy 提供了哪些函数来生成随机数？它们之间有什么不同？

（2）如何使用 reshape()函数改变数组的形状而不改变其数据？

（3）vstack()函数和 hstack()函数分别用于连接什么类型的数组？与 concatenate()函数有何不同？

（4）如何沿着不同的轴（如行或列）分割一个二维数组？

✐ **重点笔记区**

📌 **任务评价**

评价内容	评价要点	分值	分数评定	自我评价
1. 任务实施	生成随机数	2 分	能正确使用随机函数得 2 分	
	数组形状转换	2 分	能正确运用转换函数来改变数组形状得 2 分	
	数组合并	3 分	能正确合并数组得 3 分	
2. 结果展现	结果数据显示与统计	2 分	能正确显示数据得 2 分	
3. 任务总结	依据任务实施情况进行总结	1 分	总结内容切中本任务的重点和要点得 1 分	
合　计		10 分		

 任务解决方案关键步骤参考

（1）用户评分包括产品评分和服务评分两方面，使用 NumPy 的随机函数来生成模拟的用户评分数据，取值为 1~10 的整数，并且将其转换为二维数组。

```python
# 生成随机评分（在 1 到 10 之间）
rating = np.random.randint(1, 11, size=12)
print("生成随机评分：\n",rating)
rating = rating.reshape(6,2)
print("随机评分转换：\n",rating)
```

（2）将新的评分数据添加到原始数据中，合并成新的用户数据。

```python
# 将 rating 转换为结构化数组
rating_dtype = [('rating1', int), ('rating2', int)]
structured_rating = np.empty(6, dtype=rating_dtype)
structured_rating['rating1'] = rating[:, 0]
structured_rating['rating2'] = rating[:, 1]

# 合并成新的用户数据数组
new_user_data = merge_arrays((user_data, structured_rating), asrecarray=True,
```

```
flatten=True)
 print("新用户数据: \n", new_user_data)
```

执行代码，输出结果如下。

```
生成随机评分:
 [10  6  9  1  8  2 10  7  3  1  5  7]
随机评分转换:
 [[10  6]
 [ 9  1]
 [ 8  2]
 [10  7]
 [ 3  1]
 [ 5  7]]
新用户数据:
 [(1, 26, 'Male', 'Engineer', 10, 6) (2, 32, 'Female', 'Teacher',  9, 1)
 (3, 18, 'Female', 'Student', 8, 2) (4, 50, 'Male', 'Teacher', 10, 7)
 (5, 41, 'Female', 'Teacher', 3, 1) (6, 18, 'Female', 'Student', 5, 7)]
```

（3）将 userid=3 的记录的年龄修改为 17。

```
# 使用布尔索引找到 user_id 为 3 的记录
mask = new_user_data['user_id'] == 3
# 修改年龄
new_user_data['age'][mask] = 17

print("新用户数据（修改后）: \n", new_user_data)
```

执行代码，输出结果如下。

```
新用户数据（修改后）:
 [(1, 26, 'Male', 'Engineer', 10, 6) (2, 32, 'Female', 'Teacher',  9, 1)
 (3, 17, 'Female', 'Student', 8, 2) (4, 50, 'Male', 'Teacher', 10, 7)
 (5, 41, 'Female', 'Teacher', 3, 1) (6, 18, 'Female', 'Student', 5, 7)]
```

（4）新增用户评分数据(7, 46, 'Female', 'Manager', 8, 6)。

```
from numpy.lib.recfunctions import merge_arrays, stack_arrays
# 新用户数据（包括评分）
new_user = np.array([(7, 46, 'Female', 'Manager', 8, 6)],
dtype=new_user_data.dtype)
# 将新用户数据添加到现有数据中
# 注意: 这里使用 stack_arrays 而不是 merge_arrays, 因为我们需要将两个结构相同的数组垂直堆叠
new_user_data = stack_arrays((new_user_data, new_user), asrecarray=True)
# 打印更新后的用户数据
print("更新后的用户数据: \n", new_user_data)
```

执行代码，输出结果如下。

```
更新后的用户数据:
 [(1,26,Male,Engineer,10,6), (2,32,Female,Teacher,9,1), (3,17,Female,Student,8,2),
(4,50,Male,Teacher,10,7), (5,41,Female,Teacher,3,1), (6,18,Female,Student,5,7),
(7,46,Female,Manager,8,6)]
```

（5）将所有人的年龄加 1。

```
# 修改年龄
new_user_data['age'][:] += 1
print("新用户数据（修改后）: \n", new_user_data)
```

执行代码，输出结果如下。

```
新用户数据（修改后）：
  [(1,27,Male,Engineer,10,6), (2,33,Female,Teacher,9,1), (3,18,Female,Student,8,2),
(4,51,Male,Teacher,10,7), (5,42,Female,Teacher,3,1), (6,19,Female,Student,5,7),
(7,47,Female,Manager,8,6)]
```

7.2.1 随机数生成

NumPy 可以使用 random.rand()、random.randn()、random.randint()、random.random ()等函数生成随机数。

1. 使用 random.rand()函数

```
np.random.rand(d0, d1, …, dn)
```

random.rand()函数的作用是生成一个(d0, d1, …, dn)维的数组，数组的元素取自[0, 1)内均匀分布的随机数，但数组的元素不包括 1。如果没有参数输入，则生成一个数。括号中的参数用于指定生成的数组的形状。

2. 使用 random.randn()函数

```
np.random.randn(d0, d1, …, dn)
```

random.randn()函数的作用是生成一个(d0, d1, …, dn)维的数组，数组的元素是标准正态分布随机数。如果没有参数输入，则生成一个数。括号中的参数用于指定生成的数组的形状。

3. 使用 random.randint()函数

```
np.random.randint(low [, high, size, dtype])
```

random.randint()函数的作用是生成指定范围的随机数，随机数的取值区间为[low, high)，如果没有输入参数 high，则取值区间为[0, low)。size 参数是元组，用于确定数组的形状，dtype 参数用于指定数组中元素的数据类型。

4. 使用 random.random()函数

```
np.random.random(size=None)
```

random.random()函数的作用是产生[0.0, 1.0)之间的浮点数，但数组的元素不包括 1。size 参数表示生成元素的个数。如果没有参数输入，则生成一个数。

📖 **想一想**

在数据分析中，通常需要评估模型或算法的随机性，如果要模拟用户的随机购买行为数据，如购买商品次数、购买金额，可以使用什么函数？

7.2.2 数组操作

NumPy 中包含了一些用于处理数组的函数。

1. 修改数组形状

（1）使用元组设置维度修改数组的形状的方法如下。

```
数组名.shape = (x0,x1,x2,…,xn)
```

参数 x0～xn 表示数组中每个维度上的大小，如 arr.shape = (3, 4)表示将 arr 数组修改成 3 行 4 列的数组，使用该方法会改变原数组 arr 的形状。

（2）使用 reshape()函数修改数组的形状的方法如下。

```
数组名.reshape(x0,x1,x2,…,xn)
```

参数 x0～xn 表示数组中每个维度上的大小，如 arr.reshape(3,4)表示生成一个 3 行 4 列的新数组，而原数组 arr 不会改变。如果指定的维度和数组的元素数量不吻合，则函数将抛出异常。

示例如下。

```
# 创建数组
arr1 = np.arange(8)
print('原始数组：\n',arr1)
arr2 = arr1.reshape(4,2)
print('reshape 修改后的数组：\n',(arr1,arr2))
arr1.shape = (4,2)
print('shape 修改后的数组：\n',(arr1,arr2))
```

输出结果如下。

```
原始数组：
 [0 1 2 3 4 5 6 7]
reshape 修改后的数组：
 (array([0, 1, 2, 3, 4, 5, 6, 7]), array([[0, 1],
       [2, 3],
       [4, 5],
       [6, 7]]))
shape 修改后的数组：
 (array([[0, 1],
       [2, 3],
       [4, 5],
       [6, 7]]), array([[0, 1],
       [2, 3],
       [4, 5],
       [6, 7]]))
```

（3）ravel()函数：在 NumPy 中，可以使用 ravel()函数将多维数组展平（变成一维数组），展平数组元素的顺序通常是"C 风格"的，就是以行为基准。使用 ravel()函数展平数组的方法如下。

```
数组名.ravel()
```

（4）flatten()函数：使用 flatten()函数也可以将多维数组展平。使用 flatten()函数展平数组的方法如下。

```
数组名.flatten ()
```

2. 翻转数组

（1）transpose()函数：transpose()函数用于对换数组的维度，格式如下。

```
np.transpose(arr, axes)
```

arr 参数表示要操作的数组；axes 参数表示整数列表，对应维度，通常所有维度都会对换。

（2）ndarray.T()函数：ndarray.T()函数与 transpose()函数类似。

（3）rollaxis()函数：rollaxis()函数将特定的轴向后滚动到一个特定位置，格式如下。

```
np.rollaxis(arr, axis, start)
```

arr 参数表示要操作的数组；axis 参数表示要向后滚动的轴，其他轴的相对位置不会改变；start 参数默认为零，表示完整的滚动，会滚动到特定位置。

（4）swapaxes()函数：swapaxes()函数用于交换数组的两个轴，格式如下。

```
np.swapaxes(arr, axis1, axis2)
```

arr 参数表示要操作的数组；axis1 参数表示对应第 1 个轴的整数；axis2 参数表示对应第 2 个轴的整数。

示例如下。

```
# 创建数组
arr1 = np.arange(12).reshape(3, 4)
print('原数组: \n',arr1)
print('对换数组: ',np.transpose(arr1))
print('转置数组: ',arr1.T)
# 创建了三维的 ndarray
arr2 = np.arange(8).reshape(2,2,2)
# 将轴 2 滚动到轴 0（宽度到深度）
print('调用 rollaxis()函数: ',np.rollaxis(arr2, 2))
# 交换轴 0（深度方向）和轴 2（宽度方向）
print('调用 swapaxes()函数后的数组: ',np.swapaxes(arr2, 2, 0))
```

输出结果如下。

```
原数组:
 [[ 0  1  2  3]
 [ 4  5  6  7]
 [ 8  9 10 11]]
对换数组:  [[ 0  4  8]
 [ 1  5  9]
 [ 2  6 10]
 [ 3  7 11]]
转置数组:  [[ 0  4  8]
 [ 1  5  9]
 [ 2  6 10]
 [ 3  7 11]]
调用 rollaxis()函数:  [[[0 2]
  [4 6]]

 [[1 3]
  [5 7]]]
调用 swapaxes()函数后的数组:  [[[0 4]
  [2 6]]

 [[1 5]
  [3 7]]]
```

3. 连接数组

（1）concatenate()函数：concatenate()函数用于沿指定轴连接相同形状的两个或多个数组。concatenate()函数的使用方法如下。

```
np.concatenate((arr1,arr2,…,arrn),axis)
```

arr1,arr2,…,arrn 参数表示相同维度的数组序列；axis 参数表示沿着它连接数组的轴，默认为 0。

（2）stack()函数：stack()函数能实现沿新轴连接数组序列。stack()函数的使用方法如下。

```
np.stack(arrays,axis)
```

arrays 参数表示相同形状的数组序列；axis 参数表示返回数组中的轴，输入数组沿着该轴进行堆叠。

（3）hstack()函数：hstack()函数可以通过堆叠来生成水平的单个数组。hstack()函数的使用方法如下。

```
np.hstack(arrays)
```

arrays 参数表示相同形状的数组序列。

（4）vstack()函数：vstack()函数可以通过堆叠来生成竖直的单个数组。vstack()函数的使用方法如下。

```
np.vstack(arrays)
```

arrays 参数表示相同形状的数组序列。

hstack()函数和 vstack()函数连接数组的方式如图 7.2 所示。

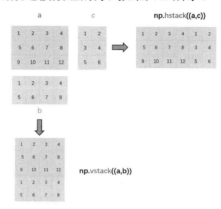

图 7.2　hstack()函数和 vstack()函数连接数组的方式

4. 分割数组

（1）split()函数：split()函数可以沿特定的轴将数组分割为子数组。split()函数的使用方法如下。

```
np.split(arr, indices_or_sections, axis)
```

arr 参数表示被分割的数组；indices_or_sections 参数表示从 arr 数组创建的大小相同的子数组的数量，可以为整数，如果此参数是一维数组，则表示在 arr 数组中的分割点，arr 数组将按照分割点来分割数组；axis 参数表示返回数组中的轴，默认为 0，表示沿竖直方向分割，1 表示沿水平方向分割。

（2）hsplit()函数：hsplit()函数是 split()函数的特例，它将数组沿着水平方向分割，即将一个数组按列分割为多个子数组。hsplit()函数的使用方法如下。

```
np.hsplit(arr,indices_or_sections)
```

arr 参数表示被分割的数组；indices_or_sections 参数表示从 arr 数组创建的大小相同的子数组的数量，如果此参数是一维数组，则表示在 arr 数组中的分割点，arr 数组将按照分割点来分割数组。

（3）vsplit()函数：vsplit()函数是 split()函数的特例，它将数组沿着竖直方向分割，即将一个数组按行分割为多个子数组。vsplit()函数的使用方法如下。

```
np.vsplit(arr, indices_or_sections)
```

arr 参数表示被分割的数组；indices_or_sections 参数表示从 arr 数组创建的大小相同的子数组的数量，如果此参数是一维数组，则表示在 arr 数组中的分割点，arr 数组将按照分割点来分割数组。

5. 数组元素的添加与删除

（1）append()函数：append()函数可以在数组的末尾添加元素，该函数会返回一个新数组，而原数组不变。append()函数的使用方法如下。

```
np.append(arr, values, axis)
```

arr 参数表示输入的数组；values 参数表示向 arr 数组添加的元素；axis 参数表示沿着水平或竖直方向完成添加操作的轴。axis 取 0 表示沿竖直方向操作，values 数组的列维度与 arr 数组的列维度相同；axis 取 1 表示沿水平方向操作，values 数组的行维度与 arr 数组的行维度相同。如果未提供 axis 值，则在添加操作之前输入数组会被展开，values 可以是单元素，也可以是任意数组，将 values 添加到 arr 数组后，该函数会返回一个新数组，而原数组不变。

（2）insert()函数：insert()函数在给定索引之前，沿给定轴在输入数组中插入值。该函数会返回一个新数组，而原数组不变。insert()函数的使用方法如下。

```
np.insert(arr, obj, values, axis)
```

arr 参数表示输入的数组；obj 参数表示在其之前插入值的索引；values 参数表示向 arr 数组插入的值。

（3）delete()函数：delete()函数返回从输入数组中删除指定子数组的新数组，而原数组不变。与 insert()函数的情况相同，如果未提供轴参数，则输入数组会被展开。delete()函数的使用方法如下。

```
np.delete(arr, obj, axis)
```

arr 参数表示输入的数组；obj 参数表示使用整数或整数数组表示的从输入数组中删除的子数组；axis 参数表示沿着它删除给定子数组的轴，如果未提供，则输入数组会被展开。

（4）unique()函数：unique()函数返回输入数组中的去重元素数组。该函数能够返回一个元组，包含去重数组和相关索引的数组。索引的性质取决于函数调用中返回参数的类型。unique()函数的使用方法如下。

```
np.unique(arr, return_index, return_inverse, return_counts)
```

arr 参数表示输入的数组，如果不是一维数组，则会被展开；如果 return_index 参数为 true，则返回输入数组中的元素下标，如果 return_inverse 参数为 true，则返回去重数组的下标，它可以用于重构输入数组；如果 return_counts 参数为 true，则返回去重数组中的元素在原数组中的出现次数。

任务3　用户数据的分析

在对数据进行处理后，我们接着对数据进行统计分析，了解用户的特点。

微课：项目 7 任务 3-
用户数据的分析.mp4

动一动

计算用户评分的平均值、最大值、最小值和年龄标准差，并且对年龄进行分组分析。

任务单

任务单 7-3　用户数据的分析			
学号：_____	姓名：_____	完成日期：_____	检索号：_____
➲ 任务说明			
为了更好地了解客户群体，优化营销策略，我们需要根据用户提供的基本信息来分析客户特点。如分析用户的年龄分布，通过用户评分数据了解用户喜好。			

引导问题

 想一想

（1）分析用户数据有什么作用？

（2）NumPy 提供了哪些数学函数？它们如何应用于数组？

（3）如何使用 NumPy 进行基本的统计计算（如平均值、最大值、最小值和标准差）？

（4）分组统计的函数有哪些？分别有什么不同？

✎ 重点笔记区

⬢ 任务评价

评价内容	评价要点	分值	分数评定	自我评价
1. 任务实施	数据统计	4 分	会使用函数求平均值、最大值、最小值和标准差得 4 分	
	分组分析	4 分	会使用函数进行分组分析得 2 分，结果显示正确得 2 分	
2. 任务总结	依据任务实施情况进行总结	2 分	总结内容切中本任务的重点和要点得 2 分	
合　计		10 分		

✍ 任务解决方案关键步骤参考

（1）针对用户评分情况进行分析，计算其平均值、最大值和最小值。

```
# 计算平均评分
average_rating = np.mean(new_user_data['rating'])
print("平均评分: ",average_rating)


# 计算最高评分
max_rating = np.max(new_user_data['rating'])
print("最高评分:", max_rating)
# 计算最低评分
min_rating = np.min(new_user_data['rating'])
print("最低评分:", min_rating)
```

（2）计算用户年龄的标准差，并且对年龄进行分组分析，计算每个年龄段的用户数量。

```
# 计算用户年龄的标准差
age_std = np.std(new_user_data['age'])
print("年龄标准差: ",age_std)
# 对年龄进行分组统计，计算每个年龄段的用户数量，将每 5 岁作为一个年龄段来分组
age_bins = np.arange(0, np.max(new_user_data['age']) + 10, 5)  # 创建年龄分组的边界
print(age_bins)
age_counts, _ = np.histogram(new_user_data['age'], bins=age_bins)
print(f"按年龄段分组的用户数量: {age_counts}")
```

7.3.1　矩阵创建

NumPy 中的矩阵对象为 matrix，它包含矩阵的数据处理、矩阵计算、转置、可逆性等功能。matrix 是 ndarray 的子类，矩阵对象是继承 NumPy 数组对象的二维数组对象。因此，矩

阵会含有数组的所有数据属性和函数。但是，矩阵与数组还是有一些重要的区别的。

在 NumPy 中，可以使用 mat()、matrix()和 bmat()函数创建矩阵。

1. 使用字符串创建矩阵

在 mat()函数中输入一个 Matlab 风格的字符串，该字符串以空格分隔列，以分号分隔行。如 np.mat('1 2 3;4 5 6;7 8 9')，可以创建一个 3 行 3 列的矩阵，矩阵中的元素为整数。

2. 使用嵌套序列创建矩阵

在 mat()函数中输入嵌套序列，如 np.mat([[2,4,6,8],[1.0,3,5,7.0]])，可以创建一个 2 行 4 列的矩阵，矩阵中的元素为浮点数。

3. 使用一个数组创建矩阵

在 mat()函数中输入数组，如 np.mat(numpy.arange(9).reshape(3,3))，可以创建一个 3 行 3 列的矩阵，矩阵中的元素为整数。

4. 使用 matrix()函数创建矩阵

matrix()函数可以将字符串、嵌套序列、数组和 matrix 转换为矩阵。其语法格式如下。

```
matrix(data,dtype=None,copy=True)
```

5. 使用 bmat()函数创建矩阵

在 NumPy 中，如果想将小矩阵组合成大矩阵，可以使用 bmat()分块矩阵函数实现。其语法格式如下。

```
bmat(obj,ldict=None,gdict=None)
```

其中，obj 参数为 matrix，ldict 参数和 gdict 参数为 None。

示例如下。

```
mat1 = np.mat("1 2 3;2 3 4;3 4 5")
print("使用 mat()函数创建的矩阵:\n",mat1)
mat2 = np.matrix([[1,2,3],[2,3,4],[3,4,5]])
print("使用 matrix()函数创建的矩阵:\n",mat2)
mat3 = np.bmat("mat1;mat2")
print("使用 bmat()函数创建的矩阵:\n",mat3)
```

输出结果如下。

```
使用 mat()函数创建的矩阵:
 [[1 2 3]
 [2 3 4]
 [3 4 5]]
使用 matrix()函数创建的矩阵:
 [[1 2 3]
 [2 3 4]
 [3 4 5]]
使用 bmat()函数创建的矩阵:
 [[1 2 3]
 [2 3 4]
 [3 4 5]
 [1 2 3]
 [2 3 4]
 [3 4 5]]
```

矩阵复制有两种方式：tile()函数（类似复制粘贴）和 repeat()函数（相当于分页打印）。

（1）tile()函数：通过 resp 参数，将 A 参数复制多次来构造一个数组，其函数格式如下。

```
np.tile(A, resp)
```

A 参数表示带操作的数组；reps 参数表示一个元组，指定了每个维度上的重复次数。

（2）repeat()函数：这个函数可以用于复制数组中的元素，可以选择在指定的轴上重复元素。其函数格式如下。

```
np.repeat(a, repeats, axis=None)
```

a 参数表示需要操作的数组；repeats 参数表示复制的次数；axis 参数表示重复操作会沿着哪个轴进行，axis=0 表示沿行方向，axis=1 表示沿列方向。

示例如下。

```
# coding:utf-8
# 导入 NumPy 库
import numpy as np
a = np.array([1, 2, 3])
b = np.repeat(a, 3, axis=0)        # 将数组中的每个元素沿行方向每一行重复 3 次
print("repeat 生成的矩阵",b)
c = np.tile(a, (2, 3))             # 将数组中的每个元素沿行方向每一行重复 3 次
print("tile 生成的矩阵",c)
```

输出结果如下。

```
repeat 生成的矩阵 [1 1 1 2 2 2 3 3 3]
tile 生成的矩阵 [[1 2 3 1 2 3 1 2 3]
 [1 2 3 1 2 3 1 2 3]]
```

有时，我们需要在 NumPy 矩阵周围添加一个边框。NumPy 提供了 pad()函数来构建边框，该函数返回等级等于给定数组的填充数组，形状将根据 pad_width 参数增加。其函数格式如下。

```
np.pad(array, pad_width, mode='constant', constant_values=0)
```

其中，array 参数表示要填充的数组；pad_width 参数定义了被填充到每个轴的边缘的值的数量；mode 参数为填充的模式，可以是 constant、edge、linear_ramp、maximum、mean、median、minimum、reflect 或 wrap；constant_values 参数表示当 mode 参数为 constant 时，用于填充的常数值。

示例如下。

```
arr = np.array([[1, 2], [3, 4]])
pad_width = 1
# 在 arr 数组的边缘填充常数值 0
result = np.pad(arr, pad_width, mode='constant', constant_values=0)
print(result)
# 以最大值填充数组
result_max = np.pad(arr, pad_width, mode='maximum')
print("使用最大值填充: \n", result_max)
```

输出结果如下。

```
[[0 0 0 0]
 [0 1 2 0]
 [0 3 4 0]
 [0 0 0 0]]
使用最大值填充:
 [[4 3 4 4]
```

```
[2 1 2 2]
[4 3 4 4]
[4 3 4 4]]
```

7.3.2 基本数学函数

ufunc 是一种能对数组的每个元素进行操作的函数。许多 ufunc 函数都是使用 C 语言实现的，因此它们的计算速度非常快。此外，它们比 math 模块中的函数更灵活。math 模块的输入一般是标量，但 NumPy 中的函数可以是向量或矩阵，而使用向量或矩阵可以避免使用循环语句，这一点在机器学习、深度学习中非常重要。

NumPy 中的基本数学函数有加法、减法、乘法、除法、乘方、开方、对数等。add()函数用于两个数组对应位置的元素相加。subtract()函数用于两个数组对应位置的元素相减。multiply()函数用于两个数组对应位置的元素相乘。divide()函数用于两个数组对应位置的元素相除。power(x,y)函数用于计算 x 的 y 次方。如果 x、y 都为数字，则计算 x 的 y 次方，返回一个数字；如果 x 为列表，y 为数字，则计算 x 中每个元素的 y 次方，返回列表；如果 x 为数字，y 为列表，则计算 x 的每个 y 元素的次方，返回列表；如果 x 为列表，y 为列表，则计算对应下标的 x 和 y 的次方，返回列表。sqrt()函数用于按元素确定数组的正平方根。log()函数用于计算以 e 为底的对数，即自然对数运算。log2()函数用于计算以 2 为底的对数。log10()函数用于计算以 10 为底的对数。mod()函数用于计算输入数组中相应元素相除后的余数，remainder()函数也可以产生相同的结果。around()函数用于返回指定数字的四舍五入值，格式为 np.around(a,decimals)。其中，a 参数表示数组；decimals 参数表示舍入的小数位数，默认为 0，如果为负，则整数将四舍五入到小数点左侧的位置。floor()函数用于返回不大于输入值的最大整数，即标量 x 的下限是最大的整数 i，使 i<=x。注意，在 Python 中，向下取整总是从 0 舍入。ceil()函数用于返回不小于输入值的最小整数，即标量 x 的上限是最小的整数 i，使 i>=x。示例如下。

```python
x = np.array([1,2,3])
y = np.array([4,5,6])
print("数组相加的结果:",np.add(x,y))                  # 输出"[5 7 9]"
print("数组相减的结果:",np.subtract(x,y))             # 输出"[-3 -3 -3]"
print("数组相乘的结果:",np.multiply(x,y))             # 输出"[ 4 10 18]"
print("数组相除的结果:",np.divide(x,y))               # 输出"[0.25 0.4  0.5 ]"
print("数组幂运算结果: ",np.power(x,y))               # 输出"[  1  32 729]"
print("数组开方运算结果: ",np.sqrt(y))                # 输出"[2.  2.23606798 2.44948974]"
print("数组对数运算结果: ",np.log(x))                 # 输出"[0.  0.69314718 1.09861229]"
print("数组取余运算结果:",np.mod(y,x))                # 输出"[0 1 0]"
print("数组四舍五入运算结果:",np.around(np.divide(x,y),1))    # 输出"[0.2 0.4 0.5]"
print("数组向下取整运算结果:",np.floor(np.array([1.1,2.2,3.3]))) # 输出"[1. 2. 3.]"
print("数组向上取整运算结果:",np.ceil(np.array([1.1,2.2,3.3])))  # 输出"[2. 3. 4.]"
```

NumPy 还提供了标准的三角函数，如 sin()、cos()、tan()、arcsin()、arccos()、arctan()等。示例如下。

```python
# 正弦函数
print(np.sin(np.deg2rad(30)))          # 计算 30 度的正弦值
# 反正弦函数
print(np.rad2deg(np.arcsin(0.5)))      # 计算 0.5 的反正弦值
# 余弦函数
```

```
print(np.cos(np.deg2rad(45)))            # 计算 45 度的余弦值
# 反余弦函数
print(np.rad2deg(np.arccos(0.5)))        # 计算 0.5 的反余弦值
# 正切函数
print(np.tan(np.deg2rad(45)))            # 计算 45 度的正切值
# 反正切函数
print(np.rad2deg(np.arctan(1)))          # 计算 1 的反正切值
```

ufunc 要求输入的数组 shape 是一致的，当数组的 shape 不一致时，会使用广播机制（Broadcast）。不过，调整数组使 shape 一致，需要满足一定的规则，否则会出错。这些规则可以归纳为以下 4 条。

- 让所有输入数组都向其中 shape 最长的数组看齐，不足的部分则通过在前面加 1 补齐，如"a：$2×3×2$，b：$3×2$"，则 b 向 a 看齐，在 b 的前面加 1，变为"$1×3×2$"。
- 输出数组的 shape 是输入数组 shape 的各个轴上的最大值。
- 如果输入数组的某个轴和输出数组的对应轴的长度相同或某个轴的长度为 1 时，这个数组能被用来计算，否则出错。
- 当输入数组的某个轴的长度为 1 时，沿着此轴运算时都使用此轴上的第一组值。

一维数组在广播运算时，按照行补齐方式，当行数不一致时，先补齐行数，再进行运算。以一维数组为例，说明广播机制的运算方法，如图 7.3 所示。

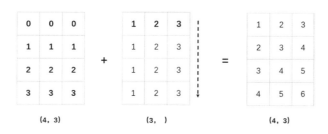

图 7.3　广播机制的运算方法（以一维数组为例）

示例如下。

```
arr1 = np.array([[0,0,0],[1,1,1],[2,2,2],[3,3,3]])
arr2 = np.array([1,2,3])
print("创建的数组 arr1 为\n",arr1)
print("arr1 的形状为\n",arr1.shape)
print("创建的数组 arr2 为\n",arr2)
print("arr2 的形状为\n",arr2.shape)
print("数组相加的结果为\n",arr1+arr2)
```

输出结果如下。

```
创建的数组 arr1 为
 [[0 0 0]
 [1 1 1]
 [2 2 2]
 [3 3 3]]
arr1 的形状为
 (4, 3)
创建的数组 arr2 为
 [1 2 3]
```

arr2 的形状为
 (3,)
数组相加的结果为
 [[1 2 3]
 [2 3 4]
 [3 4 5]
 [4 5 6]]

在广播运算时，如果二维数组的列数不一致，则先补齐列数，再进行运算；如果二维数组的行数不一致，则先补齐行数，再进行运算。以二维数组为例，说明广播机制的运算方法，如图 7.4 所示。

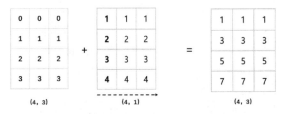

图 7.4 广播机制的运算方法（以二维数组为例）

示例如下。

```
arr1 = np.array([[0,0,0],[1,1,1],[2,2,2],[3,3,3]])
arr2 = np.array([1,2,3,4]).reshape(4,1)
print("创建的数组 arr1 为\n",arr1)
print("arr1 的形状为\n",arr1.shape)
print("创建的数组 arr2 为\n",arr2)
print("arr2 的形状为\n",arr2.shape)
print("数组相加的结果为\n",arr1+arr2)
```

输出结果如下。

创建的数组 arr1 为
 [[0 0 0]
 [1 1 1]
 [2 2 2]
 [3 3 3]]
arr1 的形状为
 (4, 3)
创建的数组 arr2 为
 [[1]
 [2]
 [3]
 [4]]
arr2 的形状为
 (4, 1)
数组相加的结果为
 [[1 1 1]
 [3 3 3]
 [5 5 5]
 [7 7 7]]

练一练

编写代码，比较使用 Python 内置 math 模块与 NumPy 的 ufunc，在执行简单的数学运算时的速度差异。

7.3.3　统计函数

在 NumPy 中，除了可以使用通用函数进行数组运算，也可以使用封装的函数对数组进行排序、求最大值和最小值、求和、求平均值等。sort() 函数用于返回输入数组排序后的副本。常见的统计函数有 sum()、mean()、std()、min()、max()、argmin() 和 argmax() 等。在使用统计函数进行二维数组计算时，要注意轴的概念。当 axis 参数为 0 时，表示沿纵轴进行计算。当 axis 参数为 1 时，表示沿横轴进行计算。但在默认时，函数并不按照任一轴进行计算，而是计算一个总值。示例如下。

```python
# 创建一个一维数组
arr1 = np.array([1,3,4,8,6])
print("创建的第一个数组\n",arr1)
print("排序后的数组\n",np.sort(arr1))  # 对arr1进行排序
# 创建一个随机数组
arr2= np.random.randint(1,10,(5,5))
print("创建的第二个数组\n",arr2)
print("列向排序后的数组\n",np.sort(arr2,axis=0))  # 对arr2列向排列
print("arr1数组的和:",np.sum(arr1))   # 计算arr1数组的和
print("arr2数组列向的和",np.sum(arr2,axis=0))  # 计算arr2数组列向的和
print("arr1数组的平均值:",np.mean(arr1))  #计算arr1数组的平均值
print("arr2数组的纵向的平均值",np.mean(arr2,axis=0))  # 计算arr2数组的纵向的平均值
print("arr1数组的加权平均值",np.average(arr1,weights = np.array([5,4,3,2,1])))
# 计算arr1数组的加权平均值
print("arr1数组的标准差:",np.std(arr1))  # 计算arr1数组的标准差
print("arr1数组的方差:",np.var(arr1))  # 计算arr1数组的方差
print("arr1数组的中位数:",np.median(arr1))  # 计算arr1数组的中位数
print("arr1数组的最小值:",np.min(arr1))  # 计算arr1数组的最小值
print("arr1数组的最大值:",np.max(arr1))  # 计算arr1数组的最大值
print("arr1数组最小值的索引:",np.argmin(arr1))  # 返回arr1数组最小值的索引
print("arr1数组最大值的索引:",np.argmax(arr1))  # 返回arr1数组最大值的索引
print("arr1数组的累计求和:",np.cumsum(arr1))  # arr1数组的累计求和
print('arr1数组的累乘: ',np.cumprod(arr1))      # arr1数组的累乘
```

输出结果如下。

```
创建的第一个数组
 [1 3 4 8 6]
排序后的数组
 [1 3 4 6 8]
创建的第二个数组
 [[4 6 3 3 4]
 [7 5 7 6 7]
 [2 5 2 1 8]
 [6 4 8 7 5]
 [2 5 7 6 9]]
列向排序后的数组
```

```
[[2 4 2 1 4]
 [2 5 3 3 5]
 [4 5 7 6 7]
 [6 5 7 6 8]
 [7 6 8 7 9]]
arr1 数组的和: 22
arr2 数组列向的和 [21 25 27 23 33]
arr1 数组的平均值: 4.4
arr2 数组的纵向的平均值 [4.2 5. 5.4 4.6 6.6]
arr1 数组的加权平均值 3.4
arr1 数组的标准差: 2.4166091947189146
arr1 数组的方差: 5.84
arr1 数组的中位数: 4.0
arr1 数组的最小值: 1
arr1 数组的最大值: 8
arr1 数组最小值的索引: 0
arr1 数组最大值的索引: 3
arr1 数组的累计求和: [ 1  4  8 16 22]
arr1 数组的累乘: [ 1  3  12  96 576]
```

　　分组分析是一种常用数据分析方法，这种方法根据数据分析对象的特征，按照一定的指标，将数据分析对象划分为不同的部分和类型来进行研究，以揭示其内在的联系和规律性。在 NumPy 中，bincount()、digitize()、histogram()等函数可以根据特定的标准对数组中的元素进行分组。

拓展实训：用户数据 RFM 模型分析

【实训目的】

　　通过本拓展实训，学生能够掌握数据分析的流程和 NumPy 的基本使用方法。

【实训环境】

　　PyCharm 或 Anaconda 环境、Python 3.11、NumPy。

【实训内容】

　　基于 RFM 模型的用户数据分析，先分析用户的购买历史数据，包括购买时间、购买频率和购买金额等，再对用户进行评分、分类，识别用户价值，提出具有针对性的建议。

　　（1）用户数据存储在 user_data.csv 文件中，包含 user_id、gender、age、purchase_date、frequency、monetary 等字段。使用 NumPy 导入用户数据，以结构化数组的形式保存。示例代码如下。

```
# coding:utf-8
# 导入库
from datetime import datetime
import numpy as np
from numpy.lib import recfunctions as rfn
# 定义数据类型和字段名
dtype = [('user_id', 'U10'), ('gender', 'U10'), ('age', int), ('purchase_date',
'U20'), ('frequency', int), ('monetary', float)]
# 使用 genfromtxt()函数读取 CSV 文件并将数据转换为结构化数组
```

```
user_data = np.genfromtxt('user_data.csv', delimiter=',', dtype=dtype,
skip_header=1)
# 打印结构化数组前 10 行，了解数据情况
print(user_data[:10])
```

部分数据如图 7.5 所示。

```
[('WZ1112', 'Female', 66, '2023-12-6', 45, 81.)
 ('WZ1113', 'Female', 28, '2023-11-27', 47, 87.)
 ('WZ1114', 'Male', 70, '2023-11-15', 18, 58.)
 ('WZ1116', 'Male', 19, '2023-11-28', 9, 52.)
 ('WZ1117', 'Male', 50, '2023-11-30', 9, 39.)
 ('WZ1118', 'Female', 69, '2022-12-10', 28, 62.)
 ('WZ1120', 'Female', 58, '2023-11-29', 29, 32.)
 ('WZ1121', 'Male', 34, '2023-11-17', 48, 62.)
 ('WZ1122', 'Male', 63, '2023-11-27', 45, 88.)
 ('WZ1123', 'Male', 20, '2023-11-28', 34, 20.)]
```

图 7.5 部分数据

（2）提取年龄列，并且计算年龄的平均值、中位数、标准差、最大值和最小值。

（3）根据性别对用户进行分组，并且计算每个组的用户数量。

（4）RFM 模型是一个常用于用户细分的模型，其中，R 代表最近一次购买（Recency），F 代表购买频率（Frequency），M 代表购买金额（Monetary）。计算每位用户的 R、F、M 值。原始数据中已经包含购买频率（F）和购买金额（M）字段，仅需要计算距离最近一次购买的天数（R）。

（5）在进行分析之前，我们通常会对 RFM 分数进行标准化，以便对数据进行比较。

（6）根据标准化后的 RFM 分数，对用户进行分类。这里以平均值为标准，划分阈值，简单地将 RFM 分数划分为两个等级，以 1 和 2 表示。

（7）根据 RFM 的等级，将用户划分为八类。注意，R 的得分越低，用户价值越高；F、M 的得分越高，用户价值越高。

（8）将分类数据添加到结构化数组中，并且导出结果文件。

项目考核

【选择题】

1. NumPy 提供了两种基本对象，一种是 ndarray，另一种是（　　）。

A. array　　　　　　　B. ufunc　　　　　　C. matrix　　　　　　D. list

2. 创建一个 3×3 的数组，下列代码中错误的是（　　）。

A. np.arange(0,9).reshape(3,3)

B. np.eye(3)

C. np.random.random([3,3,3])

D. np.mat("1,2,3;4,5,6;7,8,9")

3. a = np.array([[1,2,3],[4,5,6]])，下列选项中可以选取数字 5 的索引的是（　　）。

A. a[1,1]　　　　　　B. a[2,2]　　　　　　C. a[1][1]　　　　　　D. a[2][2]

4. 下列代码的执行结果是（　　）。

```
a = np.array([1,2,3])
b = np.array([4,5,6])
```

```
print(a+b)
```

A．[1,2,3,4,5,6]　　　B．[5,7,9]　　　　C．21　　　　　　D．12

5．在 NumPy 的 random 模块中，用于生成标准正态分布随机数的函数是（　　）。

A．rand()　　　　　B．randn()　　　　C．randint()　　　D．binomial ()

6．在 NumPy 中，使用（　　）可以删除数组的最后一行和最后一列。

A．array.pop()　　　　　　　　　　　B．array.remove()

C．array[:-1, :-1]　　　　　　　　　　D．del array[-1, -1]

7．在 NumPy 中，mean()函数和 average()函数的不同之处是（　　）。

A．它们完全相同，只是名称不同

B．mean()函数是 np.average()函数的别名

C．average()函数允许指定权重

D．mean()函数允许指定权重

8．在 NumPy 中，np.sum(axis=0)的作用是（　　）。

A．对数组的所有元素求和

B．对数组的每一列求和

C．对数组的每一行求和

D．没有影响，返回原数组

9．在 NumPy 中，np.linspace(0, 1, 5) 将生成一个（　　）数组。

A．[0, 0.25, 0.5, 0.75, 1]

B．[0, 1, 2, 3, 4]

C．[1, 2, 3, 4, 5]

D．[0, 0.5, 1]

10．以下关于 NumPy 数组操作的代码片段中，（　　）会抛出异常。

A．import numpy as np

B．arr = np.array([[1, 2], [3, 4]])

C．result = arr + 5

D．slice_arr = arr[:, 1]

项目 8

AI 生成图像的处理和优化

项目描述

在党的二十大精神的指引下，我国正以前所未有的步伐，大力推进科技创新和数字化转型。这一宏伟目标旨在通过激发新质生产力，推动我国经济社会实现更加卓越、更高质量的发展。在这一过程中，人工智能（AI）作为新一代信息技术的杰出代表，逐步成为引领社会进步、驱动产业升级的关键力量。

近年来，人工智能生成内容（AIGC）技术迅猛发展，使人工智能在文本、图像、音频和视频生成等领域的应用愈发广泛。这项技术的广泛运用，不仅极大地简化了各行各业的工作流程，提高了工作效率，也催生出一系列令人瞩目的创新应用，为社会进步注入了新的活力。

本项目聚焦于 AI 生成图像的处理和优化，首先使用 AI 工具创建图像，并且通过 NumPy 对图像进行缩放、翻转、复制，以及更复杂的滤波、增强、边缘检测等操作。通过实践操作，本项目旨在使读者深入理解和掌握 NumPy 在图像处理中的应用，从而进一步提升自身的技术和能力。

学习目标

知识目标

- 了解 AI 和 AIGC 技术在图像生成与处理领域的应用。
- 深入理解 NumPy 库的基本功能和特性，熟悉其在矩阵运算和图像处理中的重要作用（重点：2021 年全国工业化和信息化大赛"工业大数据算法"赛项考点）。
- 学习并掌握图像处理的基本概念和方法，包括图像的加载、存储、格式转换等。
- 掌握图像缩放、旋转、复制、添加噪声等常用处理方法的原理和实现方式，了解其在图像增强和修改中的应用。

能力目标

- 会使用 AI 工具创建高质量的图像，并且具备对生成图像进行初步评估的能力。
- 会使用 NumPy 矩阵运算对图像进行处理。
- 能实现基于 NumPy 的图像处理算法，包括图像缩放、复制、添加噪声等（重点：2021 年全国工业化和信息化大赛"工业大数据算法"赛项考点）。
- 具备将图像处理技术应用于实际问题的能力，能够解决图像处理中的实际问题，提升图像的质量和可用性。

数据分析 Python 项目化实践

素质目标

- 培养创新精神和实践能力，在项目实践中积极探索和尝试新的方法和思路。
- 提升团队沟通能力，促进成员之间的有效合作和信息交流。
- 增强对科技创新和产业发展的认识和理解，激发对科技事业的热情和使命感。
- 树立正确的职业道德观，尊重知识产权和他人的劳动成果，遵守学术规范和行业准则。

任务分析

在 AI 生成图像的处理和优化过程中，我们可以使用 PIL（Python Imaging Library）、Matplotlib、OpenCV 等工具来读取和保存生成的图像。NumPy 因其出色的数组操作能力，成为我们处理图像数据的首选，这主要得益于图像可以被直观地看作多维数组。当我们将图像转换为 NumPy 数组后，后续的数值计算和图像处理任务将变得十分简便。本项目涵盖以下核心内容。

（1）图像生成：使用 AI 工具来创建高质量的图像。

（2）图像的读取和保存：通过深入了解图像的存储格式，将图像转换为 NumPy 的数据结构，我们可以轻松地读取和保存各类图像。

（3）图像的基本操作和变换：使用 NumPy 的数组操作能力，我们可以轻松地完成图像的基本操作和变换。这主要包括图像的缩放（调整图像的大小）、翻转（水平或垂直翻转图像）和旋转（将图像旋转一定的角度）。

（4）图像的复制和修改：通过 NumPy 数组的复制功能，我们可以轻松地创建图像的副本，以便在不改变原图的情况下对图像进行处理。此外，我们还可以根据需要对图像进行局部或全局的修改，如调整亮度、对比度、色彩平衡等。

（5）图像的滤波和增强：使用 NumPy 和相关的图像处理库，我们可以使用各种滤波器来平滑图像、去除噪声或强调图像的某些特征。常见的滤波器包括高斯滤波、中值滤波等。

（6）图像边缘检测：作为图像处理的关键环节，边缘检测旨在辨识图像中不同区域的分界线。通过使用如 Sobel、Canny 等边缘检测算法，结合 NumPy 的数组操作能力，我们可以准确地检测出图像中的边缘信息，为后续的特征提取、目标识别等高级应用奠定基础。

相关知识

数字图像处理涉及海量的矩阵运算和复杂的数值计算，而 NumPy 作为 Python 科学计算领域的基石，为图像处理提供了坚实且强大的数学运算和数据处理支撑。

NumPy 的核心组件多维数组对象（ndarray）具有极高的灵活性和效率，特别适合用来表示图像数据。图像在本质上是一个二维或三维的数组，每个元素都承载着像素点的颜色或亮度信息。通过 ndarray 对象，我们可以轻松地对这些像素数据进行访问、修改和计算，从而实现对图像的缩放、旋转、裁剪和滤波等多种处理。

NumPy 还提供了丰富的数学函数库，这些函数可以帮助我们轻松实现各种图像处理算法。无论是基本的数学运算，如加、减、乘、除，还是复杂的统计函数和线性代数函数，NumPy 都能提供高效的实现。这些函数不仅可以用于简单的图像处理操作，还可以帮助我们进行更高级的图像处理任务，如图像滤波、增强和变换等。

值得一提的是，NumPy 的广播机制在处理不同形状数组之间的运算时表现出了极大的优势。广播机制能够自动扩展数组的形状，使不同形状的数组可以进行数学运算，从而简化了代码的编写并提高了运算效率。这种灵活性使 NumPy 在图像处理中能够应对各种复杂的场景和需求。

总的来说，NumPy 在数字图像处理中发挥着至关重要的作用。它使我们能够高效地处理大量的图像数据，实现复杂的图像处理算法，并且提升图像的质量和可用性。无论是进行基础的图像处理操作，还是开发高级的图像处理算法，NumPy 都为我们提供了强大的支持和帮助。

♻ 素质养成

在推进本项目的过程中，我们必须深入钻研数字图像处理的基础知识，并且熟练掌握 NumPy 的相关功能。通过阅读专业书籍、参与在线课程，逐步揭开图像处理和 NumPy 的神秘面纱，从而构建全面的知识体系。深厚的理论知识不仅能帮助我们洞悉实践任务的关键需求和挑战，更为我们后续的技能进阶奠定了坚实的基础。

与此同时，我们应积极进行实际操作，亲身体验 NumPy 的强大功能和图像处理的魅力。在实践中，我们应着眼于细节，勤于自我反思和总结，以持续提升自身的操作技能和解决问题的能力。此外，要加强与团队成员的沟通交流，这不仅能够锻炼我们的沟通能力、团队合作精神和责任心，更能从同伴身上汲取更多的知识和经验。

在任务实施过程中，我们必须始终恪守学术规范和行业行为准则，尊重他人的知识产权和劳动成果。同时，我们应保持积极向上的心态，勇于面对各种挑战和困难，以诚信、负责的态度赢得他人的尊重和信任。

♻ 项目实施

在推进任务的过程中，我们可以结合实际情况选择关键词，使用百度文心一言等 AI 工具生成需要的图像。随后，对生成的图像进行加工和优化，包括调整图像大小、翻转、复制、旋转、添加边框和加入噪声等。通过学习 NumPy 的使用技巧为后续的图像高级处理打下坚实的基础。

任务 1　图像基本操作

以"'双碳'目标、绿色出行、环保大使、中国元素"为设计主题，构思一组具有创意的关键词。先借助先进的 AI 工具，根据这些关键词生成独具特色的图像。再对生成的图像进行一系列的操作和处理，以展现图像处理的魅力。

微课：项目 8 任务 1-
图像基本操作.mp4

✎ 动一动

（1）构思一组基于"'双碳'目标、绿色出行、环保大使、中国元素"设计主题的关键词，并且使用 AI 工具根据这些关键词生成一幅别具一格的图像，确保能准确传达绿色环保的理念。

（2）通过 NumPy 的索引和切片功能，对图像进行二值化处理，将图像的像素值转换为 0（黑色）或 1（白色），从而简化图像信息，并且保存处理后的二值化图像结果。

（3）使用 NumPy 的索引和切片功能，对图像进行裁剪操作，突出图像中的关键元素。

（4）使用 NumPy 实现图像的翻转和任意角度的旋转，丰富图像的视觉效果。

任务单

任务单 8-1　图像基本操作

学号： ＿＿＿＿＿＿　　**姓名：** ＿＿＿＿＿＿　　**完成日期：** ＿＿＿＿＿＿　　**检索号：** ＿＿＿＿＿＿

➔ 任务说明

在图像处理中，可以使用 NumPy 来存储和操作图像数组。通常，图像被表示为三维数组。其中，第一个维度表示图像的高度，第二个维度表示图像的宽度，第三个维度表示图像的通道数。接下来，我们将使用 NumPy 完成对图像的操作，如读取和保存、二值化、裁剪、翻转和选装。

➔ 引导问题

想一想

（1）如何使用 NumPy（结合其他库，如 PIL 或 OpenCV）读取图像文件，并且将其转换为 NumPy 数组？如何将处理后的 NumPy 数组保存为图像文件？

（2）什么是图像二值化？它在图像处理中有什么作用？使用 NumPy 如何实现图像的二值化操作？

（3）如何确定裁剪区域的坐标？裁剪后的图像如何保持原有的通道数？

（4）图像翻转有哪些类型（如水平翻转、垂直翻转）？使用 NumPy 如何实现这些翻转操作？

（5）使用 NumPy 如何实现图像的旋转操作？旋转后如何处理图像边缘可能出现的空白区域？

重点笔记区

➔ 任务评价

评价内容	评价要点	分值	分数评定	自我评价
1. 任务实施	AI 作图	1 分	能使用 AI 作图工具生成符合要求的图像得 1 分	
	图像读取和保存	3 分	能正确读取图像得 1 分；能对图像做二值化处理得 1 分；能正确保存处理后的图像得 1 分	
	图像裁剪	2 分	能正确裁切出目标区域得 2 分	
	图像旋转	3 分	能实现左右翻转得 1 分；能实现任意角度旋转得 2 分	
2. 任务总结	依据任务实施情况进行总结	1 分	总结内容切中本任务的重点和要点得 1 分	
合　计		10 分		

任务解决方案关键步骤参考

（1）登录百度文心一言，输入关键词生成多个图像。图 8.1 中的图像是使用百度文心一言 4.0 不断调整关键词生成的，使用的关键词为"'双碳'目标、绿色出行、中国元素"和"'双碳'目标、绿色出行、中国元素、环保大使"。

图 8.1 百度文心一言生成的图像

（2）选取生成的"9.jpg"，使用 Matplotlib 中的 imread()函数读取图像。

```
import matplotlib.pylab as plt
# 读取图像
color_image = plt.imread("9.jpg")
height, width, channels = color_image.shape
print(color_image.shape)
plt.figure()
plt.imshow(color_image)
```

（3）使用 NumPy 的切片和筛选功能对图像进行简单的二值化处理，保存为"9-bin.jpg"。

```
import numpy as np
# 设置二值化阈值
threshold = 0.5
# 转换为二值图像
binary_image = np.zeros_like(color_image)
binary_image[color_image[:,:,0] >= threshold] = 1
plt.figure()
plt.axis('off')
plt.imshow(binary_image)
plt.savefig('9-bin.png')
```

二值化处理后的图像如图 8.2 所示。

图 8.2　二值化处理后的图像

（4）使用 NumPy 的切片功能实现图像裁剪。

```
# 裁剪图像的区域
crop_y1 = height // 4 - 100
crop_x1 = width // 4  + 100
crop_y2 = height // 4  + 300
crop_x2 = width // 4 + 400
# 裁剪图像
cropped_image = color_image[crop_y1:crop_y2, crop_x1:crop_x2]
```

裁剪后的图像如图 8.3 所示。

图 8.3　裁剪后的图像

（5）使用 NumPy 的索引和切片功能实现图像左右镜像翻转。

```
img1 = color_image[:,::-1,:]
plt.figure(dpi=300)
plt.imshow(img1)
```

同样地，我们也可以使用 img1 = color_image[::-1,:,:]完成上下镜像翻转，如图 8.4 所示。

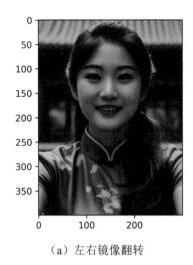
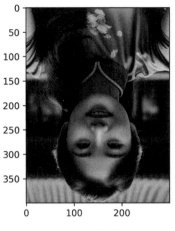

（a）左右镜像翻转　　　　　　　　　　　（b）上下镜像翻转

图 8.4　翻转后的图像

（6）使用 NumPy 运算实现图像任意角度的旋转。

```python
def rotate_image(image, angle):
    # 获取图像尺寸
    height, width, channel = image.shape
    # 计算旋转中心
    center_x, center_y = width // 2, height // 2
    # 构建旋转矩阵
    angle_rad = np.deg2rad(angle)
    cos_theta = np.cos(angle_rad)
    sin_theta = np.sin(angle_rad)
    x_vals = np.arange(width) - center_x
    y_vals = np.arange(height) - center_y
    x_vals, y_vals = np.meshgrid(x_vals, y_vals)
    x_coords = cos_theta * x_vals - sin_theta * y_vals + center_x
    y_coords = sin_theta * x_vals + cos_theta * y_vals + center_y
    # 初始化旋转后的图像
    rotated_image = np.zeros_like(image)
    # 遍历原始图像的每个像素, 并且将其放置在旋转后的新坐标上
    for x in range(width):
        for y in range(height):
            x_new = int(round(x_coords[y, x]))
            y_new = int(round(y_coords[y, x]))
            # 检查新坐标是否在图像范围内
            if 0 <= x_new < width and 0 <= y_new < height:
                rotated_image[y_new, x_new,:] = image[y, x, :]
    return rotated_image
# 调用函数来旋转图像
rotated_image = rotate_image(color_image, angle=45)
```

　　旋转 45° 后的图像如图 8.5 所示。需要注意的是，上述代码实现并没有处理插值，因此旋转后的图像可能会有空洞和重叠的像素。

图 8.5　旋转 45° 后的图像

8.1.1　图像读取和保存

在 Python 中，虽然 NumPy 是一个强大的数值计算库，但它本身并不直接支持图像的读取和保存。相反，我们通常依赖于其他专门的图像处理库来完成这些任务，如 PIL（或其分支 Pillow）、OpenCV 和 Matplotlib 等。

1. 使用 PIL 进行图像的读取和保存

PIL（或其分支 Pillow）不仅提供了便捷的图像读取和保存功能，还提供了一系列图像处理功能，能满足多种图像处理需求。以下是一个简单的示例，展示如何使用 PIL 读取图像。

```python
from PIL import Image
# 使用 PIL 读取图像
color_image = Image.open("9.jpg")
# 如果使用 NumPy 处理，则可以将 PIL 图像对象转换为 ndarray 对象
import numpy as np
color_image = np.array(color_image)
# 保存图像
color_image.save("saved_image.jpg")
```

Image.open() 函数返回的 color_image 对象为 PIL.PngImagePlugin.PngImageFile 结构，如果要使用 NumPy 的函数对其进行处理，则可以通过 color_image = np.array(color_image) 将其转换为 ndarray 对象。

2. 使用 OpenCV 进行图像的读取和保存

如果你还没有安装 OpenCV，则可以通过执行 "pip install opencv-python" 命令进行安装。以下是一个使用 OpenCV 读取和保存图像的示例。

```python
import cv2
# 使用 OpenCV 读取图像
color_image = cv2.imread("9.jpg")

# 对图像进行简单处理，如反转颜色
reverse_img = 255 - color_image
# 保存处理后的图像
cv2.imwrite("9-rev.jpg", reverse_img)
```

请注意，cv2.imread() 函数直接返回一个 ndarray 对象。

3. 使用 Matplotlib 进行图像的读取和保存

Matplotlib 主要用于数据可视化，但它也提供了读取和保存图像的功能。示例如下。

```
import matplotlib.pyplot as plt
# 使用 Matplotlib 读取图像
color_image = plt.imread("9.jpg")
height, width, channels = color_image.shape


# ... 在此处可以对图像进行处理 ...


# 使用 Matplotlib 保存图像（通常用于保存绘图结果，而非原始图像）
# plt.imshow(color_image)  # 显示图像以供参考
# plt.savefig("saved_image.jpg")  # 将当前绘图窗口的内容保存为图像文件
```

plt.imread()函数同样返回一个 ndarray 对象。请注意，plt.savefig()函数通常用于保存整个绘图窗口的内容，而不仅仅是读取的图像数据。

8.1.2　数组索引和切片的应用

在给定的任务中，color_image 是一个形状为（1024-1024-3）的多维数组，代表一张彩色图像。该图像具有红色、绿色和蓝色 3 个通道。

color_image[:, :, 0] >= threshold 语句巧妙地运用了索引和切片功能，它针对图像中的红色通道（R 通道，即第三个维度的第一个元素）进行筛选。具体来说，这个操作会检查每一个像素点的红色通道值是否大于或等于给定的阈值（threshold），从而实现对特定颜色强度的筛选。

color_image[crop_y1:crop_y2, crop_x1:crop_x2]语句则通过切片功能来提取图像中的一个矩形区域。其中，crop_y1:crop_y2 和 crop_x1:crop_x2 分别定义了裁剪区域在垂直和水平方向上的范围，从而实现了对图像的矩形裁剪。

color_image[::-1, :, :]语句和 color_image[:, ::-1, :]语句则分别实现了对图像的垂直翻转和水平翻转。在这两条语句中，::-1 表示倒序切片，即原本数组中的元素顺序被反转。当这个操作应用于图像数据时，就实现了图像的翻转效果。垂直翻转是将图像上下镜像翻转，而水平翻转则是将图像左右镜像翻转。

8.1.3　数组基本运算

NumPy 数组的基本运算非常直观且功能强大，可以应用于元素级别的操作，也可以与标量进行运算。

（1）数组间的运算：NumPy 数组的基本运算主要包括加、减、乘、除、指数运算、求倒数、取相反数、位运算等元素级别的操作，这些操作通常在形状相同的数组之间进行。如当两个相同大小的数组相加时，同位置上的元素相加。

（2）标量和数组的运算：当一个标量与 NumPy 数组进行运算时，该标量会与数组中的每个元素进行相同的运算。

这些操作在数据科学、机器学习、图像处理等领域中非常有用，因为它们允许用户对大量数据进行快速、高效的数学运算。

8.1.4 meshgrid()函数

meshgrid()函数接收两个一维数组，并且根据这两个一维数组生成两个二维矩阵。这两个二维矩阵代表了原始一维数组中所有可能的组合对。具体来说，在生成的两个二维矩阵中，一个二维矩阵的每一行都是第一个一维数组的元素，而另一个二维矩阵的每一列都是第二个一维数组的元素。这样，通过这两个二维矩阵，我们可以方便地获取所有可能的组合对。

以下是一个使用示例，其中，x 是从 0 到 1 均匀分布的 3 个点，y 是从 0 到 1 均匀分布的 2 个点。通过调用 meshgrid()函数，我们得到了两个 2×3 的矩阵 X 和 Y，它们分别代表了 x 和 y 中所有点的组合。

```python
import numpy as np

x = np.linspace(0, 1, 3)  # 创建一个包含 3 个点的 x 数组，点在 0 到 1 之间均匀分布
y = np.linspace(0, 1, 2)  # 创建一个包含 2 个点的 y 数组，点也在 0 到 1 之间均匀分布

# 调用 meshgrid()函数生成两个二维矩阵 X 和 Y，它们表示 x 和 y 中所有可能的组合对
X, Y = np.meshgrid(x, y, indexing='ij')
# 添加 indexing='ij'以确保矩阵索引与笛卡儿坐标系一致

# 此时，X 和 Y 都是 2×3 的矩阵，展示了 x 和 y 所有可能的组合对
```

任务2　图像缩放处理

图像缩放处理是图像处理的核心技术之一，它在适应多样化显示设备、增强用户体验和实现数据的高效存储与传输方面扮演着举足轻重的角色。

微课：项目 8 任务 2-
图像缩放处理.mp4

动一动

（1）对图像进行横向和纵向的拉伸处理，以满足特定显示需求或设计要求。

（2）根据特定的矩阵形状复制图像，以满足特定布局要求的图像组合。

（3）对图像进行大小变换，以适应不同的分辨率要求。

任务单

任务单 8-2　图像缩放处理

学号：_____　姓名：_____　完成日期：_____　检索号：_____

➡ 任务说明

使用 NumPy，我们能够方便地对图像数据进行数值计算，进而轻松地实现图像的拉伸、复制和大小调整。在本任务中，我们将使用 NumPy 的 repeat()、tile()函数和数组索引等高级功能，来完成图像的拉伸、按特定矩阵形状复制和调整图像大小等操作。

续表

 引导问题

🏛　想一想

（1）如何使用 NumPy 来实现图像的横向拉伸？在拉伸图像时，如何修改数组的维度？

（2）在使用 tile()函数时，如何指定复制的次数和方式？如果根据一个特定的矩阵形状复制图像，则应该如何设置 tile()函数的参数？

（3）repeat()函数和 tile()函数有何区别？

（4）在调整图像大小时，我们应该考虑哪些因素以避免图像失真？

✎　重点笔记区

➡ 任务评价

评价内容	评价要点	分值	分数评定	自我评价
1. 任务实施	图像拉伸	3 分	能正确实现横向拉伸 2 倍得 1 分；能正确实现纵向拉伸 2 倍得 1 分；能实现横向和纵向同时拉伸 2 倍得 1 分	
	图像复制	2 分	能按规定复制、排列图像得 2 分	
	大小调整	4 分	能按目标大小计算缩放比例得 2 分；能正确输出相应比例的缩放图像得 2 分	
2. 任务总结	依据任务实施情况进行总结	1 分	总结内容切中本任务的重点和要点得 1 分	
合　计		10 分		

📝 **任务解决方案关键步骤参考**

（1）使用 NumPy 中的 repeat()函数实现图像缩放。将图像横向拉伸 2 倍的代码如下。

```
img2 = np.repeat(color_image,2,axis = 1)
```

横向拉伸 2 倍的图像如图 8.6 所示。如果要实现纵向拉伸 2 倍，则代码为 img2 = np.repeat(color_image,2,axis = 0)，通过指定 axis 参数来进行相应的设置。

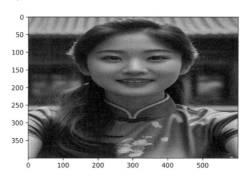

图 8.6　横向拉伸 2 倍的图像

（2）使用 NumPy 中的 tile()函数实现图像复制，以实现 2×4 的照片的打印。

```
img3 = np.tile(color_image,[2,4,1])
```

复制后的效果如图 8.7 所示。

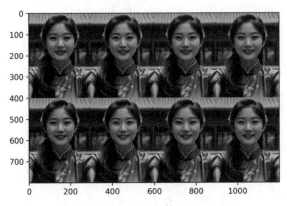

图 8.7　复制后的效果

（3）对图像进行大小变换，缩小为 100 像素×100 像素。

```python
new_height = 100
new_width = 100

# 创建一个新的空数组来存储调整大小后的图像
resized_image = np.zeros((new_height, new_width, channels),
dtype=color_image.dtype)
# 计算 x 和 y 方向的缩放因子
x_ratio = width / new_width
y_ratio = height / new_height

# 遍历新图像的每个像素
for i in range(new_height):
    for j in range(new_width):
        # 计算原始图像中对应的坐标
        orig_x = int(j * x_ratio)
        orig_y = int(i * y_ratio)
        # 使用最近邻插值从原始图像中取得像素值
        resized_image[i, j] = color_image[orig_y, orig_x]
```

缩小处理后的图像如图 8.8 所示。

图 8.8　缩小处理后的图像

8.2.1　repeat()函数

repeat()函数专门用于复制数组中的元素，从而生成一个新的数组。这个新数组包含了原始数组中各个元素的复制版本。我们可以自由地设置每个元素需要复制的次数，还可以选择性地指定在哪个轴上进行复制。在本任务中，我们通过调用 repeat() 函数实现了图像横向和纵向的拉伸。该函数的官方定义如下。

```
np.repeat(a, repeats, axis=None)
```

其中，a 参数为输入的数组，即想要复制其元素的数组。repeats 参数指定每个元素应该被复制的次数，可以是一个整数（所有元素都将被复制相同的次数），也可以是一个与输入数组 a 形状相同的数组（每个元素将被复制对应的次数）。axis 参数指定要复制的轴，默认为 None，这意味着输入数组将先被展平（变为一维数组），再复制。对于多维数组，我们可以指定一个轴，沿着该轴复制元素。函数的返回值为一个新的数组，其中包含原始数组中元素的复制版本。

repeat() 函数的示例说明如图 8.9 所示，该示例展示了二维数组 a 在轴 1 方向上经过 3 倍复制后得到的结果 b。

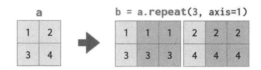

图 8.9　repeat() 函数的示例说明

8.2.2　tile() 函数

tile() 函数用于复制数组的整体内容，可以将数组在水平（或垂直）方向上复制指定的次数，或者同时在两个方向上复制。在本任务中，我们使用 tile() 函数实现了图像的整体复制功能。该函数的官方定义如下。

```
np.tile(A, reps)
```

其中，A 参数为要复制的数组。reps 参数表示复制次数，为整数或整数元组。如果 reps 参数是一个整数，则数组将在所有维度上复制该次数。如果 reps 参数是一个整数元组，则数组将在每个维度上按照元组中对应的整数进行复制。tile() 函数的示例说明如图 8.10 所示，该示例展示了一个二维数组 a 是如何在轴 0 上复制 2 倍，在轴 1 上复制 3 倍，最终得到数组 b 的过程。这个过程直观地展示了 tile() 函数在数组复制方面的强大功能。

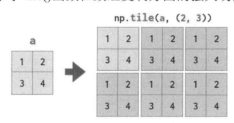

图 8.10　tile() 函数的示例说明

任务 3　为图像添加框线

为追求多样化的图像视觉效果，本任务将巧妙融入各种风格的边框和线条，旨在进一步丰富图像的艺术表达。

微课：项目 8 任务 3-
为图像添加框线.mp4

✎ **动一动**

（1）为图像增添醒目的黑色边框，强化图像的边界轮廓，让整体视觉效果更加鲜明。

（2）在图像中插入灰色竖条，营造分隔而独特的视觉感受，为图像中的人物增添几分神秘感。

（3）在图像中添加蓝色格子，为图像添上一层梦幻而朦胧的面纱。

任务单

<table>
<tr><td colspan="4" align="center">任务单 8-3　为图像添加框线</td></tr>
<tr><td>学号：_____</td><td>姓名：_____</td><td>完成日期：_____</td><td>检索号：_____</td></tr>
</table>

➡ **任务说明**

本任务旨在为图像添加黑色边框、灰色竖条和蓝色格子元素，丰富图像的视觉效果，增强其艺术表现力，并且为图像中的人物增添神秘感和梦幻感。

➡ **引导问题**

🖥 **想一想**

（1）如何在不改变原始图像内容的情况下，在图像周围添加指定宽度的黑色像素？

（2）灰色的 RGB 值有何特点？如何在图像的指定位置添加线条？

（3）蓝色的 RGB 值有何特点？如何添加蓝色格子？在添加蓝色线条时，可以考虑设置透明色，以便部分显示原始图像中被遮住的部分。

（4）如何使用 NumPy 的向量化操作来加速对应的处理过程？如何避免循环来加速处理过程？

（5）修改完成后，如何保存图像？

✏ **重点笔记区**

➡ **任务评价**

评价内容	评价要点	分值	分数评定	自我评价
1. 任务实施	添加边框	3 分	能添加边框得 1 分；添加的边框的宽度和颜色正确得 2 分	
	添加灰色竖条	2 分	能正确添加灰色竖条得 2 分	
	添加蓝色格子	3 分	能正确添加线条得 1 分；添加的线条的颜色正确得 2 分	
2. 任务总结	依据任务实施情况进行总结	2 分	总结内容切中本任务的重点和要点得 1 分；能区分填充边界的设置得 1 分	
合　计		10 分		

📋 任务解决方案关键步骤参考

（1）为图像添加黑色边框，将边框粗细设置为 16 像素。

```
img4 = np.pad(color_image,((16,16),(16,16),(0,0)),'constant',constant_values = 0)
```

添加边框后的图像如图 8.11 所示。

图 8.11　添加边框后的图像

（2）为图像添加灰色竖条。

```
img6 = np.copy(color_image)
img6[:,::10,:] = 0.6
```

添加灰色竖条后的图像如图 8.12 所示。

图 8.12　添加灰色竖条后的图像

（3）为图像添加蓝色格子。

```
img6 = np.copy(color_image)
img6[:,::10,0] = 135/255
img6[:,::10,1] = 206/255
img6[:,::10,2] = 250/255
img6[::10,:,0] = 135/255
img6[::10,:,1] = 206/255
img6[::10,:,2] = 250/255
```

添加蓝色格子后的图像如图 8.13 所示。

图 8.13　添加蓝色格子后的图像

8.3.1　pad()函数

pad()函数是 NumPy 中一个强大的函数，它用于在数组的边界添加额外的数据，通常被称为"填充"或"padding"。在处理图像数据、进行信号处理或执行卷积操作时，这个函数尤为重要。该函数的官方定义如下。

```
np.pad(array, pad_width, mode='constant', **kwargs)
```

其中，array 参数指定需要填充的原始数组。pad_width 参数指定填充宽度，可以是一个整数，表示在所有维度上填充相同的宽度，也可以是一个表示各轴填充宽度的序列，甚至可以为数组的每个边缘指定不同的填充宽度。mode 参数指定了填充的模式，包括 constant（使用常数值填充，该值由 constant_values 参数定义，默认为 0）、reflect（镜像填充）、wrap（使用另一边的值填充）和 edge（使用边界值填充）等。

pad()函数的示例说明如图 8.14 所示，此示例展示了一个二维数组 a 是如何在不同轴方向的边界上添加数值，最终得到数组 b 的。

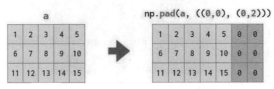

图 8.14　pad()函数的示例说明

8.3.2　数组赋值运算

索引和切片对访问、修改数组元素非常重要。策略性地结合使用索引和切片能够灵活地执行赋值运算，精确地更改数组中的个别元素或某一子集。

NumPy 数组的索引机制与 Python 的标准列表索引机制相似，都遵循从 0 开始的索引规则。使用单个索引，我们可以直接访问或更新数组中的单个元素。例如，通过 arr[2] = 99，我们可以轻松地将数组中索引为 2 的元素值设置为 99。

切片则提供了一种选择数组子集的高效方法。其语法结构为 start:stop:step，在此结构中，start 代表切片的起始点，stop 为切片的终点（不包含该点），而 step 定义了切片的步长，如果省略，则默认为 1。使用切片功能，我们可以一次性为数组的一个连续子集赋予新值，例如，

arr[2:5] = [22, 33, 44]将索引 2 至 4（不包含索引 5）的元素替换为了新的值。

此外，我们还可以将索引和切片结合起来，以执行更复杂的赋值任务。例如，我们可以选定数组的特定行或列，并且精确修改其中的部分元素。例如，arr[0, 1:3] = [99, 88]能够精准地更新第一行中索引 1 和 2 的元素值。

任务 4　图像滤波和增强

微课：项目 8 任务 4-
图像滤波和增强.mp4

在数字图像处理领域，滤波和增强是两种常用的技术手段。滤波技术可以有效地剔除图像中的噪声或实现图像的平滑处理，而增强技术则能凸显图像的特定特征，使画面更加锐利、清晰。这些技术在医学影像、遥感探测、安全监控和娱乐媒体等多个领域均被广泛应用。

本任务主要通过均值模糊、添加高斯噪声、提高亮度和提高对比度等操作，为后续的图像分析、特征提取、目标检测等高级处理提供优化后的数据。

动一动

（1）使用均值滤波器对图像进行模糊处理，旨在减少图像的细节层次，从而使图像更平滑。

（2）向图像中注入高斯噪声，以增强图像的抗干扰能力，并且模拟真实环境下可能出现的随机干扰因素。

（3）对图像的亮度进行调整，提高图像整体的亮度，使图像内容更加清晰可见。

（4）通过提高图像的对比度，进一步强调图像中明暗区域间的差异，从而增强画面的层次感和细节展现。

任务单

任务单 8-4　图像滤波和增强

学号：＿＿＿＿　　姓名：＿＿＿＿　　完成日期：＿＿＿＿　　检索号：＿＿＿＿

➡ 任务说明

　　本任务将使用 NumPy 对图像进行均值模糊、添加高斯噪声、提高亮度和增加对比度等操作，旨在改善图像质量并为后续的高级图像处理提供优化后的数据。这些操作将通过 NumPy 的数组操作和数学函数来实现，高效地完成图像的滤波和增强工作。

➡ 引导问题

🌱 想一想

　　（1）对图像进行滤波处理的具体内容和目标是什么？如何确定滤波器的大小以达到理想的模糊效果？研究 NumPy 的函数和特性，找出能够高效执行均值模糊的函数。

　　（2）如何根据需要模拟的真实场景或测试目的，确定加入高斯噪声的参数，以确保噪声的合理性？

　　（3）什么是亮度？如何提高指定图像的亮度？

　　（4）什么是对比度增强？有何意义？如何提高指定图像的对比度？

✍ 重点笔记区

任务评价

评价内容	评价要点	分值	分数评定	自我评价
1. 任务实施	均值模糊处理	3 分	能创建均值滤波器得 1 分；能对图像应用均值滤波器得 2 分	
	添加噪声	2 分	能生成与图像相同形状的高斯噪声得 1 分；会添加噪声得 1 分	
	提高亮度	2 分	能提高图像的亮度得 2 分	
	提高对比度	2 分	能提高图像的对比度得 2 分	
2. 任务总结	依据任务实施情况进行总结	1 分	总结内容切中本任务的重点和要点得 1 分	
合　计		10 分		

任务解决方案关键步骤参考

（1）对图像进行图像均值模糊处理。

```python
kernel_size = 4
# 创建一个均值滤波器
kernel = np.ones((kernel_size, kernel_size)) / (kernel_size ** 2)
# 获取图像的形状
height, width, channels = color_image.shape
# 创建一个与原图像大小相同的空数组用于存储模糊后的图像
blurred_image = np.zeros_like(color_image)
# 对图像使用均值滤波器
pad_size = kernel_size // 2
padded_image = np.pad(color_image, ((pad_size, pad_size), (pad_size, pad_size),
(0, 0)), 'symmetric')
for i in range(height):
    for j in range(width):
        for k in range(channels):
            # 提取图像的局部区域并使用均值滤波器
            region = padded_image[i:i+kernel_size, j:j+kernel_size, k]
            blurred_pixel = np.sum(kernel * region)
            blurred_image[i, j, k] = blurred_pixel
```

均值模糊处理后的图像如图 8.15 所示。

图 8.15　均值模糊处理后的图像

（2）为图像添加高斯噪声。

```python
# 定义噪声的标准差和均值
noise_mean = 0.0
```

```
# 可以根据需要调整这个值来控制噪声的强度
noise_sigma = 50
# 生成与图像相同形状的高斯噪声
noise = np.random.normal(noise_mean, noise_sigma, color_image.shape)
# 将噪声添加到图像上
noisy_image_array = color_image * 255 + noise
# 由于像素值必须在 0 到 255 之间, 因此需要裁剪结果
noisy_image_array = np.clip(noisy_image_array, 0, 255)
# 如果原图是 uint8 类型, 则需要将添加噪后的图像转换为相同的数据类型
noisy_image_array = noisy_image_array.astype(np.uint8)
# 将 NumPy 数组转换为图像
img5 = Image.fromarray(noisy_image_array)
```

添加高斯噪声后的图像如图 8.16 所示。

图 8.16　添加高斯噪声后的图像

（3）提高图像的亮度，将亮度增加 50 个单位。

```
# 定义亮度增量值
brightness_factor = 50
# 调整每个通道的亮度
# 使用 NumPy 的广播机制同时对所有通道进行操作
brighter_image_array = np.clip(color_image * 255 + brightness_factor, 0, 255)

# 将 NumPy 数组转换为图像
brighter_image = Image.fromarray(brighter_image_array.astype(np.uint8))
```

提高亮度后的图像如图 8.17 所示。

图 8.17　提高亮度后的图像

（4）提高图像的对比度。

```
# 对比度系数，大于 1 会提高对比度，小于 1 会降低对比度
contrast_factor = 1.5
# 计算平均值以便进行中心化（可选步骤，取决于对比度调整方式）
mean = color_image.mean()
# 提高对比度
adjusted_image = (color_image - mean) * contrast_factor + mean
# 裁剪像素值以确保它们在有效范围内（0～1）
adjusted_image = np.clip(adjusted_image, 0, 1)
```

提高对比度后的图像如图 8.18 所示。

图 8.18　提高对比度后的图像

8.4.1　NumPy 聚合函数

NumPy 提供了丰富的聚合函数，这些函数能够对数组中的元素执行各种计算，并且返回单一值或较小规模的数组。例如，sum()函数用于计算数组中所有元素的和，同时支持沿指定轴的计算；mean()函数用于计算数组的平均值，同样支持轴参数；median()函数能够找到数组的中位数。这些聚合函数在处理大型数组时尤为高效，可以快速提取数组或数组特定部分的统计信息。

在图像处理中，NumPy 聚合函数发挥着不可或缺的作用，特别是在处理图像数据的统计信息和特征提取时。以下是这些函数在图像处理中的一些常见应用。

（1）计算图像的平均值：通过 mean()函数，我们可以轻松计算出图像（或图像的一部分）的平均亮度或颜色值。这对于图像对比度调整、标准化等极为有用。

（2）寻找图像的最大值和最小值：max()函数和 min()函数能够迅速定位图像中最亮和最暗的像素。这些信息对于执行图像直方图均衡化、阈值处理或动态范围调整等至关重要。

（3）评估图像的对比度与噪声水平：使用 std()函数和 var()函数可以计算出图像数据的标准差和方差，从而评估图像的对比度和噪声水平。

（4）实现图像滤波：虽然 NumPy 本身不直接提供图像滤波功能，但可以通过 NumPy 的数组操作来实现一些简单的滤波算法，如均值滤波和高斯滤波。

（5）特征提取：在高级图像处理任务中，如目标检测、图像分类、图像分割，特征提取是不可或缺的步骤。无论是基于像素值的简单统计量，还是基于更复杂算法的特征描述符，NumPy 的聚合函数在这些特征的初始计算或处理步骤中都发挥重要作用。

8.4.2　NumPy 随机数应用

NumPy 提供了丰富的随机数生成函数,如 random.rand()、random.randn()、random.randint()、random.normal()、random.uniform()等,这些函数能够根据具体需求生成符合特定分布的随机数。

在图像处理领域,NumPy 的随机数生成函数发挥着重要作用。例如,为了模拟真实世界中的图像噪声,如高斯噪声或椒盐噪声,我们可以使用这些函数在图像上添加随机噪声,以评估图像处理算法在噪声环境下的健壮性和性能。此外,在训练深度学习模型时,数据增强是一种常用的技术,用于提高训练数据集的多样性和模型的泛化能力。通过使用 NumPy 的随机数生成函数,我们可以向图像添加噪声,从而提高模型的训练效果。

8.4.3　clip()函数

clip()函数用于对数组中的元素进行裁剪操作,确保这些元素的值被限制在指定的范围内。这在数据预处理阶段很有用,能够避免数值溢出问题,也为后续的数据分析或模型训练提供了更稳定的数据输入。在图像处理中,clip()函数同样发挥着重要作用,例如,我们可以使用它将像素值限制在 0 到 1 或 0 到 255 之间,以确保图像数据的正确性。该函数的官方定义如下。

```
np.clip(a, a_min, a_max, out=None, **kwargs)
```

其中,a 参数用于指定输入数组。a_min 参数用于设置最小值,如果数组中的某个元素小于此值,则将其设置为 a_min。a_max 参数用于设置最大值,如果数组中的某个元素大于此值,则将其设置为 a_max。out 参数为可选参数,用于保存输出的数组,如果提供,则结果将保存在此数组中,而不是返回一个新数组。

如在 clipped_arr = np.clip(arr, a_min=-3, a_max=5)中,arr 数组将被裁剪到-3 和 5 之间。小于-3 的元素被设置为-3,大于 5 的元素被设置为 5。注意:原始数组 arr 没有被修改,clip()函数返回的新数组被保存在 clipped_arr 中。

任务 5　图像边缘检测

在图像处理和分析中,边缘检测旨在识别和定位图像中亮度或颜色发生显著变化的位置,这些位置通常对应于物体的边界或纹理变化。边缘检测在计算机视觉和图像处理领域具有广泛的应用前景,如在自动驾驶、机器人视觉、医学图像处理、卫星遥感等领域都需要对图像进行边缘检测和分析。

微课:项目 8 任务 5-
图像边缘检测.mp4

本任务主要通过提取图像的边缘信息,帮助定位和识别图像中的物体,以便后期实现自动化识别和分析。

✎　**动一动**

(1)使用 Sobel 边缘检测算法来识别图像中的边缘。

(2)对边缘检测的结果图像进行二值化处理,以便更加清晰地观察和分析图像中的边缘特征。

任务单

任务单 8-5　图像边缘检测

学号：_____　　姓名：_____　　完成日期：_____　　检索号：_____

➡ 任务说明

　　本任务使用 NumPy 和 Sobel 算法对图像进行边缘检测，提取图像中的边缘信息。同时，通过 NumPy 进行数值操作和条件筛选，对边缘检测结果进行二值化处理，突出和简化检测到的边缘特征。

➡ 引导问题

　　想一想

　　（1）为什么选择 Sobel 算法进行边缘检测？与其他边缘检测算法（如 Canny、Prewitt 等）相比，Sobel 算法有什么优势？它的适用场景有哪些？

　　（2）在 Sobel 算法中，如何选择合适的卷积核大小？卷积核大小对边缘检测效果有何影响？

　　（3）为什么要对边缘检测结果进行二值化处理？在二值化处理的过程中如何选择合适的阈值？

　　（4）二值化处理后的图像是否清晰？是否保留了所有重要的边缘信息？如果结果不理想，可能的原因是什么？如何调整参数或算法以改善结果？

✍ 重点笔记区

➡ 任务评价

评价内容	评价要点	分值	分数评定	自我评价
1. 任务实施	边缘检测	6分	能定义 Sobel 算子得 1 分；能使用 Sobel 算子计算边缘得 3 分；能定义函数实现 Sobel 边缘检测算法得 1 分；能调用函数实现图像边缘检测得 1 分	
	二值化处理	2分	能对边缘检测结果进行二值化处理得 2 分	
2. 任务总结	依据任务实施情况进行总结	2分	能对各项阈值的取值进行分析得 2 分	
合　计		10分		

 任务解决方案关键步骤参考

　　（1）定义函数实现二维卷积，同时使用 Sobel 算子对图像进行边缘检测。

```python
# 定义一个执行二维卷积的函数
def convolve2D(image, kernel):
    # 获取输入图像和卷积核的尺寸
    image_dim = np.array(image.shape)
    kernel_dim = np.array(kernel.shape)

    # 输出图像的尺寸
    output_dim = image_dim - kernel_dim + 1
    # 创建一个空的输出图像
    output_image = np.zeros(output_dim)
    # 在图像上滑动卷积核
    for i in range(output_dim[0]):
        for j in range(output_dim[1]):
```

```
                  # 从原图像中提取与卷积核相同大小的部分
                  image_section = image[i:i+kernel_dim[0], j:j+kernel_dim[1]]
                  # 对提取的部分和卷积核先进行元素乘法, 再求和
                  output_image[i, j] = np.sum(image_section * kernel)

          # 使用 0 填充输出图像, 使其与原始图像大小相同
          padded_output = np.zeros(image_dim)
          padded_output[kernel_dim[0]//2 : -(kernel_dim[0]//2),
                  kernel_dim[1]//2 : -(kernel_dim[1]//2)] = output_image

      return padded_output

      from PIL import Image
      # 加载图像并转换为灰度图
      img7 = Image.open('5+.jpg').convert('L')
      img7 = np.array(img7)
      # Sobel 滤波器核
      sobel_x = np.array([[-1, 0, 1], [-2, 0, 2], [-1, 0, 1]])
      sobel_y = np.array([[1, 2, 1], [0, 0, 0], [-1, -2, -1]])
      # 使用 Sobel 滤波器
      gradient_x = convolve2D(img7, sobel_x)
      gradient_y = convolve2D(img7, sobel_y)
      # 计算梯度幅度
      img7 = np.hypot(gradient_x, gradient_y)
      # 映射到 0~255
      img7 *= 255.0 / np.max(img7)
      img7 = img7.astype(np.uint8)
```

边缘检测后的结果如图 8.19 所示。

图 8.19　边缘检测后的结果

（2）对图像进行二值化处理。

```
# 设置二值化阈值
threshold = 20
# 将灰度图像转换为二值图像
binary_image = np.zeros_like(img7)
binary_image[img7[:,:] >= threshold] = 255
```

二值化处理后的结果如图 8.20 所示。

图 8.20 二值化处理后的结果

8.5.1 Sobel 算子

Sobel 算子用于提取图像中的边缘信息。在图像的任何一点使用此算子，都将产生对应的梯度矢量或法矢量。Sobel 算子通过计算图像中每个像素点的梯度强度和方向来检测边缘，它利用两个卷积核（一个水平方向，一个垂直方向）对图像进行卷积运算，从而得到每个像素点的梯度近似值。通过设置合适的阈值，可以将梯度值较大的像素点视为边缘，进而得到边缘检测的结果图像。

Sobel 算子在边缘检测中非常有效，而且对噪声具有平滑抑制作用。在实际应用中，Sobel 算子常常与其他算子结合使用，以提高边缘检测的性能。同时，它也被广泛应用于目标识别、图像分割等任务中。

8.5.2 hypot()函数

hypot()函数可以方便地计算两点之间的距离或直角三角形的斜边长度。这个函数实际上计算的是欧几里得范数（Euclidean Norm）或 L2 范数（L2 Norm），即直角坐标系中两点之间的距离。该函数的官方定义如下。

```
np.hypot(
        x1, x2, /, out=None, *, where=True, casting='same_kind', order='K',
        dtype=None, subok=True[, signature, extobj]
        )
```

其中，x1 参数和 x2 参数是输入参数，表示直角三角形的两个直角边。out 参数是一个可选参数，用于指定输出结果的数组。如果提供，则结果将保存在此数组中，而不是返回一个新数组。其他参数（如 where、casting、order、dtype 和 subok 等）主要用于控制函数的行为，如数据类型转换、输出数组的顺序等。在大多数情况下，这些参数都可以忽略。

hypot()函数的计算方式等同于 sqrt(x1**2 + x2**2)，它计算了两个输入参数平方和的平方根。如果 x1 参数或 x2 参数是可以被广播的标量或数组，则它们会被广播以匹配其他参数的形状，从而允许对多个点或边进行批量计算。无论是在数据分析、图像处理还是其他需要几何计算的场景中，hypot()函数都能够轻松地计算二维空间中的距离和直角三角形的斜边长度。

拓展实训：医学影像的处理和优化

【实训目的】

通过本拓展实训，学生能够熟练掌握 Python 中 NumPy 的使用方法，以及相关的矩阵操作和应用。

【实训环境】

PyCharm 或 Anaconda、Python 3.11、Pandas、NumPy、Matplotlib、PIL、Image、OpenCV。

【实训内容】

NumPy 在医学影像处理领域的应用主要体现在数据的加载与处理、灰度化、滤波、阈值处理、形态学操作和可视化等方面。其强大的数值计算能力和高效的数据处理方式使 NumPy 成为医学影像处理领域不可或缺的工具之一。

在本实训中，需要基于给定的医学影像提高图像质量、检测病变区域等，帮助医生做出更准确的判断。包括：

（1）计算图像的平均值和标准差，了解图像的整体情况。

（2）将图像转换为灰度图，使用直方图展示灰度级别的分布。图像的灰度统计示例效果如图 8.21 所示。

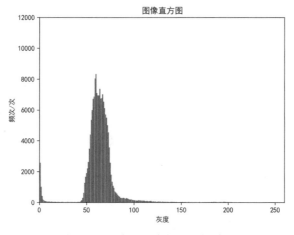

图 8.21　图像的灰度统计示例效果

（3）完成对图像的基本操作，包括图像变换、亮度调整、裁剪、灰度处理等。图像处理结果示例如图 8.22 所示。

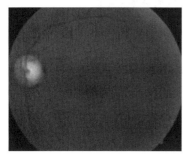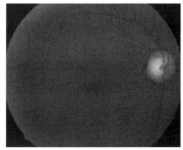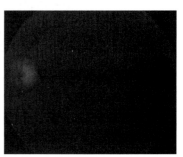

（a）原图　　　　　　　　　（b）图像变换　　　　　　　　　（c）亮度调整

图 8.22　图像处理结果示例（1）

（4）使用均值滤波对图像进行平滑处理，以提高图像的信噪比。图像处理结果示例如图 8.23 所示。

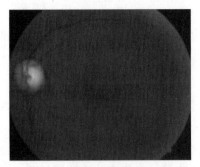 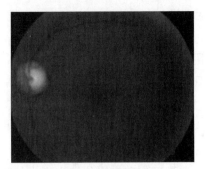

（a）转换为灰度后降噪　　　　　　　　（b）直接降噪

图 8.23　图像处理结果示例（2）

（5）应用阈值分割进行病变区域检测。阈值分割是一种基于区域的图像分割技术，它特别适用于目标和背景灰度级范围不同的图像。需要根据具体的医学影像，选择一个或多个合适的阈值。将选择的阈值应用到图像上，将像素灰度值大于或等于阈值的区域标记为病变区域。示例效果如图 8.24 所示。

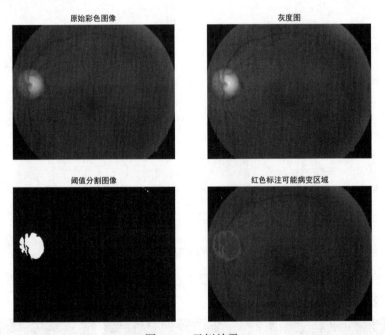

图 8.24　示例效果

项目考核

【选择题】

1. 在 NumPy 中，哪个函数用于创建指定形状和类型的新数组，但不初始化数组条目？
（　　）

A. zeros()　　　　　　　B. ones()　　　　　　　C. empty()　　　　　　　D.full()

2．NumPy 数组的维度可以通过哪个属性获得？（　　　）

A. shape　　　　　　　　B. size　　　　　　　　C. ndim　　　　　　　　D. dtype

3．以下哪个函数可以将数组元素重复指定的次数？（　　　）

A. repeat()　　　　　　　B. tile()　　　　　　　C. pad()　　　　　　　D. clip()

4．以下哪个操作不会改变原数组？（　　　）

A．数组切片　　　　　　B．数组赋值　　　　　　C．数组运算　　　　　　D．数组排序

5．在 NumPy 中，哪个函数可以计算两个数组的协方差矩阵？（　　　）

A. cov()　　　　　　　　B. corrcoef()　　　　　　C. var()　　　　　　　D. std()

【填空题】

1．在 NumPy 中，_____函数可以用来计算数组元素的平均值。

2．如果 A 是一个 NumPy 数组，则 A[A > 0]将会得到一个_____。

3．在 OpenCV 中，_____函数用于读取图像文件。

【判断题】

1．NumPy 数组支持向量化操作，可以对整个数组进行数学运算，而无须编写循环。（　　　）

2．在 NumPy 中，tile()函数用于复制数组。（　　　）

3．图像的二值化处理是将图像的每个像素值与一个固定阈值比较，大于阈值的设置为白色，小于阈值的设置为黑色。（　　　）

4．在 NumPy 中，可以使用切片来修改数组中的部分元素。（　　　）

5．使用 NumPy 可以直接读取和保存图像文件。（　　　）

6．pad()函数可以在数组边界添加填充值。（　　　）

【简答题】

1．如何在 NumPy 中将一个数组的元素值限制在 0 到 1 之间？

2．在图像处理中，边缘检测有哪些常见的方法？请列举至少两种。

3．解释 tile()函数和 repeat()函数的区别，并且给出使用场景。

房屋租赁数据可视化分析

项目描述

当前，我国踏上了全面建设社会主义现代化国家、向第二个百年奋斗目标进军的新征程。在这一宏大的时代背景下，房地产作为国民经济的重要支柱，其稳健发展对于高质量发展、满足人民日益增长的美好生活需要具有举足轻重的意义。

房屋租赁市场是房地产市场的重要组成部分。近年来，我国房屋租赁市场展现出了蓬勃的发展态势，然而，在快速发展的同时，也暴露出了一系列问题，如市场秩序不够规范、信息不对称、监管力度不足等。这些问题不仅阻碍了房屋租赁市场的健康发展，也在一定程度上制约了人民群众居住条件的改善。因此，对房屋租赁市场进行深入的数据可视化分析，揭示其内在的运行规律和存在的问题，对于促进房屋租赁市场健康发展、提升人民群众居住满意度具有不可忽视的作用。

本项目基于采集的房屋租赁数据，以数据可视化分析为利器，对房屋租赁市场展开全面而深入的分析。通过精准获取、系统整理和深入分析房屋租赁市场的数据，使用 Python 可视化分析技术，直观展现房屋租赁市场的发展脉络和特点，为市场决策提供科学依据，为市场参与者提供参考信息，以推动房屋租赁市场健康、有序地发展。

学习目标

知识目标

- 进一步掌握 Python 数据处理的基础知识，包括数据读取、清洗、预处理等。
- 理解数据可视化的基本概念和原理，熟悉不同图表类型（如柱状图、直方图、饼图等）的适用场景和应用。
- 了解房屋租赁市场的相关知识和数据特点，掌握通过数据可视化手段揭示市场规律和问题的方法。

能力目标

- 能熟练使用 Pandas、Matplotlib 等进行数据处理和可视化操作（2021 年全国工业化和信息化大赛"工业大数据算法"赛项考点）。
- 能根据分析目标选择合适的图表类型，并且准确绘制出表达清晰的图表（重点：《大数据应用开发（Python）职业技能等级标准》初级 3.3.3、中级 3.3.1）。
- 能结合应用需求，使用正确的参数对图表的各项内容进行设置。
- 能通过数据可视化分析，发现房屋租赁市场的价格趋势、波动原因等，并且提出相应的建议或解决方案（《大数据应用开发（Python）职业技能等级标准》中级 3.3.3）。

素质目标

- 培养良好的数据意识和数据思维，具备对市场动态的敏锐洞察力和问题解决能力。
- 提升团队协作和沟通能力，能够与团队成员有效协作，共同完成项目。
- 培养持续学习和创新能力，能够适应不断变化的市场环境和技术。

任务分析

在本项目中，我们可以通过描述性统计分析来了解房屋租赁价格的分布情况，计算平均值、中位数、众数、标准差等指标；通过相关性分析来探讨房屋租赁价格与房屋面积、地理位置、房屋类型等因素之间的关系；通过趋势分析来揭示房屋租赁价格在不同时间段的变化趋势；通过区域比较来找出不同区域之间的价格差异和规律。这些分析工作有助于我们更好地了解房屋租赁市场的运作机制和预测未来发展趋势。

本项目中的各项任务环环相扣，缺一不可。这些任务主要包括：房屋租赁价格统计分析、房屋租赁价格分布分析、房屋租赁价格相关因素分析、房源占比分析、房屋租赁价格预测分析和房源地理位置分布分析。而在深入剖析这些任务时，我们需要重点关注以下几点。

首先，明确分析目标至关重要。在项目启动之前，我们必须清晰界定项目的目标和需求，以便能够有的放矢地展开各项任务。这样，我们才能确保分析工作都紧扣主题，满足项目的实际需求。

其次，数据质量是分析工作的基石。数据的准确性和完整性直接影响分析结果的可靠性。因此，在数据收集与预处理阶段，我们必须严格把关，确保所收集到的数据真实有效，并且进行必要的清洗和整理，以消除潜在的干扰因素。

此外，合理选择工具同样关键。根据任务的具体需求，我们应挑选合适的工具来辅助分析工作。这不仅能提高分析效率，还能确保分析结果的准确性和可靠性。

最后，良好的沟通协作是任务顺利实施的重要保障。在任务实施过程中，我们需要与团队成员保持密切的沟通和良好的合作，共同解决遇到的问题，确保各项任务能够按时、按质完成。

相关知识

数据可视化作为数据科学工作的核心组成部分，其主要目的是通过图形化的表达方式，清晰、有效地传递信息。为了确保准确传达信息，可视化不仅要注重美学形式，还要兼顾功能性，直观地展示数据的关键特征和要点，帮助人们深入洞察那些庞大且复杂的数据集。

在项目的初始阶段，探索性数据分析（EDA）是不可或缺的一环，它有助于我们初步理解数据的内涵。而精心设计的可视化方案能够进一步简化复杂数据，使之更加直观、易懂，对那些庞大且高维度的数据集来说尤为重要。在项目结束时，以清晰、简洁且吸引人的方式展示最终成果是至关重要的，因为我们的受众往往是非技术型客户，这样的展示方式能让他们更轻松地理解分析结果。

Matplotlib 可以生成各种静态、动态、交互式的图表和图像。这个库非常适合用于数据可视化，能够将数据以更加直观、易懂的方式呈现出来。Matplotlib 支持多种类型的图表，如折线图、散点图、条形图、饼图、直方图等，并且可以自定义图表的样式和布局，包括颜色、线型、标签、图例等。

Matplotlib 不仅可以用于绘制简单的 2D 图表，还支持 3D 图表的绘制，甚至可以与其他库（如 NumPy、Pandas 等）无缝集成，方便地从数据中生成图表。此外，Matplotlib 还提供了丰富的交互功能，如缩放、平移等，使图表更加灵活、易用。

由于其强大的功能和灵活性，Matplotlib 已经成为 Python 数据分析和可视化领域最受欢迎的库之一。无论是在科学研究、数据分析、教学演示，还是在工程应用中，Matplotlib 都发挥着重要的作用。

如何选择合适的图表类型来表达和展现数据是数据可视化的关键环节，这直接影响到信息的传达效果和受众的理解程度。选择合适的图表类型需要综合考虑数据类型、信息重点、受众需求及图表的美学和易读性，图 9.1 在一定程度上可以帮助我们选择合适的图表类型。

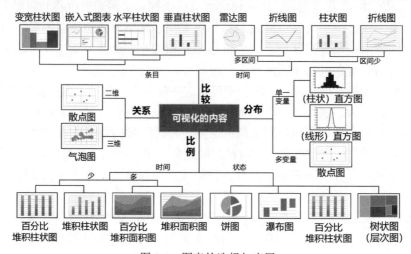

图 9.1　图表的选择与应用

♻ 素质养成

在本项目中，我们聚焦于深入探究房屋租赁价格的影响因素，这需要我们摒弃仅凭直觉或经验的判断方式，转而依赖数据进行推理和验证。我们要通过数据来检验或推翻自己的假设，确保分析的准确性和可靠性。

随着科技的飞速发展，数据处理和可视化的新兴工具层出不穷。我们需要把握行业脉搏，适时引入前沿的技术和工具，以激发学习兴趣，培养创新精神。在项目实践中，除了掌握与项目紧密相关的知识，我们还应保持自主学习的热情，通过查阅文献、积极参与线上课程等方式，不断提升自身的专业技能和知识水平。在项目后期，我们应敢于挑战自我，承担一些具有创新性的任务，如探索新的图表类型、优化现有算法等，从而充分激发自身的创新潜能，为任务的成功实施贡献更多的智慧和力量。

♻ 项目实施

基于给定的温州市区房屋租赁数据进行深入的可视化分析，以揭示该区域房屋租赁价格的现状。运用数据可视化技术，将复杂的数据信息转换为直观、易于理解的图表和图像。这有助于我们更全面地了解温州市区房屋租赁市场的规模、结构和发展状况，为政府决策、企业运营和个人租房提供有力的数据支持。

在项目实施过程中，我们将关注房屋租赁价格的分布，如房屋类型、地理位置、面积等。

通过描述性统计和相关性分析，揭示这些因素与租赁价格之间的关系，进而为市场参与者提供决策依据。此外，我们还将通过区域比较，探讨温州市房屋租赁市场的区域差异。

任务 1　房屋租赁价格统计分析

微课：项目 9 任务 1-
房屋租赁价格统计分
析.mp4

为了深入探究房产面积、房间数量和地理位置对房屋租赁价格的具体影响，我们从网络上实时收集了用户发布的房源信息。在此过程中，我们借助了多种便捷的第三方工具包来高效地爬取并分析 HTML 页面中的数据。

在当今的数据分析领域，requests、BeautifulSoup、scrapy 等第三方工具包因其出色的网页数据爬取与分析能力广受好评。在本项目中，我们选择了 requests 和 BeautifulSoup4 这两个强大的第三方工具包，从房源信息网站上爬取数据。房屋租赁数据信息页面如图 9.2 所示。

图 9.2　房屋租赁数据信息页面

获取的房屋租赁信息包括标题、房间数量、面积、价格等。完成数据爬取后，我们将这些信息整理并保存到 result.csv 文件中，以供后续进行数据分析和可视化。爬取的房屋租赁数据如图 9.3 所示。

	title	fj	mj	price	concretedata	area	district
0	德信海派公馆140平4室2厅2卫中装修4500/月	4	140	4500	整租|4室2厅|140㎡|朝南北	瓯海-娄桥-德信海派公馆	瓯海
1	新房出租 精装修两房全配 看房随时 交通便利 位置好	2	90	4600	整租|2室2厅|90㎡|朝南	瓯海-三垟-德信·爱琴海岸	瓯海
2	罗西5组团精装修出租 拎包入住 图片展真实	3	135	5500	整租|3室2厅|135㎡|朝南北	瓯海-三垟-罗西住宅区	瓯海
3	新乐大楼 3室2厅2卫	3	125	4500	整租|3室2厅|125㎡|朝南北	鹿城-新城-新乐大楼	鹿城
4	安澜小区精装修,家具电器齐,可长租	2	60	3000	整租|2室2厅|60㎡|朝南	鹿城-江滨-安澜小区	鹿城

图 9.3　爬取的房屋租赁数据（部分）

本任务的核心目标是对爬取的数据进行深入的统计和分析。具体任务包括：基于给定的温州房屋租赁数据，计算各个行政区房屋租赁的最高价格、最低价格、平均价格和中位数价格。除此之外，我们还需要利用可视化工具，绘制直观展现各个行政区房屋租赁价格的对比图，以及反映房屋租赁价格分布情况的直方图。

✒ 动一动

（1）数据统计：针对温州市的各个行政区，分别统计出房屋租赁的最高价格、最低价格、平均价格和中位数价格。这些统计数据将有助于我们全面了解各个行政区的房屋租赁价格水平。

（2）价格对比：使用图表绘制工具，根据统计出的各个行政区的房屋租赁价格数据，绘制直观的价格对比图。这将有助于我们一目了然地了解不同行政区房屋租赁价格的差异。

（3）为了更深入地了解整体房屋租赁价格的分布情况，我们将根据所有行政区的房屋租赁价格数据，绘制反映房屋租赁价格分布情况的直方图。这将有助于我们发现房屋租赁价格集中的区间和异常点，为进一步的市场分析提供有力支持。

任务单

任务单 9-1　房屋租赁价格统计分析

学号：_____　姓名：_____　完成日期：_____　检索号：_____

任务说明

　result.csv 文件中储存了通过第三方包爬取的房屋租赁数据。我们可以使用 Matplotlib 的配套数据处理库 Pandas 中的 read_csv()函数，轻松地从这个文件中读取数据。接下来，我们将对房屋租赁价格进行基础统计分析，并且进一步按行政区对房屋租赁价格和房屋租赁价格分布进行深入探究。

引导问题

想一想

（1）在对房屋租赁价格分行政区进行对比分析时，使用什么图表合适？是否存在某些行政区的房屋租赁价格明显高于或低于其他行政区？这可能是什么原因导致的？

（2）如何使用 Matplotlib 绘制柱状图？

（3）在对房屋租赁价格进行分布分析时，使用什么图表合适？中位数价格与平均价格有差别是什么原因造成的？

（4）如何使用 Matplotlib 绘制直方图？

重点笔记区

任务评价

评价内容	评价要点	分值	分数评定	自我评价
1. 任务实施	数据读取	2 分	能导入 Pandas 得 1 分；能使用 CSV 文件读取函数得 1 分	
	数据统计	2 分	能正确使用 CSV 文件读取函数得 2 分	
	按区域分组分析	3 分	能对房屋租赁价格进行分组分析并排序得 1 分；能正确绘制柱状图得 1 分；中文显示正确得 1 分	
	价格分布分析	2 分	能正确绘制房屋租赁价格分布直方图得1分；能正确绘制中位数价格和平均价格得 1 分	
2. 任务总结	依据任务实施情况进行总结	1 分	总结内容切中本任务的重点和要点得 1 分	
	合　计	10 分		

任务解决方案关键步骤参考

（1）读取数据，并且对数据进行聚合统计。

```python
# !/usr/bin/Python
# -*- coding: gbk -*-
import pandas as pd
from pylab import mpl
# 将字体设置为 SimHei，用于显示图中的中文
mpl.rcParams['font.sans-serif'] = ['SimHei']
mpl.rcParams['axes.unicode_minus'] = False
```

```
# 读取本地数据，编码为 gbk
house = pd.read_csv('result.csv', encoding='gbk')
house = house[(house.district.isin(['鹿城','龙湾','瓯海']))]
price = house['price']
max_price = price.max()
min_price = price.min()
mean_price = price.mean()
median_price = price.median()
# 输出温州市部分行政区内房屋租赁的最高价格、最低价格、平均价格和中位数价格
print(u"温州市部分行政区内房屋租赁最高价格：%.2f 元/套" % max_price)
print(u"温州市部分行政区内房屋租赁最低价格：%.2f 元/套" % min_price)
print(u"温州市部分行政区内房屋租赁平均价格：%.2f 元/套" % mean_price)
print(u"温州市部分行政区内房屋租赁中位数价格：%.2f 元/套" % median_price)
```

（2）执行代码，房屋租赁价格聚合统计结果如图 9.4 所示。

```
温州市部分行政区内房屋租赁最高价格：13000.00元/套
温州市部分行政区内房屋租赁最低价格：900.00元/套
温州市部分行政区内房屋租赁平均价格：3951.37元/套
温州市部分行政区内房屋租赁中位数价格：3800.00元/套
```

图 9.4　房屋租赁价格聚合统计结果

（3）使用柱状图展现温州市部分行政区内房屋租赁的平均价格。

```
mean_price_district =
house.groupby('district')['price'].mean().sort_values(ascending=False)
mean_price_district.plot(kind='bar',color='b')
print(mean_price_district)
# 设置 y 轴的刻度范围
plt.ylim(0, 5000)
plt.yticks(np.arange(0, 5000, 1000))
plt.title("温州市房屋租赁平均价格分析")
plt.xlabel("行政区")
plt.ylabel("房屋租赁平均价格/（元/套）")
plt.show()
```

（4）执行代码，温州市部分行政区内房屋租赁平均价格统计分析结果如图 9.5 所示，可以看出温州市三个行政区内房屋租赁平均价格相差不大。

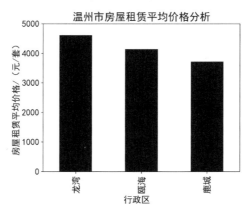

图 9.5　温州市部分行政区内房屋租赁平均价格统计分析结果

（5）使用直方图展示统计数据。

```python
import matplotlib.pyplot as plt
# 绘制房价分布直方图
# 设置 x 轴和 y 轴刻度范围
plt.xlim(0,14000)
plt.ylim(0,30)
plt.title("温州市房屋租赁价格分析")
plt.xlabel("房屋租赁价格/（元/套）")
plt.ylabel("房屋租赁数量/间")
plt.hist(price, bins=60)
# 绘制垂直线
plt.vlines(mean_price,0,500,color='red',label='平均价格',linewidth=1.5, linestyle='--')
plt.vlines(median_price, 0, 500, color='red',label='中位数价格', linewidth=1.5)
# 显示图例
plt.legend()
```

（6）执行代码，温州市部分行政区内房屋租赁价格统计分析结果如图 9.6 所示。

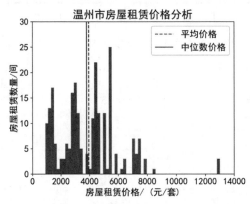

图 9.6　温州市部分行政区内房屋租赁价格统计分析结果

9.1.1　常用的统计分析函数

Pandas 中的对象提供了一系列统计函数，这些函数主要属于约简和汇总统计的范畴，旨在从 Series 对象中提炼出单个数值，或者从 DataFrame 的行或列中抽取一个 Series 对象。常用的统计分析函数及其应用场景如表 9.1 所示。

表 9.1　常用的统计分析函数及其应用场景

统计分析函数	应用场景
count()	计数，统计值不是 NA 的数据行
describe()	针对 Series 或 DataFrame 的列计算并汇总统计
min()和 max()	求最小值和最大值
argmin()和 argmax()	找到最小值和最大值的索引位置（整数）
idxmin()和 idxmax()	找到最小值和最大值的索引值
quantile()	计算样本的分位数（0～1）
sum()	求和

统计分析函数	应用场景
mean()	计算平均值
median()	计算中位数
mad()	根据平均值计算平均绝对离差
var()	计算方差
std()	计算标准差
skew()	计算样本值的偏度（三阶标准化矩阵）
kurt()	计算样本值的峰度（四阶标准化矩阵）
cumsum()	计算样本值的累计和
cummin()和 cummax()	计算样本值的累计最大值和累计最小值
cumprod()	计算样本值的累计积
diff()	计算一阶差分（对时间序列很有用）
pct_change()	计算当前元素与前面 n 个元素的百分比

以表 9.1 中的 count()函数和 mean()函数为例来说明函数的使用方法。

```
count([axis=0, level=None, numeric_only=False])
mean([axis=None, skipna=None, level=None, numeric_only=None, **kwargs])
```

其中，numeric_only 参数为布尔型，默认为 False，表示在计数时非数值型的数据也被统计在内。skipna 参数为布尔型，默认为 True，表示跳过 NaN 值。如果整行或整列都是 NaN 值，则结果也是 NaN 值。

9.1.2 柱状图

柱状图是一种统计报告图，通过长方形的长度来表示变量的数值。这种图形主要用于对比两个或多个数值之间的差异。值得注意的是，柱状图仅涉及一个变量，因此它通常用于对较小的数据集进行分析。此外，Pandas 中的 plot()函数也可以用于绘制柱状图，其具体语法如下。

```
DataFrame.plot
        (x=None, y=None, kind='line', ax=None, subplots=False, sharex=None,
        sharey= False, layout=None, figsize=None, use_index=True, title=None, grid=None,
        legend=True, style=None, logx=False, logy=False, loglog=False, xticks=None,
        yticks=None, xlim=None, ylim=None, rot=None, fontsize=None, colormap=None,
        table=False, yerr=None, xerr=None, secondary_y=False, sort_columns=False,
        **kwds)
```

其中，kind 参数用于指定绘制的图表的类型，kind 参数的值如表 9.2 所示。

表 9.2 kind 参数的值

值	表示的图表类型
line	折线图
bar	条形图
barh	横向条形图
hist	直方图
pie	饼图
scatter	散点图

9.1.3 直方图

直方图也被称为质量分布图，是一种能有效展示数据分布情况的统计报告图。它通过一系列高度各异的纵向条纹或线段来展示数据的分布情况。其中，横轴通常代表数据类型，而纵轴则展示数据的分布情况。直方图主要用于整理和分析统计数据，揭示数据的集中或离散程度，从而帮助用户了解整体的质量、能力、状态。

此外，直方图在生产过程中也发挥着重要作用，它可以用于观察和评估产品质量是否稳定、正常和受控，同时检查质量水平是否维持在公差允许的范围内。

直方图是查看和探索数据分布的有力工具。以图 9.6 为例，我们可以清晰地观察到各种房屋租赁价格对应的房屋租赁数量，特别是房屋租赁价格在 6000 元以下的房屋租赁数量相对较多。同时，从图中我们也可以直观地判断数据的分布特征，如是否遵循正态分布。

然而，直方图也存在一定的局限性。当处理未进行离散分组的大量数据点时，可能会在视觉上产生干扰，使我们难以清晰地理解数据的真实情况。

9.1.4 hist()函数

在 Python 中，可以使用 hist()函数绘制直方图。其官方定义如下。

```
matplotlib.pyplot.hist(
        x,# 指定要绘制直方图的数据
        bins=None,# 设置条形带的个数
        range=None,# 指定直方图数据的上下界，默认包含绘图数据的最大值和最小值（范围）
        density=None, # 如果为 True，则将 y 轴转换为密度刻度
        weights=None,# 该参数可以为每一个数据点设置权重
        cumulative=False,# 是否需要计算累计频数或频率，默认为 False
        bottom=None, # 可以为直方图的每个条形带添加基准线，默认为 None
        histtype='bar' # 设置样式，可选项包括 bar、barstacked、step 和 stepfilled
        align='mid'align=, # 设置条形带边界值的对齐方式，可选项包括 mid、left 和 right
        orientation='vertical',# 设置直方图的摆放方向，默认为 vertical 垂直方向
        rwidth=None,# 设置条形带的宽度百分比
        log=False,# 是否需要对绘图数据进行 log 变换，默认为 False
        color=None,# 设置直方图的填充颜色
        label=None, # 设置直方图的标签
        stacked=False, # 当有多个数据时，是否需要将直方图堆叠摆放，默认为 False，表示水平摆放
        normed=None, # 是否使用 density 参数
        *,
        data=None,
        **kwargs
        )
```

其中，hist()函数常用的参数如表 9.3 所示。

表 9.3 hist()函数常用的参数

参数	类型	默认值	作用
x	数组或序列数组		指定绘图数据
bins	整型	10	指定直方图的条形带数量，数量越多，条形带排列得越紧密
normed	字符串	1	指定密度，也就是每个条形带的占比，默认为 1。当 normed=True 时，表示归一化
color	字符串	Blue	指定条形带的颜色

任务 2　房屋租赁价格分布分析

在任务 1 中，我们借助直方图清晰地展示了数据的分布特点。然而，当我们需要更深入地了解数据，如详细观察数值的标准偏差或探测潜在的离群值时，直方图的功能就显得有些局限了。为了更加精细地进行可视化分析，我们可以采用箱形图（Box Plot）。箱形图的优势在于它不仅能够展示数据的中心趋势和离散程度，还能高效地识别出数据集中的异常值，从而为我们提供更加全面深入的数据分析视角。

微课：项目 9 任务 2-房屋租赁价格分布分析.mp4

动一动

使用箱形图对温州市部分行政区（瓯海、鹿城和龙湾）的房屋租赁价格进行深入分析，以揭示其分布特征和潜在的异常值。

任务单

<table>
<tr><td colspan="4" align="center">任务单 9-2　房屋租赁价格分布分析</td></tr>
<tr><td>学号：_____</td><td>姓名：_____</td><td>完成日期：_____</td><td>检索号：_____</td></tr>
</table>

▶ 任务说明

基于任务 1 得到的数据，继续使用 Matplotlib 来详细展示并对比分析温州市瓯海、鹿城和龙湾三个行政区内房屋租赁价格的分布情况，以更加清晰地了解各个行政区房屋租赁市场的特点和差异，为市场分析和决策提供有力的支持。

▶ 引导问题

想一想

（1）什么是箱形图？有何作用？

（2）箱形图有哪些元素？分别表示什么意义？

（3）在分区域对房屋租赁价格进行分布分析时，使用什么图表合适？三个行政区内的房屋租赁价格是否存在显著差异？

（4）如何使用 Matplotlib 绘制箱形图？在箱形图中，中位数和平均值之间的差异反映了什么？

（5）boxplot()函数的各参数是用来设置什么的？by 参数有什么用途？

✎ 重点笔记区

▶ 任务评价

评价内容	评价要点	分值	分数评定	自我评价
1. 任务实施	数据准备	1 分	能正确筛选本任务中要分析的三个行政区的数据得 1 分	
	图表绘制	4 分	能使用 boxplot()函数绘制箱形图得 2 分；能正确绘制图表来展示三个行政区内的房屋租赁价格分布情况得 2 分	
	图表解读	4 分	能准确解释箱形图所表达的数据得 2 分；准确找出箱体、中位数线、上下须和异常值等得 2 分	
2. 任务总结	依据任务实施情况进行总结	1 分	总结内容切中本任务的重点和要点得 1 分	
合　计		10 分		

📓 **任务解决方案关键步骤参考**

（1）编写代码，读取数据并进行可视化。

```python
# 温州市三个行政区内房屋租赁价格分布特征的箱形图
house.boxplot(column='price', by='district', whis=1.5)
plt.xlabel("行政区")
plt.ylabel("房屋租赁价格/元")
plt.show()
```

（2）执行代码，温州市三个行政区内房屋租赁价格分布特征的箱形图如图 9.7 所示。

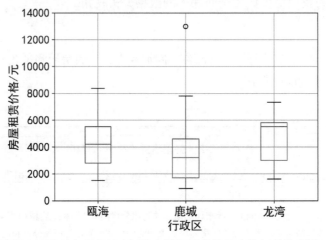

图 9.7　温州市三个行政区内房屋租赁价格分布特征的箱形图

箱形图在数据分布检查和异常值识别方面具有显著优势。通过观察温州市三个行政区内房屋租赁价格分布特征的箱形图（见图 9.7），我们可以清晰地发现鹿城区存在异常值。这凸显了箱形图的重要作用。

- 箱形图能够直观且明确地帮助我们识别出数据中的异常值，以便进一步的数据清洗和分析。
- 通过观察箱形图的形状，我们可以判断数据的偏态和尾重情况，从而更好地理解数据的分布特征。
- 箱形图还提供了比较不同批次或不同组数据形状的有效手段，有助于我们发现各组数据之间的差异和相似性。

9.2.1　箱形图

箱形图也被称为盒须图、盒式图或箱线图，是一种独特的统计图形，用于直观地展示一组数据的分散情况。这个名称来源于其特有的"箱子"形状。箱形图的主要功能是揭示原始数据的分布特征，它还能用于比较多组数据的分布特征。

在如图 9.8 所示的箱形图中，实线框的底部（下四分位数）和顶部（上四分位数）分别表示数据的第一个和第三个四分位点（涵盖了 25% 和 75% 的数据）。箱体中的横线表示的是数据的第二个四分位点，也就是中位数。从箱体中伸出的两条类似胡须的线（上极限和下极限），展示了数据的整体范围。而图中的实心圆点则表示异常值或单一数据点。

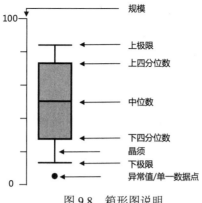

图 9.8 箱形图说明

9.2.2 boxplot()函数

boxplot()函数可以用于绘制箱形图。其官方定义如下。

```
DataFrame.boxplot(
        column=None, by=None, ax=None, fontsize=None, rot=0, grid=True,
        figsize=None, layout=None, return_type=None, **kwds
        )
```

boxplot()函数的主要参数如表 9.4 所示。

表 9.4 boxplot()函数的主要参数

参数名	类型	默认值	作用
column	字符串或字符串列表	None	指定要进行箱形图分析的 DataFrame 中的列名
by	字符串或数组	None	作用相当于 Pandas 中的 groupby()函数,通过指定 by='columns',可进行多组箱形图分析
ax	Axes 的对象	None	matplotlib.axes.Axes 的对象
fontsize	浮点型或字符串	None	指定箱形图坐标轴的字体大小
rot	整型或浮点型	0	指定箱形图坐标轴的旋转角度
grid	布尔型	True	指定是否显示箱形图网格线
figsize	二元组	None	指定箱形图窗口的尺寸
layout	二元组	None	必须配合 by 参数一起使用,类似于子图的分区功能
return_type	字符串或 None	axes	指定返回对象的类型,可以输入的参数有 axes、dict、both,当与 by 参数一起使用时,返回的对象为 Series 或 array

任务 3　房屋租赁价格相关因素分析

微课：项目 9 任务 3-
房屋租赁价格相关因
素分析.mp4

为深入理解房屋租赁价格的影响因素,本任务将着重探讨房屋面积与房屋租赁价格的关联性。房屋面积通常是决定房屋租赁价格的一个重要因素,一般而言,房屋面积越大,房屋租赁价格越高。然而,这一关系也会受到房屋地理位置、内部装修档次和配套设施完善程度等多种因素的影响。

为了更直观地揭示房屋面积与房屋租赁价格之间的关系,并且考虑到不同行政区之间可能存在差异性,我们将借助散点图和气泡图进行详细分析。

动一动

（1）使用散点图来清晰地展示温州市瓯海、鹿城和龙湾三个行政区内房屋面积与房屋租赁价格的关联性。通过散点图，我们可以直观地观察到数据点的分布情况，从而分析房屋面积与房屋租赁价格的关联性。

（2）进一步在散点图中引入房间数量这一维度，同时对温州市瓯海、鹿城和龙湾三个行政区内房屋面积、房间数量与房屋租赁价格的关系进行可视化，以提供更全面的信息，帮助我们更深入地理解房屋租赁价格受哪些因素影响，以及各因素之间如何相互作用。

任务单

任务单 9-3　房屋租赁价格相关因素分析

学号：_____　　姓名：_____　　完成日期：_____　　检索号：_____

➜ 任务说明

使用 Matplotlib 来绘制散点图和气泡图，以深入探究温州市瓯海、鹿城和龙湾三个行政区内房屋租赁价格与房屋面积、房间数量等因素的相关性，为市场分析和决策提供有力的数据支撑。

➜ 引导问题

想一想

（1）在对房屋租赁价格的相关因素进行分析时，使用哪些类型的图表比较合适？

（2）什么是散点图？可以用来做什么？

（3）如何使用 Matplotlib 绘制散点图？

（4）散点图与气泡图的关系是什么？

（5）如何使用 Matplotlib 绘制气泡图？

重点笔记区

➜ 任务评价

评价内容	评价要点	分值	分数评定	自我评价
1. 任务实施	绘制散点图	4 分	能绘制散点图得 2 分；能使用不同的形状区分三个行政区的数据得 1 分；能全面绘制散点图中的各个元素得 1 分	
	绘制气泡图	4 分	能绘制气泡图得 1 分；能使用不同的形状区分三个行政区的数据得 1 分；能正确显示颜色条得 2 分	
2. 任务总结	依据任务实施情况进行总结	2 分	总结内容切中本任务的重点和要点得 1 分；能区分散点图与气泡图的应用得 1 分	
合　计		10 分		

任务解决方案关键步骤参考

（1）编写代码，使用散点图可视化双变量之间的关系（面积和价格）。

```python
def plot_scatter():
    plt.figure()
    colors = ['red', 'blue', 'green']
    district = ['鹿城', '龙湾', '瓯海']
    markers = ['o', 's', 'v']

    for i in range(3):
```

```
        x = house.loc[house['district'] == district[i]]['mj']
        y = house.loc[house['district'] == district[i]]['price']
        plt.scatter(x, y, c=colors[i], s=20, label=district[i], marker=markers[i])
    plt.legend()
    plt.xlim(20, 300)
    plt.ylim(0, 10000)
    plt.title('温州市房屋面积与租赁价格的关系', fontsize=20)
    plt.xlabel('房屋面积/平方米', fontsize=16)
    plt.ylabel('房屋租赁价格/（元/套）', fontsize=16)
    plt.show()
plot_scatter()
```

（2）执行代码，温州市三个行政区内房屋面积与租赁价格的关系如图9.9所示。

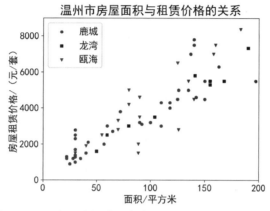

图9.9　温州市三个行政区内房屋面积与租赁价格的关系

（3）可视化房屋面积、房间数量与房屋租赁价格的关系（气泡图）。

```
def plot_scatter():
    fig, ax = plt.subplots(figsize=(9, 7))
    district = ['鹿城', '龙湾', '瓯海']
    # 定义气泡形状
    markers = ['o', 's', 'v']
    # 定义气泡颜色
    cms = [plt.colormaps['Greens'], plt.colormaps['Blues'], plt.colormaps['Reds']]
    disLen = len(district)
    n = 2
    for i in range(disLen):
        x = house.loc[house['district'] == district[i]]['mj']
        y = house.loc[house['district'] == district[i]]['fj']
        z = house.loc[house['district'] == district[i]]['price']
        size = z.rank()
        bubble = ax.scatter(x, y, s=n*size, c=z, label = district[i], marker =
markers[i], cmap=cms[i], linewidth=0.5, alpha=0.5)

        if i == 0:
            plt.xlim(20, 250)
            plt.ylim(0, 5)
```

```
        plt.title('房屋面积、房间数量对房屋租赁价格的影响', fontsize=20)
        plt.xlabel('房屋面积/平方米', fontsize=16)
        plt.ylabel('房间数量/间', fontsize=16)
    # 绘制颜色条
    plt.colorbar(bubble,cax=plt.axes([0.95 + i * 0.1, 0.13, 0.02, 0.78]))
    # 写入颜色的标签
    fig.text(0.95 + i * 0.1, 0.09,district[i])
  plt.show()
plot_scatter()
```

（4）执行代码，房屋面积、房间数量对租赁价格的影响如图 9.10 所示。

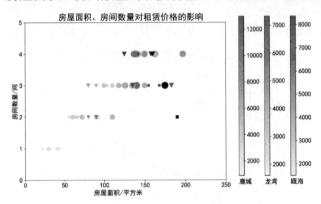

图 9.10　房屋面积、房间数量与租赁价格的影响

9.3.1　散点图

散点图是展现两个变量之间关系的理想选择，它能直观地呈现出数据的原始分布特征。如图 9.11（a）所示，我们可以通过简单的颜色编码（或形状编码）来区分不同的数据组，并且观察它们之间的关系。如果想在散点图的基础上进一步展现第三个变量，我们可以使用点的大小来展现，如图 9.11（b）所示。在某些情况下，我们也称这种图为气泡图，其中每个点所代表的第三个维度的值通过气泡的大小来展现。

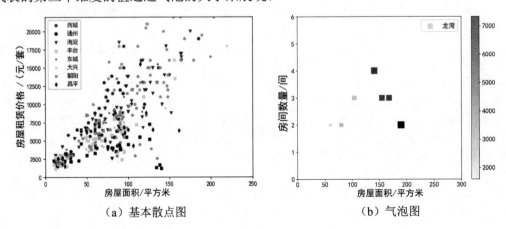

（a）基本散点图　　　　　　　　　　　　　（b）气泡图

图 9.11　基本散点图与气泡图

散点图以一组点的形式在图表上展示数据序列，利用各点在图表中的位置来表示具体的数值。这种图表能够直观地通过散点（坐标点）的分布情况来揭示变量之间的关系。此外，散

点图还可以通过使用不同的标记来区分不同的类别，从而便于比较和分析跨类别的聚合数据。

9.3.2　scatter()函数

scatter()函数用于绘制散点图和气泡图，其官方定义如下。

```
matplotlib.pylot.scatter(
        x, y, s=None, c=None, marker=None, cmap=None, norm=None,
        vmin=None, vmax=None, alpha=None, linewidths=None, verts=None,
        edgecolors=None, hold=None, data=None, **kwargs
        )
```

scatter()函数的主要参数如表 9.5 所示，详情可参见 Matplotlib 官方文档。

表 9.5　scatter()函数的主要参数

参数名	类型	默认值	作用
x	类数组	必填参数	设置散点图的横坐标
y	类数组	必填参数	设置散点图的纵坐标，而且必须与 x 参数的长度相等
s	标量或类数组	None	指定标记面积（大小），默认为20
c	色彩或颜色序列	None	标记颜色
marker	MarkerStyle	None	定义标记样式，默认为 o
cmap	色彩盘（colormap）	None	设置使用的色彩盘
norm	浮点型	None	设置数据亮度，范围为 0~1
vmin		None	vmin 参数和 vmax 参数与 norm 参数一起使用，用于标准化亮度数据。如果未设置对应的参数，则分别使用颜色数组的最小值和最大值。如果已传递了 norm 实例，则忽略 vmin 参数和 vmax 参数的设置
vmax	标量（scalar）	None	
alpha	浮点型	None	设置透明度，范围为 0~1。其中，1 表示不透明，0 表示透明
linewidths	浮点型	None	控制散点图中每个点的边缘线的粗细
edgecolors	色彩或颜色序列	None	设置轮廓颜色

marker 参数的部分参数值如表 9.6 所示。

表 9.6　marker 参数的部分参数值

参数值	英文描述	中文描述
.	point	点
,	pixel	像素
o	circle	圆
v	triangle_down	倒三角形
^	triangle_up	正三角形
<	triangle_left	左三角形
>	triangle_right	右三角形
8	octagon	八角形
S	square	正方形
p	pentagon	五角形
*	star	星形
h	hexagon1	六角形 1
H	hexagon2	六角形 2
+	plus	加号

续表

参数值	英文描述	中文描述
x	X	X 号
D	diamond	钻石
d	thin_diamond	细钻
|	vline	垂直线
_	hline	水平线

散点图中可以使用的部分颜色参数值如表 9.7 所示。

表 9.7　散点图中可以使用的部分颜色参数值

参数值	说明	对应的 RGB 三元数
red 或 r	红色	[1 0 0]
green 或 g	绿色	[0 1 0]
blue 或 b	蓝色	[0 0 1]
yellow 或 y	黄色	[1 1 0]
magenta 或 m	品红	[1 0 1]
white 或 w	白色	[1 1 1]
cyan 或 c	青色	[0 1 1]
black 或 k	黑色	[0 0 0]

任务 4　房源占比分析

为全面了解温州市各个行政区内房源的分布情况，本任务重点进行房源占比分析。这将有助于我们清晰地看到不同行政区房源的占比情况，进而更好地了解房屋租赁市场的结构和特点。

微课：项目 9 任务 4-
房源占比分析.mp4

📝 动一动

使用饼图来直观地展示温州市瓯海、鹿城和龙湾三个行政区内房源所占的百分比。饼图的优势在于能明确地展示出各个行政区内的房源在整体中所占的比例，使我们能够快速掌握各个行政区的房源分布状况。通过这种直观的可视化方式，我们可以更准确地把握温州市房屋租赁市场的整体格局，从而为租房者和投资者提供具有参考价值的信息。

📝 任务单

任务单 9-4　房源占比分析

学号：＿＿＿＿＿＿　　姓名：＿＿＿＿＿＿　　完成日期：＿＿＿＿＿＿　　检索号：＿＿＿＿＿＿

➡ **任务说明**

对温州市瓯海、鹿城和龙湾三个行政区内的房源进行分组统计，并且使用 Matplotlib 绘制饼图来分析各个行政区房源在整体中所占的比例，以更全面地了解温州市不同行政区的房源分布情况。

➡ **引导问题**

🖥 **想一想**

（1）在对房源进行占比分析时可以使用 Pandas 中的什么函数？瓯海、鹿城和龙湾三个行政区内的房源数量分别是多少？

（2）什么是饼图？可以用来做什么？

续表

（3）如何使用 Matplotlib 绘制饼图？饼图能否清晰地展示瓯海、鹿城和龙湾三个行政区内房源的占比情况？是否有必要添加其他图表或注释来辅助说明？

（4）除了饼图，还可以使用什么类型的图表展示占比分析结果？

 重点笔记区

⊙ **任务评价**

评价内容		评价要点	分值	分数评定	自我评价
1. 任务实施		分区统计房源数	3 分	能正确统计出各个行政区的房源数量得 3 分	
		绘制饼图	5 分	能绘制饼图得 2 分；能正确设置饼图中的各项参数得 1 分；能正确显示图例等元素得 2 分	
2. 任务总结		依据任务实施情况进行总结	2 分	总结内容切中本任务的重点和要点得 1 分；能结合市场对结果进行简要说明和解释得 1 分	
	合　计		10 分		

📝 任务解决方案关键步骤参考

（1）编写代码，使用饼图可视化温州市三个行政区内房源的占比情况。

```
# 数据准备
housegrp_dis = house.groupby(['district'], as_index= False)['title'].count()
# print(housegrp_dis)

# 使用饼图可视化温州市三个行政区内房源的占比情况
plt.axes(aspect=1)
explode = [0, 0.1, 0]
plt.pie(housegrp_dis['title'],
labels=housegrp_dis['district'],explode=explode,autopct='%3.1f %%',shadow=True,
labeldistance=1.1, startangle = 90,pctdistance = 0.6)
plt.title(u"温州市三个行政区内房源占比（饼图）")
plt.show()
```

（2）执行代码，温州市三个行政区内的房源占比如图 9.12 所示。

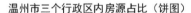
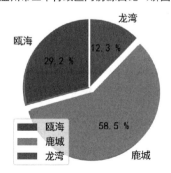

图 9.12　温州市三个行政区内的房源占比

9.4.1 饼图

饼图（Sector Graph 或 Pie Graph）主要用于直观地展示比例和份额类数据。在饼图中，数据表中的一列或一行数据会被转换为扇形区域，每个扇形的大小代表该项数据在总和中所占的比例。通常，饼图用于展示单一数据系列。当需要展示多个数据系列时，可以考虑使用环形图（Ring Diagram），它由两个或更多大小不一致的饼图叠加而成，通过挖去中间部分形成环状图形。

9.4.2 pie()函数

Matplotlib 中 pie()函数的官方定义如下。

```
matplotlib.pylot.pie(
    x, explode = None, labels = None,
    colors =('b', 'g', 'r', 'c', 'm', 'y', 'k', 'w'), autopct = None,
    pctdistance = 0.6, shadow = False, labeldistance = 1.1, startangle = None,
    radius = None, counterclock = True, wedgeprops = None, textprops = None,
    center =(0, 0), frame = False
    )
```

pie()函数的参数如表 9.8 所示。

表 9.8　pie()函数的参数

参数名	类型	默认值	作用
x	类数组（array-like）	必填参数	必填参数，表示每个扇形区域的比例，如果 sum(x)>1，则会使用 sum(x)自动进行归一化处理
explode	类数组	None	表示每个扇形区域离开中心点的距离
labels	列表	None	表示每个扇形区域外侧显示的说明文字
colors	类数组	None	用于指定每个扇形区域的颜色
autopct	字符串或函数	None	用于控制饼图内百分比的显示比例，可以使用 format 字符串或 format 函数，如字符串 "%1.1%%"
pctdistance	浮点型	0.6	与 labeldistance 类似，用于指定 autopct 的位置
shadow	布尔型	True	表示是否绘制阴影
labeldistance	浮点型	1.1	说明 labels 的绘制位置，如果值小于 1，则绘制在饼图内侧
startangle	浮点型	None	表示起始绘制角度，默认从 x 轴正方向逆时针开始绘制，如果设置为 90，则从 y 轴正方向开始绘制
radius	浮点型	None	用于控制饼图的半径
counterclock	布尔型	True	表示是否让饼图按逆时针顺序呈现
wedgeprops	字典	None	设置饼图内外边界的属性，如边界线的粗细、颜色等
textprops	字典	None	设置饼图中文本的属性，如字体大小、颜色等
center	浮点型列表	(0, 0)	指定饼图的中心位置
frame	布尔型	False	是否要显示饼图的图框，如果设置为 True，则需要同时控制图中 x 轴、y 轴的范围和饼图的中心位置

任务 5 房屋租赁价格预测分析

当一个变量显著地随另一个变量变化，特别是当它们之间存在较大的协方差时，折线图（Line Chart）是最佳的可视化工具。折线图特别适用于展示随时间变化的连续数据，能够清晰地揭示在固定时间间隔下数据的趋势。本任务中以房间数量为自变量，构建预测房屋租赁价格的数学关系式。

微课：项目 9 任务 5-房屋租赁价格预测分析.mp4

📝 动一动

本任务将按照行政区，使用一元线性回归模型深入探究房间数量与房屋租赁价格之间的相关性，并且使用折线图来直观地展示分析后的结果，以便更清晰地理解二者之间的关系。

📝 任务单

<table>
<tr><td colspan="5" align="center">任务 9-5 房屋租赁价格预测分析</td></tr>
<tr><td>学号：_____</td><td>姓名：_____</td><td>完成日期：_____</td><td colspan="2">检索号：_____</td></tr>
<tr><td colspan="5">

➡ 任务说明

预测分析是一种基于历史数据，运用统计方法和机器学习技术来预测未来趋势和结果的过程。在对房屋租赁价格进行预测分析时，我们将使用一元线性回归模型深入探究房间数量与房屋租赁价格之间的关系，并且通过折线图直观地展示这种关系。

</td></tr>
<tr><td colspan="5">

➡ 引导问题

📖 **想一想**

（1）什么是预测分析？预测分析方法有哪些？

（2）如何使用机器学习技术对房屋租赁价格进行预测？具体步骤有哪些？

（3）使用 sklearn 实现一元线性回归的步骤有哪些？得到的模型有哪些参数？

（4）如果房间数量加一，则预计房屋租赁价格将如何变化？

（5）基于当前数据和一元线性回归模型，对于具有特定房间数量的房屋，我们可以预测其大致的房屋租赁价格范围吗？

（6）是否有必要考虑其他因素（如地理位置、房屋设施、装修状况等）来改进预测模型？

✏️ **重点笔记区**

</td></tr>
</table>

➡ 任务评价

评价内容	评价要点	分值	分数评定	自我评价
1. 任务实施	模型构建	1 分	能正确使用 sklearn 初始化回归方程得 1 分	
	模型训练	3 分	能使用不同的分类历史数据对回归模型分别进行训练得 3 分，每项 1 分，共 3 分	
	模型展现	4 分	能正确读取线性回归模型的关键参数得 1 分；能使用 3 种不同的格式展现 3 个模型分别得 1 分，共 3 分	
2. 任务总结	依据任务实施情况进行总结	2 分	能说明一元线性回归模型的局限性得 1 分；能提出相对合理的解决方案得 1 分	
	合　计	10 分		

任务解决方案关键步骤参考

（1）编写以下代码。

```
from sklearn import linear_model

def plot_scatter():
    plt.figure()
    colors = ['red', 'blue', 'green']
    district = [u'鹿城', u'龙湾', u'瓯海']
    markers = ['o', 's', 'v']

    for i in range(3):
        x = house.loc[house['district'] == district[i]]['fj']
        y = house.loc[house['district'] == district[i]]['price']
        plt.scatter(x, y, c=colors[i], s=20, label=district[i], marker=markers[i],
alpha=0.3)
    for i in range(3):
        x = house.loc[house['district'] == district[i]]['fj']
        y = house.loc[house['district'] == district[i]]['price']
        house1 = house.loc[house['district'] == district[i]]

        regr = linear_model.LinearRegression()
        regr.fit(house1[['fj']],house1[['price']])
        x = np.arange(0,5,0.05)
        y = regr.coef_*x + regr.intercept_
        plt.plot(x,y.T,c=colors[i],label=district[i])
    plt.legend()
    plt.xlim(0, 5)
    plt.ylim(0, 16000)
    plt.title('温州市房间数量对房屋租赁价格的影响', fontsize=20)
    plt.xlabel('房间数量/间', fontsize=16)
    plt.ylabel('房屋租赁价格/（元/套）', fontsize=16)
plt.legend(loc = 2)
    plt.show()
plot_scatter()
```

（2）执行代码，温州市三个行政区内房间数量对房屋租赁价格的影响如图 9.13 所示。

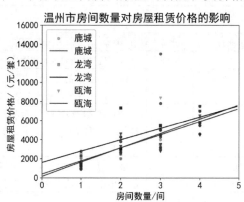

图 9.13 温州市三个行政区内房间数量对房屋租赁价格的影响

9.5.1　sklearn 简介

scikit-learn（简称 sklearn）是一个功能强大的 Python 机器学习库，包含了多个模块，每个模块都针对机器学习的不同方面提供了丰富的工具和功能。以下是 sklearn 中的几个核心模块。

- 预处理（Preprocessing）模块：这个模块提供了数据预处理所需的各种功能，如数据标准化、缺失值处理、特征编码和特征选择等。预处理是机器学习流程中非常关键的一步，它可以帮助改善模型的性能并提升数据的可解释性。
- 分类（Classification）模块：分类模块包含了各种分类算法，如支持向量机（Support Vector Machine, SVM）、K 近邻（K-Nearest Neighbor, KNN）、随机森林（Random Forest）等。这些算法可以帮助识别数据的不同类别，广泛应用于图像识别、垃圾邮件识别等领域。
- 回归（Regression）模块：回归模块提供了用于预测连续值属性的算法，如线性回归、岭回归（Ridge Regression）和支持向量回归（Support Vector Regression, SVR）等。这些算法在药物反应预测、股价预测等场景中发挥着重要作用。
- 聚类（Clustering）模块：聚类模块包含了一系列聚类算法，如 K 均值聚类、层次聚类等。这些算法可以将相似的对象自动分组，有助于客户细分、实验结果分组等。
- 模型选择（Model Selection）模块：模型选择模块提供了交叉验证、超参数搜索等功能，帮助用户选择最佳的模型和参数配置。这有助于优化模型的性能，并且避免过拟合或欠拟合等问题。
- 特征提取（Feature Extraction）模块：特征提取模块专注于从原始数据中提取有意义的特征。特别是在处理文本或图像数据时，它提供了工具（如 CountVectorizer 和 TfidfVectorizer），可以将文本转换为数值向量，以便机器学习算法处理。

除了以上几个核心模块，sklearn 还包括降维（Dimensionality Reduction）等模块，每个模块都针对特定的机器学习任务提供了丰富的算法和工具。通过使用这些模块，用户可以轻松地构建、训练和评估各种机器学习模型，从而解决实际应用中的问题。

9.5.2　sklearn 实现线性回归分析

在 sklearn 中，线性回归分析是通过 LinearRegression 类来实现的。这个类提供了拟合线性模型的方法，并且可以对新的数据进行预测。使用 LinearRegression 类进行线性回归分析的基本步骤如下。

（1）导入类：导入 sklearn.linear_model 中的 LinearRegression 类和用于数据处理的 Pandas 库（如果需要）。

```
from sklearn.linear_model import LinearRegression
import pandas as pd
```

（2）加载数据：加载或创建数据集。数据集应该包含特征（自变量）和目标变量（因变量）。

```
# 假设你有一个 DataFrame df，其中 X 是特征列，y 是目标列
X = df[['feature1', 'feature2', …]]  # 特征矩阵
y = df['target']  # 目标变量
```

（3）划分数据集（可选）：将数据划分为训练集和测试集，以便评估模型的性能。

```
from sklearn.model_selection import train_test_split
X_train, X_test, y_train, y_test = train_test_split(X, y, test_size=0.2,
random_state=42)
```

（4）创建线性回归模型的实例：使用 LinearRegression 类创建线性回归模型的实例。

```
model = LinearRegression()
```

（5）拟合模型：使用训练数据（X_train 和 y_train）来拟合（训练）模型。

```
model.fit(X_train, y_train)
```

（6）预测：使用训练好的模型对测试集（或新的数据）进行预测。

```
y_pred = model.predict(X_test)
```

（7）评估模型：计算模型的性能指标，如均方误差（Mean Squared Error，MSE）。

```
from sklearn.metrics import mean_squared_error
mse = mean_squared_error(y_test, y_pred)
print(f"Mean Squared Error: {mse}")
```

（8）使用模型：一旦模型被训练和评估，就可以使用它来对新数据进行预测。

```
# 对新数据进行预测
new_data = [[feature_value1, feature_value2, …]]
new_prediction = model.predict(new_data)
```

此外，为了获得更好的模型性能，通常还需要进行特征缩放、处理异常值等。

9.5.3 折线图

折线图是一种常见的数据可视化工具，它主要用于呈现数据随时间或其他连续变量的变化趋势。在折线图中，各个数据点通过线段紧密相连，形成一条连续、流畅的曲线或折线，使数据的变化趋势和波动情况一目了然。在 Python 中，我们可以借助 Matplotlib 中的 plot()函数绘制精美的折线图。

9.5.4 plot()函数

plot()函数是一个用于绘制 2D 图形的基础函数，它被广泛应用，具有灵活的参数设置。其官方定义如下。

```
matplotlib.pyplot.plot(*args, scalex=True, scaley=True, data=None, **kwargs)
```

其中，*args 是变量长度参数，允许传入多个序列（如列表或数组）作为 x 和 y 坐标值。例如，plot(x, y)会绘制 y 关于 x 的图形。如果只传入一个序列，如 plot(y)，则 x 坐标会默认为"0, 1, 2, …"等序列索引。**kwargs 是关键字参数，用于指定各种图形属性，如线条样式、颜色、标记等。例如，linestyle 用于设置线条的样式（实线、虚线等），color 用于设置线条的颜色，marker 用于设置数据点的标记类型，alpha 用于设置线条或标记的不透明度等。

需要注意的是，plot()函数默认会将数据点通过直线连接起来，形成折线图。但如果传入的数据点较多且它们之间的变化较为平滑，则图形可能会看起来更像是一条曲线。

任务 6　房源地理位置分布分析

热力图（Heat Map）凭借其特殊的高亮显示技术，能够清晰地揭示用户偏好的页面区域及其地理分布，现在也被广泛用于标识各类事件的高发地区。

为了更好地理解和呈现房源的地理分布，我们将采用地图工具进行详尽的分析和展示。

微课：项目 9 任务 6-
房源地理位置分布分
析.mp4

动一动

（1）使用百度地图的接口，精确地获取每一处房屋具体地址对应的经纬度。这一步骤是确保地理位置分布分析准确无误的关键。

（2）整合经纬度数据，使用地图可视化技术，在地图上精确地标注出所有房源的位置，可以直观地看到房源分布的密集区和稀疏区，从而更深入地理解房屋租赁市场的地理特征。这不仅有助于租房者更高效地找到心仪的房源，也为投资者和房地产开发商提供了宝贵的市场信息。

任务单

<table>
<tr><td colspan="4" align="center">任务 9-6 房源地理位置分布分析</td></tr>
<tr><td>学号：_____</td><td>姓名：_____</td><td>完成日期：_____</td><td>检索号：_____</td></tr>
</table>

➡ 任务说明

热力图是一种使用颜色来表示数据值的图表。在本任务中，热力图用于直观地展示不同行政区的房源分布情况。我们可以通过房屋的具体地址获取房源的经纬图，并且结合地图展现房源的分布情况。

➡ 引导问题

想一想

（1）如何获取地理位置数据？有哪些第三方接口可以使用？是否准确可靠？

（2）如何访问百度地图的接口获取房屋具体地址的经纬度？

（3）如何将房源数据展示在地图上？房源主要分布在哪些区域？各区域的房源数量分布如何？是否存在某些区域的房源数量异常多或异常少的情况？

（4）对个人来说，如何根据地理分布分析结果来制定投资策略或调整租赁策略？

重点笔记区

➡ 任务评价

评价内容	评价要点	分值	分数评定	自我评价
1. 任务实施	获取经纬度	4 分	能获取第三方工具的访问许可得 1 分；能成功获取一个地址对应的经纬度得 1 分；能获取所有房源的经纬度，并且正确保存得 2 分	
	位置分布分析	4 分	能将房源数据载入至第三方地图得 1 分；能在地图上全面展现所有房源数据得 2 分；能正确保存结果得 1 分	
2. 任务总结	依据任务实施情况进行总结	2 分	能准确分析并解释结果得 1 分；能为投资者提供决策得 1 分	
合　计		10 分		

任务解决方案关键步骤参考

（1）申请 AK，获得访问许可。

如果使用百度地图的接口获取房屋地理位置的经纬度信息，则需要注册成为百度开发者，申请相应的密钥，并且编写一个模块，该模块能够根据房屋的具体地址，通过百度地图获取其对应的经纬度信息。登录百度地图开放平台注册用户，并且创建服务器应用类型的 AK，生成并获得相应的 AK，如图 9.14 所示。

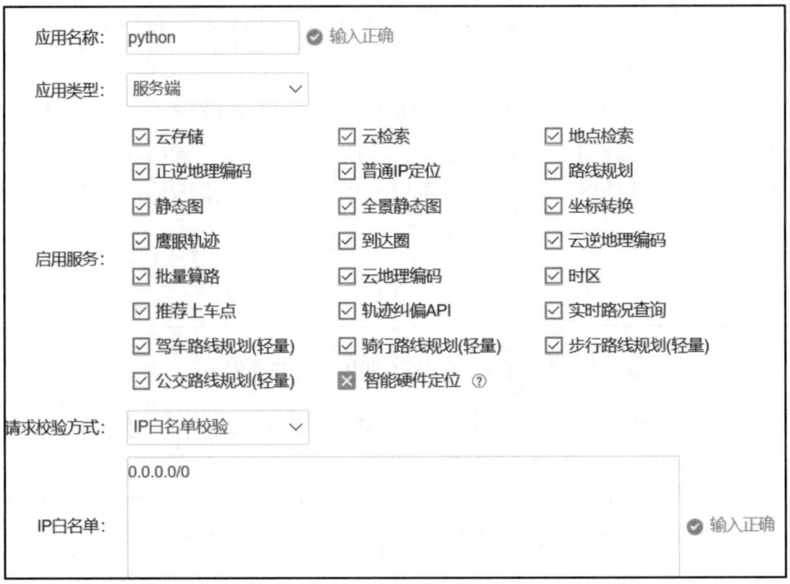

图 9.14　生成并获得相应的 AK

（2）编写代码，调用接口以获取房屋具体地址对应的经纬度。

```python
# 使用百度地图的接口获取房屋具体地址对应的经纬度
class Html(object):
    soup = None
    def __init__(self, address):
        url0 = 'http://api.map.baidu.com/geocoder/v2/?address='
        ak = '使用自己申请的 AK 填入'
        self.address = address
        city = '温州市'
      baiduAPI_url = url0 + address + '&city=' + city + '&output=json&pois=1&ak=' + ak
        html = requests.get(baiduAPI_url).text  # 获取查询页的 HTML
        self.soup = BeautifulSoup(html, features="html.parser")  # 得到 soup 对象
    def get_location(self):
        result = self.soup.get_text()
        print result
        try:
            st1 = result.find('"lng":')
            end1 = result.find('"lat":')
            lng = float(result[st1+6:end1-1])
          # print lng
            end2 = result.find(',"precise"')
            lat = float(result[end1+6:end2-1])
          # print lat

        except BaseException:
            return 0, 0
        else:
            return lng, lat
```

```python
address = house['area']
price = house['price']
# 创建空列表 coord，用于存储房屋的经纬度
coord = []
# 循环遍历房屋的具体地址，通过百度地图的接口获取其对应的经纬度，并且存入 coord 列表
for addr in address:
    # print addr
    loc = Html(addr).get_location()
    coordinate = str(loc).strip('()')
    coord.append(coordinate)


coord_column = pd.Series(coord, name='coord')
save = pd.DataFrame({'coord': coord_column})
save.to_csv("coord.csv", encoding="gbk", columns=['coord'], header=True,
index=False)


for i in range(len(house)):
    lng = str(coord_column[i].split(', ')[0])
    lat = str(coord_column[i].split(', ')[1])
    count = str(price[i])
    out = '{\"lng\":' + lng + ',\"lat\":' + lat + ',\"count\":' + count + '},'
    print(out)
```

百度地图的接口返回的部分经纬度如图 9.15 所示。

```
{"lng":120.62071368707426,"lat":27.964613394067253,"count":4500},
{"lng":120.72526360263237,"lat":27.98397406910575,"count":4600},
{"lng":120.72526360263237,"lat":27.98397406910575,"count":5500},
{"lng":120.71152556135405,"lat":28.005438624454136,"count":4500},
{"lng":120.67132802740676,"lat":28.028851156927992,"count":3000},
{"lng":120.72172907767225,"lat":28.010103886741277,"count":5000},
{"lng":120.67178722950533,"lat":28.00121172622332,"count":13000},
{"lng":120.69157676070594,"lat":27.98949300097254,"count":1380},
{"lng":120.70937420499737,"lat":28.002917519671104,"count":7500},
{"lng":120.62071368707426,"lat":27.964613394067253,"count":2800},
{"lng":120.68972017425953,"lat":27.999136621612873,"count":4600},
```

图 9.15　百度地图的接口返回的部分经纬度

（3）使用百度地图开放平台中的代码编辑器展示热力图。

首先，我们需要再创建一个 AK，将应用类型设置为浏览器。

```html
<script type="text/javascript" src="http://api.map.baidu.com/api?v=2.0&ak=
***********"></script>
```

其次，设置中心点和地图的初始缩放比例。

```javascript
var map = new BMap.Map("container");        // 创建地图实例
var point = new BMap.Point(120.65029680539033, 27.964613394067255);
map.centerAndZoom(point,13.5);                // 初始化地图，设置中心点和初始缩放比例
```

最后，将上述获取的所有经纬度信息粘贴到 points 中。

```javascript
var points =[{"lng":120.65029680539033,"lat":28.017170429729519,"count":800},
{"lng":120.65675472819095,"lat":28.003560697418448,"count":550},
{"lng":120.69157588750697,"lat":27.989555139505119,"count":1280},]
```

登录网站将对应的 HTML 代码粘贴到代码编辑器中，执行即可得到相应的结果。

地图中热力图点的尺寸、透明度和梯度的信息可以自行设置。在浏览器中可以拖曳和缩

放地图。在不同放大倍率下可以设置合适的热力图点参数，以更好地展示数据。

（4）借助第三方包实现热力图。

导入 folium 包，并且编写以下代码。

```python
import pandas as pd
from folium.plugins import HeatMap
import folium

house = pd.read_csv('result.csv', encoding='gbk')
coord_column = pd.read_csv('coord.csv', encoding='gbk')
address = house['area']
price = house['price']
dict=[]
for i in range(len(house)):
    lng = coord_column.coord[i].split(', ')[0]
    lat = coord_column.coord[i].split(', ')[1]
    count = price[i]
    dict.append([float(lat),float(lng),float(count)])

m = folium.Map([27.964613394067255,120.65029680539033],tiles='stamentoner', zoom_start=13.5)
HeatMap(dict).add_to(m)
m.save('Heatmap.html')# 存放路径
```

（5）运行程序，打开对应的 HTML 文件即可查看返回的经纬度结果。这些结果以 JSON 格式显示。为方便理解，下面对 JSON 格式及其在 Python 中的使用进行简要说明。

📖 学一学

JSON（JavaScript Object Notation）是一种轻量级的数据交换格式，专门用于传输由属性值和序列值构成的数据对象。其数据结构以键值对为基础，主要包括两种形式：一种是对象（Object），使用大括号{}来表示，形如{key1:val1, key2:val2}；另一种是数组（Array），使用方括号[]来表示，形如[val1, val2, …, valn]。

JSON 格式的读操作如下。

（1）从文件中读取：json.load()。

（2）从字符串变量中读取：json.loads()。

JSON 格式的写操作如下。

（1）写入文件：json.dump()。

（2）写入字符串变量：json.dumps()。

拓展实训：二手房数据可视化分析

【实训目的】

通过本拓展实训，学生能够熟练掌握 Matplotlib 的使用方法，以及各种常用图表类型的应用。

【实训环境】

PyCharm 或 Anaconda、Python 3.11、Pandas、NumPy、Matplotlib、sklearn、folium。

【实训内容】

根据给定的温州市部分行政区内在售二手房数据，对各项内容进行分析和可视化。二手房房源数据信息页如图 9.16 所示。

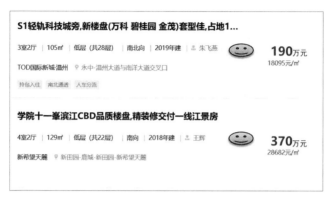

图 9.16　二手房房源数据信息页

1. 二手房数据准备

从网站中分析出有用的数据，包括标题、单价、总价、面积、房间数量、房龄、地理位置和其他可用信息，编写代码以获取数据并将结果保存为 CSV 文件。获取的部分数据如图 9.17 所示。

	title	fj	mj	dj	price	fl	concretec	area
0	总价60万起阳光100浅水湾精装带地暖家门口就是沙滩	2	55.0	11818	65.0	1	\r2室1厅|55㎡|低层（共16层）|南北向|2 年建|周	\r阳光100浅水湾\r洞头-洞头区环岛公路230号
1	208万售全新婚装理想佳园三室一书房	3	89.3	23292	208.0	7	\r3室2厅|89.3㎡|低层（共10层）|南向|2 年建|叶	\r理想佳苑\r汤家桥-上江路213号
2	(公园一览无余)新城新田园六组团 142平精装大3室2卫	3	142.0	25718	365.2	11	\r3室2厅|142㎡|高层（共15层）|南北向|2 年建|甘	\r新田园住宅区\r新田园-鹿城区新田路
3	公元上城一手楼盘首付30万享受优惠价,免费带看享受贵宾通道	3	88.0	12386	109.0	1	\r3室2厅|88㎡|高层（共25层）|南北向|2 年建|戴	r瓯江公元上城\r洞头-瓯江口新区瓯锦大道与霓鸿街交汇处(新月公园对
4	瓯江口新区 公元上城88到139平 精装修 四大房 发展大	3	89.0	12584	112.0	1	\r3室2厅|89㎡|中层（共28层）|南北向|2 年建|	r瓯江公元上城\r洞头-瓯江口新区瓯锦大道与霓鸿街交汇处(新月公园对

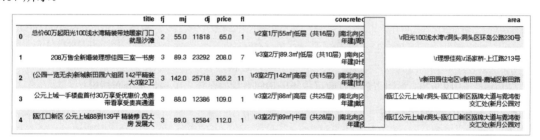

图 9.17　获取的部分数据

从 CSV 文件中读取已获取的数据，包括标题、单价、总价、面积、房间数量、房龄、地理位置及其他可用信息，并且观察和解析数据。

2. 二手房价格统计分析

获取温州市部分行政区内在售二手房的最高房价、最低房价、平均房价、中位数房价，统计结果如图 9.18 所示。

```
温州市部分行政区内在售二手房最高房价：2160.00万元/套
温州市部分行政区内在售二手房最低房价：30.00万元/套
温州市部分行政区内在售二手房平均房价：260.22万元/套
温州市部分行政区内在售二手房中位数房价：215.50万元/套
```

图 9.18　温州市部分行政区内在售二手房价格统计结果

使用直方图展现温州市部分行政区内在售二手房价格的统计结果，横坐标为二手房价格，纵坐标为房源数量，如图 9.19 所示。

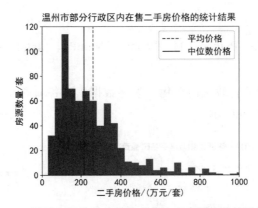

图 9.19　温州市部分行政区内在售二手房价格的统计结果

3. 二手房价格分布分析

使用箱形图展现温州市部分行政区内不同房间数量的在售二手房价格分布情况，如图 9.20 所示。

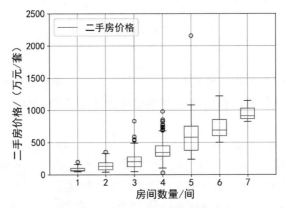

图 9.20　温州市部分行政区内不同房间数量的在售二手房价格分布情况

4. 二手房价格相关分析

使用散点图展现温州市部分行政区内在售二手房面积与价格的关系，如图 9.21 所示。

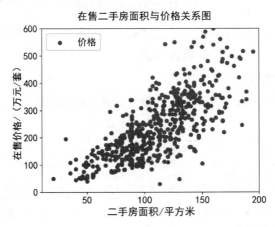

图 9.21　温州市部分行政区内在售二手房面积与价格的关系

使用气泡图展现温州市部分行政区内在售二手房面积、房龄与价格的关系，如图 9.22 所示。

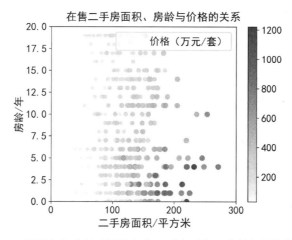

图 9.22 温州市部分行政区内在售二手房面积、房龄与价格的关系

5. 二手房房源占比分析

使用饼图展现温州市部分行政区内不同房间数量的在售二手房房源占比,如图 9.23 所示。

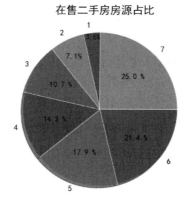

图 9.23 温州市部分行政区内不同房间数量的在售二手房房源占比

6. 二手房总价分析与预测

使用多元线性回归模型对房屋价格进行预测。使用面积、房间数量、房龄等因素对房屋价格进行预测。

7. 二手房房源地理位置分布分析

调用接口,以地图的形式展现每个行政区内二手房房源的数量,并且展现各个行政区内二手房房源的价格。

项目考核

【选择题】

1. ( ) 是 Python 中的二维图形库。

A. Matplotlib   B. Pandas   C. NumPy   D. BoKeh

2. 我国 4 个直辖市分别为北京市、上海市、天津市和重庆市。已知 4 个直辖市某年第二季度的地区生产总值。要比较这样一组数据,使用 ( ) 来进行可视化比较合适。

A. 折线图   B. 饼图   C. 柱状图   D. 直方图

3．从宏观角度来看，数据可视化的功能不包括（　　　）。

A．信息记录　　　　　B．信息的推理分析　　　　C．信息清洗　　　D．信息传播

4．散点图矩阵通过（　　　）坐标系中的一组点来展示变量之间的关系。

A．一维　　　　　　　B．二维　　　　　　　　　C．三维　　　　　　D．多维

5．数据可视化在房屋租赁市场分析中的主要优势是什么？（　　　）

A．提高数据处理速度　　　　　　　　　　B．便于发现数据中的异常值

C．直观展示市场趋势和特点　　　　　　　D．增强数据的存储能力

6．在数据可视化过程中，热力图通常用于展示什么？（　　　）

A．数据的整体分布情况　　　　　　　　　B．数据之间的相关性

C．不同区域的数据差异　　　　　　　　　D．数据随时间的变化趋势

7．以下哪项不是数据可视化分析在房屋租赁市场中的潜在应用？（　　　）

A．价格趋势预测　　　　　　　　　　　　B．区域竞争力评估

C．房源类型需求分析　　　　　　　　　　D．房屋建筑设计优化

【填空题】

数据可视化的主要作用包括＿＿＿＿＿＿＿、＿＿＿＿＿＿和＿＿＿＿＿＿3 个方面，这也是可视化技术支持计算机辅助数据认知的 3 个基本阶段。

【判断题】

1．Matplotlib 可以直接显示中文。（　　　）

2．数据可视化可以帮助市场参与者更好地理解房屋租赁市场的动态变化。（　　　）

3．通过热力图，我们可以清晰地看出不同区域房屋租赁价格的差异。（　　　）

4．数据清洗在房屋租赁市场数据可视化分析中不是必要的步骤。（　　　）

5．数据可视化技术可以为房屋租赁市场的决策提供科学依据，但无法为市场参与者提供有益的参考信息。（　　　）

【简答题】

数据可视化的内涵是什么？

项目 10

二手车数据可视化分析

项目描述

在新时代的浪潮下，随着我国经济的迅猛增长和人民生活品质的显著提升，汽车已经成为众多家庭的日常出行工具。然而，汽车数量的持续增加也催生了二手车市场的蓬勃发展，使其成为一个备受瞩目的经济板块。二手车市场的有序发展，既关乎广大消费者的利益，也体现了资源循环利用与绿色发展的核心理念。

党的二十大报告着重强调了创新驱动的发展战略。在这样的国家战略的引领下，我们深刻认识到数据分析和可视化在二手车市场中的关键作用。借助数据可视化，我们能够洞察二手车市场的实时动态，探寻市场运行的内在规律，为政府决策、企业运营和消费者选择提供数据支撑。

本项目致力于运用 Python 及其相关的第三方库进行数据可视化分析，深度发掘二手车市场的隐藏价值。我们将广泛收集二手车交易数据，通过精细化的数据分析，揭示市场的发展趋势、价格波动等关键信息。这不仅将大幅提升二手车市场的透明度和运作效率，也有助于营造公平竞争的市场环境，促进二手车行业的持续健康发展。

同时，本项目也积极响应党的二十大报告中关于绿色发展的倡导。通过数据可视化，我们能够更精准地掌握哪些车型、哪些年份的二手车更受市场青睐、性价比更优，从而为环保部门提供决策依据，推动资源的优化配置和循环经济的深入发展。

学习目标

知识目标

- 掌握数据可视化的应用，熟悉不同图表类型（如提琴图、热力图、饼图等）的适用场景和应用。
- 熟悉与数据可视化相关的 Python 第三方库的使用方法，如 Matplotlib、Seaborn、wordcloud、Pyecharts 等。
- 了解二手车市场的运作机制和数据特点，包括价格变化因素，掌握如何通过数据可视化手段揭示二手车市场的相关规律和问题。

能力目标

- 能够独立收集、整理和处理二手车交易数据。
- 能熟练运用 Matplotlib、Seaborn、wordcloud、Pyecharts 进行数据分析和数据可视化，能根据应用生成直观、易懂的数据图表（重点：《大数据应用开发（Python）职业技能等级标准》中级 3.3.1）。
- 能结合应用需求，设置正确的参数对 Seaborn 生成的图表中的各项内容进行调整（《大数据应用开发（Python）职业技能等级标准》初级 3.3.2）。

- 能通过数据可视化分析，在大量的二手车数据中提取有价值的信息，并且提出相应的建议或解决方案（《大数据应用开发（Python）职业技能等级标准》中级 3.3.3）。

素质目标

- 培养创新思维和解决问题的能力，能灵活应对项目实施过程中遇到的各种挑战。
- 提升自我学习和持续学习的意识，能主动学习新技术、新方法。
- 树立绿色发展理念，关注资源循环利用和环境保护。
- 培养良好的职业道德和团队协作精神，能与有不同背景的人有效沟通和合作。

任务分析

本项目遵循以下核心步骤。

首先，借助 Pandas 对数据进行初步的描述性统计分析，深入探索数据的分布、平均值、中位数和标准差等核心指标。这个步骤为我们展示了数据的概貌，为后续的数据可视化工作指明了方向。

然后，使用 Matplotlib 和 Seaborn，根据初步分析的结果，精心绘制柱状图、折线图、饼图、提琴图等多种图表。这些直观的数据可视化工具可以帮助我们更深入地理解数据，并且揭示其中蕴含的模式与发展趋势。

接着，深入探讨二手车价格与车龄、里程数、品牌和车型等多个特征之间的内在联系，并且通过图表清晰地展示出来。价格是二手车市场的核心特征，深入剖析价格与其他变量的关系，旨在为消费者提供购车建议。同时，我们可以对不同品牌和车型的二手车在二手车市场上的受欢迎程度及其价格动态进行分析，旨在为消费者提供更丰富的购车参考信息。

最终，通过 Pandas 计算出各要素间的相关系数，并且利用热力图进行展示。这一步不仅可以帮助我们洞察各要素之间的复杂关系，还为我们更全面地理解数据提供了支持，从而深化对二手车市场的认识。

相关知识

在数据分析和可视化的过程中，第三方库扮演着重要的角色，它们为用户提供了丰富的图表类型和交互功能，从而大大降低了数据可视化的复杂性。

ECharts 是一个功能强大的开源数据可视化库，它不仅能在 PC 和移动设备上流畅运行，还兼容多种主流浏览器，为用户带来了极致的灵活性和高度的个性化定制体验。Pyecharts 是 ECharts 的 Python 封装，它提供了丰富的图表类型，包括柱状图、折线图、散点图、饼图等，可以满足不同类型的数据的可视化需求。在数据分析领域，它可以用于展示数据的分布情况、趋势和关联性；在业务报告中，它可以用于制作直观且美观的图表来展示业务数据；在科研领域中，它也可以用于绘制实验数据图表等。

除了 Pyecharts，Python 还有其他强大的可视化库，如 Seaborn 库。Seaborn 库是基于 Matplotlib 的更高层封装，它为用户提供了一个更简洁和高级的接口来绘制具有吸引力的图表。Seaborn 不仅使绘制图表变得更加简单快捷，还提高了图表的美观度和信息量。通过这个库，用户可以轻松地绘制各种图表，如分布图、热力图和聚类图等，而无须编写复杂的代码。

Seaborn 库在数据可视化领域的应用非常广泛。例如，在数据分析过程中，如果需要探究两个变量之间的关系，则可以使用 Seaborn 快速生成散点图或热力图，从而直观地展示变量之间的相关性。此外，在进行数据探索和清洗时，可以使用 Seaborn 快速生成直方图或 KDE 图（核密度估计图），从而展示数据的分布情况，迅速识别数据的异常值。

在机器学习项目中，Seaborn 同样表现出色。例如，在特征选择和模型评估阶段，可以使用 Seaborn 生成的成对关系图（Pairplot）来观察多个特征之间的关系，或者使用热力图来可视化混淆矩阵，评估分类模型的性能。

♻ 素质养成

在本项目的任务实施过程中，为确保项目的顺利进行，我们需要精心规划并严格执行以下步骤。

在项目启动前，自主预习数据可视化的前沿技术和工具，深入理解数据处理的基础知识及数据可视化的最新发展动向。这样，在项目开始时，我们就已具备了一定的理论背景和实际操作能力。

在确定项目的分析目标和方向后，广泛阅读文献，以打破传统数据可视化的框架，从全新的视角和方法中汲取灵感，提出独到的见解和方案。

在数据获取阶段，我们必须严格遵守数据的合法性原则。特别是在进行数据爬取时，应深思如何在充分尊重和保护用户隐私的基础上，合理、合法地获取所需数据。

在设计数据可视化界面时，我们始终要把用户体验放在首位。这不仅是为了制作出更直观、易懂的可视化作品，也是在培养自身的职业素养。要学会从用户的角度出发，思考问题并寻求解决方案。

在展示项目成果时，我们强调诚信和真实性原则。我们严禁任何形式的夸大和虚构，要求真实、客观地展示项目成果。同时，我们应鼓励团队成员之间相互评价、相互学习，以此营造积极向上的学习氛围，培养团队协作精神。

♻ 项目实施

本项目主要涉及品牌、车型、排量、价格、城市、国标、购买年份、里程数等数据。在任务推进过程中，我们可以深入挖掘这些数据，以获得对二手车市场的全面洞察。在任务实施过程中，我们可以结合品牌、车型，统计不同车型的二手车数量，了解二手车市场上哪些车型比较受欢迎，分析品牌与二手车价格的关系，观察不同品牌二手车的价格分布情况；可以结合城市，通过地图可视化技术展示各城市的二手车数量分布情况，进一步分析不同城市的二手车价格的差异，洞察地域性市场特征；可以结合购买年份和里程数，统计二手车的购买年份分布情况，进而推断出车辆的大致使用年限，为评估车辆性能和剩余价值提供重要参考。

通过以上多维度的深入分析和可视化呈现，我们能够初步描绘出二手车市场的整体轮廓。这些数据不仅为消费者提供了宝贵的购车建议，也为二手车交易平台和相关企业提供了市场分析和决策支持，助力他们在激烈的市场竞争中抢占先机。

任务 1　使用常见图表对二手车数据进行分析

微课：项目 10 任务 1-
使用常见图表对二手车
数据进行分析.mp4

　　为了深入分析二手车市场，我们从网络上系统地收集了用户公开发布的二手车销售信息。经过初步整理，这些数据已被保存在 esc.csv 文件中。数据集涵盖了很多关键信息，如车辆名称（或标题）、排量、价格、城市、国标、购买年份和里程数等。本任务对这些数据进行综合统计与分析，并且绘制区域价格对比图和价格分布直方图。

动一动

　　（1）基于车辆的购买年份和当前年份，构造一个新的特征——车龄，用于表示车辆的使用年限。同时，对二手车数据进行全面的描述性统计分析，以揭示数据的整体特征和分布情况。

　　（2）使用折线图来展现二手车数量随时间的变化趋势，帮助我们更好地理解市场动态。

　　（3）使用百分比柱状图来深入分析不同国标的二手车在不同年份的市场占有率。直观地展示各国标在市场上的影响力及其随时间的变化情况，从而为我们的分析提供有力支持。

任务单

任务单 10-1　使用常见图表对二手车数据进行分析

学号：＿＿＿＿＿＿　　姓名：＿＿＿＿＿＿　　完成日期：＿＿＿＿＿＿　　检索号：＿＿＿＿＿＿

◉ 任务说明

　　本项目使用的 esc.csv 文件中包含了网络爬取的二手车信息。本任务需要从文件中读取数据，并且对数据进行预处理，构造相关特征。最后，使用图表展现二手车的数据变化和不同国标的占比情况。

◉ 引导问题

 想一想

　　（1）如何根据车辆的购买日期和当前日期计算车龄？

　　（2）描述性统计分析应该包括哪些关键指标？

　　（3）在 Pandas 中，什么函数可以快捷完成描述性统计分析？

　　（4）在对价格进行变化分析和占比分析时，如何根据年份和国标对数据进行分组？

　　（5）如何使用 Matplotlib 绘制折线图和柱状图？

✎ 重点笔记区

◉ 任务评价

评价内容	评价要点	分值	分数评定	自我评价
1. 任务实施	数据准备	2 分	能正确读取 CSV 文件中的内容得 1 分；能构造车龄特征得 1 分	
	数据统计	1 分	能完成描述性统计分析得 1 分	
	按年份分析	3 分	能按年份进行分组分析得 1 分；能正确绘制折线图得 2 分	
	按国标分析	3 分	能按国标进行分组分析得 1 分；能按要求正确绘制柱状图得 2 分	
2. 任务总结	依据任务实施情况进行总结	1 分	总结内容切中本任务的重点和要点得 1 分	
合　计		10 分		

📖 任务解决方案关键步骤参考

（1）读取数据，并且对数据进行清洗。

```
# !/usr/bin/Python
# -*- coding: gbk -*-
import pandas as pd
from datetime import datetime


# 读取本地数据，编码为gbk
cars = pd.read_csv('esc.csv',encoding='gbk')
cars = cars.dropna()
cars.head()
```

部分二手车数据如图 10.1 所示。其中，里程数、价格、排量的单位分别为万公里、万元、升。

	名称	城市	里程数	价格	档位	排量	会员等级	国标	购买年份
0	AMG GT	上海	0.01	96.80	自动	3.0	1年会员商家	国VI	2022.0
1	AMG GT	上海	0.01	98.48	自动	3.0	3年会员商家	国VI	2022.0
2	AMG GT	上海	0.01	115.80	自动	3.0	2年会员商家	国VI	2021.0
3	AMG GT	上海	0.01	131.88	自动	4.0	3年会员商家	国VI	2022.0
4	AMG GT	上海	0.06	126.98	自动	3.0	4年会员商家	欧V	2020.0

图 10.1　部分二手车数据

（2）构造车龄特征，并且对购买年份进行类型转换。

```
# 数据准备：计算车龄
# 获取当前日期和时间
current_datetime = datetime.now()
# 获取当前年份
current_year = current_datetime.year
cars['车龄'] = (current_year - cars['购买年份'] + 1).astype(int)
cars['购买年份'] = cars['购买年份'].astype(int)
```

部分二手车数据的预处理结果如图 10.2 所示。其中，车龄的单位为年。

	名称	城市	里程数	价格	档位	排量	会员等级	国标	购买年份	车龄
0	AMG GT	上海	0.01	96.80	自动	3.0	1年会员商家	国VI	2022	3
1	AMG GT	上海	0.01	98.48	自动	3.0	3年会员商家	国VI	2022	3
2	AMG GT	上海	0.01	115.80	自动	3.0	2年会员商家	国VI	2021	4
3	AMG GT	上海	0.01	131.88	自动	4.0	3年会员商家	国VI	2022	3
4	AMG GT	上海	0.06	126.98	自动	3.0	4年会员商家	欧V	2020	5

图 10.2　部分二手车数据的预处理结果

（3）对二手车数值数据进行描述性统计分析。

```
cars.describe()
```

二手车数据的描述性统计分析结果如图 10.3 所示。可以看出，数据集中有 14323 条记录。

	里程数	价格	排量	购买年份	车龄
count	14323.000000	14323.000000	14323.000000	14323.000000	14323.000000
mean	6.890679	36.769233	2.419556	2016.466802	8.533198
std	4.240192	33.271227	0.825290	3.034814	3.034814
min	0.010000	0.650000	1.000000	2002.000000	3.000000
25%	3.800000	14.990000	2.000000	2015.000000	6.000000
50%	6.500000	26.500000	2.000000	2017.000000	8.000000
75%	9.100000	44.680000	3.000000	2019.000000	10.000000
max	32.900000	246.000000	6.500000	2022.000000	23.000000

图 10.3　二手车数据的描述性统计分析结果

（4）使用折线图展现二手车数量变化趋势。

```
from pylab import mpl
import seaborn as sns
import matplotlib.pyplot as plt

sns.set_style("dark")
sns.set(palette="husl")
# 将字体设置为 SimHei, 用于显示图中的中文
mpl.rcParams['font.sans-serif'] = ['SimHei']
mpl.rcParams['axes.unicode_minus'] = False
cars_year = cars.groupby(['购买年份'])['名称'].count()
sns.lineplot(data = cars_year)
plt.xlim(2000, 2023)
```

二手车数量变化趋势如图 10.4 所示。可见，在售的二手车中 2018 年购买的车辆最多。

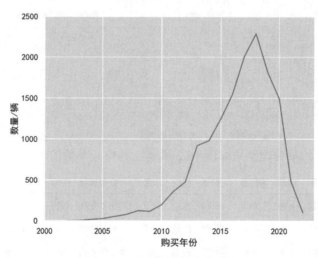

图 10.4　二手车数量变化趋势

（5）使用百分比柱状图按年份展现各国标二手车占比。

```
cars_gb = cars.groupby(['购买年份','国标'], as_index = False)['名称'].count()
cars_gb['购买年份'] = cars_gb['购买年份'].astype(int)
cars_gb['百分比/%'] = cars_gb['名称']*100/cars_gb.groupby(['购买年份'])['名称
'].transform('sum')
cars_gb = cars_gb.sort_values(by='百分比/%', ascending = True)
plt.figure(figsize=[20, 4], dpi=300)
ax = sns.catplot( x='购买年份',y='百分比/%', hue ='国标',kind = 'bar',data =
```

```
cars_gb, dodge=False,orient = 'v')
 ax.set_xticklabels(rotation= 45,fontsize = 10)
```

二手车各国标占比分析结果如图 10.5 所示。

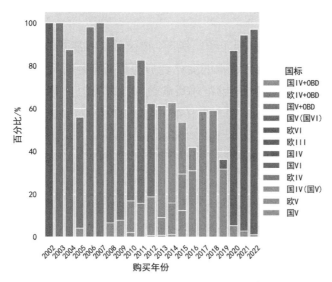

图 10.5　二手车各国标占比分析结果

10.1.1　Seaborn 简介

Seaborn 是一个基于 Python 的 Matplotlib 数据可视化库，它为用户提供了高度集成的解决方案，专门用于制作既吸引人又具有丰富信息量的图表。Seaborn 涵盖了多种图表，包括但不限于关系图、分布图、分类图、时间序列图和热力图等。

Seaborn 的显著优势在于其美观的默认配色方案和图表样式，它提供了丰富的图表绘制接口，使用户可以轻松实现数据可视化。更重要的是，Seaborn 可以与 Pandas 数据结构深度兼容，使从 DataFrame 中直接创建图表变得异常简单。

此外，通过 set_style()函数和 set()函数，Seaborn 允许用户根据需求灵活地定制图表的样式和全局参数。

set_style()函数专门用于设置图表的整体风格。Seaborn 预设了 5 种样式，包括 darkgrid、whitegrid、dark、white 和 ticks。用户可以通过一行简单的代码来设置样式，例如，我们可以通过以下方式来设置样式。

```
# 将样式设置为 whitegrid
sns.set_style("whitegrid")
```

这些预设样式将影响图表的背景色、网格线和坐标轴的颜色等。例如，将样式设置为 whitegrid 将在白色背景上添加灰色网格线，而将样式设置为 darkgrid 则会在深色背景上添加灰色网格线。

set()函数用于设置图表的全局参数，这些参数将影响后续绘制的所有图表。用户可以通过这个函数来设置字体大小、颜色等。例如：

```
# 设置全局参数
sns.set(style="whitegrid", palette="muted", font='DejaVu Sans', font_scale=1.1,
color_codes=True)
```

在这个例子中，我们将全局样式设置为 whitegrid，调色板设置为 muted，字体设置为

DejaVu Sans，字体大小放大到 1.1 倍，并且启用了颜色代码。完成这些设置后，后续绘制的所有图表都将自动应用这些参数。

10.1.2　lineplot()函数

Seaborn 的 lineplot()函数专门用于绘制线图。该函数能够清晰地展示数据集中的数值型数据，从而使用户能够直观地观察到数据的变化趋势和数据点之间的关系。特别地，lineplot()函数在处理时序数据方面表现出色，能够准确反映数据随时间的变化规律。lineplot()函数也适用于比较不同类别的数据的走势。其官方定义如下。

```
seaborn.lineplot(
        data=None,*,x=None,y=None,hue=None,size=None,style=None,units=None,
        palette=None,hue_order=None,hue_norm=None,sizes=None,size_order=None,
        size_norm=None,dashes=True,markers=None,style_order=None,estimator='mean',
        errorbar=('ci',95),n_boot=1000,seed=None,orient='x',sort=True,
        err_style='band',err_kws=None,legend='auto',ci='deprecated',ax=None,
        **kwargs
        )
```

lineplot()函数包含很多参数，这些参数赋予用户极大的灵活性，用户可以根据需求定制图表的外观和功能。其中，data 参数接收一个 DataFrame 类型的数据集，这个数据集包含了绘制图表所需的所有数据，使数据的组织和处理更加便捷。x 参数和 y 参数分别代表图表的 x 轴和 y 轴数据，这些数据必须是一维数组或列表形式，它们定义了线图的基本坐标点。hue 参数用于指定线图的分组变量，可以是一个字符串，指代数据框中的某一列，也可以是一个函数，根据特定条件区分不同的数据组，从而在同一张图上展示多个数据系列。palette 参数允许用户设置与 hue 参数相对应的颜色方案，它可以是预定义的调色板名称，也可以是一个颜色列表或字典，用于为每个数据系列指定不同的颜色。

10.1.3　catplot()函数

Seaborn 的 catplot()函数用于绘制分类图。这个函数能够让用户通过不同的视觉表示方法来展示数值数据与一个或多个变量之间的联系。这些视觉表示方法包括但不限于分类散点图、分布密度的分类散点图、箱图、小提琴图、增强箱图、点图、条形图和计数图。其官方定义如下。

```
seaborn.catplot(
        x=None, y=None, hue=None, data=None, row=None, col=None,col_wrap=None,
        order=None, hue_order=None, row_order=None, col_order=None, kind='strip',
        height=5, color=None, palette=None, legend=True, legend_out=True,
        margin_titles=False
        )
```

catplot()函数中有很多参数。其中，row 参数和 col 参数分别用于分面绘图的行变量和列变量，可以将数据分割成多个子图。kind 参数用于指定要绘制的图表类型，如 strip（分类散点图）、swarm（分布密度的分类散点图）、box（箱图）、violin（小提琴图）、boxen（增强箱图）、point（点图）、bar（条形图）、count（计数图）。

任务 2   使用词云图展现二手车市场的热门车型和城市

词云图能够直观、清晰地展现文本数据中出现的高频词汇，帮助用户迅速捕捉文本的核心要点。在本任务中，我们将利用词云图来形象地描绘二手车市场的热门车型和城市。

微课：项目 10 任务 2-使用词云图展现二手车市场的热门车型和城市.mp4

动一动

（1）对二手车发布信息进行详细统计，以确定二手车市场的热门车型。

（2）对二手车市场数据进行综合分析，从而确定二手车市场的热门城市。

任务单

任务单 10-2   使用词云图展现二手车市场的热门车型和城市

学号：＿＿＿＿＿   姓名：＿＿＿＿＿   完成日期：＿＿＿＿＿   检索号：＿＿＿＿＿

➔ 任务说明

词云图以其直观、易理解的特性，在多个领域中发挥着重要作用，能够帮助人们更好地理解和分析文本数据。本任务使用词云图统计二手车市场的热门车型和城市，以分析市场趋势。

➔ 引导问题

📖 想一想

（1）在二手车市场中，哪些车型的发布信息数量最多？如何展现数据分析结果？

（2）在全国范围内，哪些城市的二手车发布信息数量最多？如何展现数据分析结果？

（3）词云图有什么特点？如何使用 wordcloud 绘制词云图？

（4）在生成词云图时，应如何设置参数以突出显示最受欢迎的车型？

（5）如何解析生成的词云图？

✏️ 重点笔记区

➔ 任务评价

评价内容	评价要点	分值	分数评定	自我评价
1. 任务实施	导入 wordcloud	1 分	能正确导入 wordcloud 得 1 分	
	车型词云图绘制	3 分	能正确准备所需字符串得 1 分；能正确绘制车型词云图得 2 分	
	城市词云图绘制	3 分	能正确准备所需字符得 1 分；能正确绘制城市词云图得 2 分	
	图表解读	2 分	能准确解释各词云图所表达的信息得 2 分	
2. 任务总结	依据任务实施情况进行总结	1 分	总结内容切中本任务的重点和要点得 1 分	
合　计		10 分		

任务解决方案关键步骤参考

（1）统计二手车市场的热门车型。

```
from wordcloud import WordCloud

# 提取所有文本数据并连接成一个长字符串
long_text = ', '.join(cars['名称'])
# 请根据系统环境替换成正确的字体路径
font_path = 'C:\\Windows\\Fonts\\SimHei.ttf'  # Windows 系统示例
# 创建词云对象
wordcloud = WordCloud(font_path=font_path, collocations=False, width=800,
height=400, background_color='white', min_font_size=15).generate(long_text)
# 显示词云图
plt.figure(figsize=(8, 4))
plt.imshow(wordcloud, interpolation='bilinear')
plt.axis('off')
plt.show()
```

（2）执行代码，二手车市场的热门车型如图 10.6 所示。

图 10.6　二手车市场的热门车型

（3）统计二手车市场的热门城市。

```
# 提取所有文本数据并连接成一个长字符串
long_text = ' '.join(cars['城市'])

# 创建词云对象
wordcloud = WordCloud(font_path=font_path, collocations=False, width=800,
height=400, background_color='white', min_font_size=15).generate(long_text)
# 显示词云图
plt.figure(figsize=(8, 4))
plt.imshow(wordcloud, interpolation='bilinear')
plt.axis('off')
plt.show()
```

（4）执行代码，二手车市场的热门城市如图 10.7 所示。

图 10.7　二手车市场的热门城市

10.2.1 词云图

词云图（Word Cloud）是一种用于展现高频关键词的图表。它通过形成关键词云层或关键词渲染，对网络文本中出现频率较高的关键词进行视觉上的突出。词云图过滤了大量的文本信息，使浏览者只要一眼扫过文本就可以了解文本的主旨。词云图直观、易理解，在多个领域中发挥着重要作用。无论是在商业、教育还是研究领域，词云图都能够帮助人们更好地理解和分析文本数据。词云图的主要应用场景如下。

（1）文本分析与主题提取：词云图常被用于文本分析和主题提取。当需要对大量文本进行分析时，词云图可以直观地展示文本的主要内容。在这种图中，出现频率较高的关键词会以较大的字号显示，而出现频率较低的关键词则以较小的字号显示。这使观察者能够迅速把握文本的主题和重点。

（2）品牌形象展示与营销推广：品牌可以通过制作与自身相关的词云图来突出其核心理念、产品特点或服务优势。这种表达方式有助于在用户心目中留下深刻印象，并且增强品牌认知度。

（3）舆情监测与社交媒体分析：在社交媒体和新闻报道的舆情分析中，词云图也发挥着重要作用。通过对用户评论、新闻报道等大量文本进行分析，生成的词云图可以反映公众对某一事件或话题的关注点和情感倾向，从而帮助相关企业进行舆情管理和品牌管理。

（4）教育与学术研究：在教育领域，教师可以使用词云图来帮助学生理解文章的主题和结构。而在学术研究中，词云图也被用于快速把握论文或研究报告的内容和重点。

（5）数据可视化与报告展示：词云图还是一种常见的数据可视化工具。在报告中插入与主题相关的词云图，不仅能够吸引读者的注意力，还能够直观地传达报告的核心信息。

10.2.2 wordcloud 简介

在 Python 中，我们可以使用 wordcloud 来生成词云图。具体示例如下。

```
from wordcloud import WordCloud
import matplotlib.pyplot as plt
# 准备文本数据
text = "Python is a great programming language. Python is widely used in data
science, machine learning, and web development."

# 创建词云对象并生成词云图
wordcloud = WordCloud(width=800, height=400,
background_color='white').generate(text)
# 展示词云图
plt.figure(figsize=(10, 5))
plt.imshow(wordcloud, interpolation='bilinear')
plt.axis('off')
plt.show()
```

我们可以通过调整参数来自定义词云图的外观，包括设置其宽度、高度和背景颜色等。此外，使用 mask 参数还可以轻松地调整词云图的形状。如果希望屏蔽某些特定词语，则可以使用 stopwords 参数来实现。

任务 3　使用热力图展现二手车地理分布情况

在地理信息系统中，热力图常被用于呈现人口密度、交通流量等地理数据。这种图表能够迅速揭示地理区域的特性和趋势，帮助用户快速捕捉关键信息。在本任务中，我们将通过观察和分析生成的热力图，直观地洞察二手车地理分布情况。这不仅有助于我们发现潜在的市场机遇，还能及时识别存在的风险，从而为二手车交易提供精准有效的策略和建议。

微课：项目 10 任务 3-使用热力图展现二手车地理分布情况.mp4

 动一动

基于给定的城市和二手车数据信息，绘制基于地图的热力图，展现二手车地理分布情况。

任务单

任务单 10-3　使用热力图展现二手车地理分布情况

学号：_____　　姓名：_____　　完成日期：_____　　检索号：_____

➡ 任务说明

通过热力图，我们可以直观地展现二手车地理分布情况，清晰地揭示出哪些城市的二手车数量更多。这不仅能为市场分析提供有力的数据支撑，还能为相关决策提供科学的参考。在本任务中，我们将使用 Pyecharts 库中的 Geo 类，精准地展现二手车地理分布状况，更深入地了解市场动态。

➡ 引导问题

想一想

（1）从基于地图的热力图中可以了解到哪些信息？

（2）使用 Pyecharts 中的 Geo 类绘制地图的步骤有哪些？

（3）如何准备 Geo 类绘制地图所需要的计数值？

（4）用户是否需要放大、缩小或平移地图来查看不同地区的细节？如何设置初始大小？

（5）得到的热力图可以支持我们进行哪些方面的市场分析或业务决策？

➡ 重点笔记区

➡ 任务评价

评价内容	评价要点	分值	分数评定	自我评价
1. 任务实施	数据准备	4 分	能正确统计计数值得 1 分；能正确筛选数据得 1 分；能正确准备地图所需要的数据信息得 2 分	
	绘制热力图	4 分	能正确导入相关的库得 1 分；能绘制地图得 1 分；能正确设置地图中的数据得 1 分；能正确显示热力图得 1 分	
2. 任务总结	依据任务实施情况进行总结	2 分	总结内容切中本任务的重点和要点得 1 分；能正确给出任务中热力图表达的信息及改进建议得 1 分	
合　计		10 分		

任务解决方案关键步骤参考

（1）数据准备，仅显示二手车数量超过 5 辆的城市。

```
cars_city = cars.groupby(['城市'],as_index = False)['名称'].count()
cars_city = cars_city[cars_city['名称']>5]
```

（2）绘制地图。

```
from pyecharts.charts import Geo

data_list = []
for index, row in cars_city.iterrows():
    name = row['城市'] + '市'
    cnt =  row['名称']
    data_list.append((name,cnt))
map = Geo()
map.add_schema(maptype="china")
map.set_series_opts(label_opttype='heatmap')
map.add("二手车地理分布情况图",data_list)
map.render_notebook()
```

执行代码，渲染并生成基于地图的热力图。

10.3.1 Pyecharts 简介

Pyecharts 是一个基于 Python 的开源数据可视化库，它在 ECharts 的基础上进行封装和优化。借助这个强大的库，用户可以在 Python 环境中便捷地创建图表，进而更直观地洞察数据。

值得一提的是，Pyecharts 在地图生成方面表现出色，支持各级省市地图乃至中国地图、世界地图的创建。这一功能对于地理相关数据的可视化展示尤为适用，在众多领域均有应用。例如，在商业分析中，它可以清晰地呈现出各地区的销售额和市场份额；在人口统计领域，它可以直观地展示各地区的人口密度和增长情况；在进行环境监测时，它可以准确地反映各地区的空气质量和水污染指数。

10.3.2 使用 Pyecharts 绘制地图

Pyecharts 支持生成多种地图，以满足各种数据展示的需求。主要包括以下几类。

（1）地理坐标系图表：如 Geo 地理坐标图，这类图表主要用于揭示特定地理位置的数据分布情况。

（2）区域地图：如 Map 区域地图，这类地图能够清晰地呈现出各个区域的数据，如不同省份的销售额或人口密度等信息。

（3）特定地区地图：如 BMap 百度地图，这类地图专门用于在中国特定区域内进行数据展示。

生成 Pyecharts 地图通常分为以下 6 个步骤。

（1）导入必要的库：从 pyecharts.charts 模块中导入 Map 类，这是创建地图的基础。

（2）创建地图对象：实例化 Map 类，创建一个空白的地图对象，作为后续添加数据和配置的基础。

（3）准备数据：准备需要在地图上展示的数据。这些数据通常以元组列表的形式存在，其中每个元组包含区域的名称及其对应的数据值。

（4）添加数据：使用地图对象的 add() 函数将数据添加到地图中。在此过程中，需要指定地图的名称、数据和地图的类型等相关参数。

（5）全局配置（可选）：可以通过 set_global_opts() 函数来进行地图的全局配置，包括标题、图例和视觉映射选项等，使地图更加符合展示需求。

（6）渲染地图：调用地图对象的 render() 函数生成并保存地图。用户可以选择将地图保存为 HTML 文件，或者在 Jupyter Notebook 中直接展示。

任务 4　对二手车车龄、里程数进行分布分析

微课：项目 10 任务 4-
对二手车车龄、里程数
进行分布分析.mp4

在二手车市场中，掌握二手车的车龄和里程数的分布情况对买家和卖家而言都至关重要。这些信息为买家提供了评估二手车的价格、预估使用寿命和后续维护成本的依据。卖家也能通过了解市场上的车龄和里程数分布情况，来更精确地定价和制订营销计划。本任务的核心目标是从多个维度深入分析二手车车龄、里程数的分布情况。

动一动

（1）对所有在售二手车的车龄分布情况进行分析，同时按"1 年内新车"、"1～3 年车龄"、"3～5 年车龄"、"5～10 年车龄"和"10 年以上老旧车"等具体区间，更详细地了解车龄分布情况。

（2）按城市分组查看车龄分布情况，特别关注深圳、北京、郑州、沈阳、青岛、上海、广州 7 大城市的车龄分布情况。

（3）按"0～5 万公里"、"5～10 万公里"和"10～15 万公里"等区间查看里程数分布情况，并且进一步按城市分组查看里程数的分布情况。

任务单

任务单 10-4　对二手车车龄、里程数进行分布分析

学号：_____　　姓名：_____　　完成日期：_____　　检索号：_____

→ 任务说明

深入剖析二手车车龄、里程数分布情况，对于准确评估二手车的价格、预估使用寿命和计算维护成本具有重要意义，也为营销策略的制定提供了有力的数据支撑。在本任务中，我们将综合运用直方图、提琴图等多种图表，对二手车车龄、里程数进行全方位的分析。此外，我们还将对数据进行分组，以更精确地观察数据的分布情况。

→ 引导问题

想一想

（1）对买家来说，他们更可能根据车龄还是里程数来选择二手车？这两者之间是否存在某种关联？如何展现这些数据的分布情况？

（2）什么是密度曲线图？可以用来做什么？

（3）什么是提琴图？可以用来做什么？

（4）如何使用 Seaborn 绘制子图、直方图、密度曲线图和提琴图等？

（5）对图表进行解读，在不同的城市中，各个车龄、里程区间的二手车分布有何差异？是否有些城市的二手车的车龄、里程数普遍较低，而有些城市则普遍较高？

续表

评价内容	评价要点	分值	分数评定	自我评价
1. 任务实施	整体车龄分布分析	1 分	能正确绘制车龄分布直方图得 1 分	
	分组车龄分布分析	3 分	能按分区绘制车龄分布直方图得 1 分；能正确绘制车龄分布提琴图得 2 分	
	整体里程数分布分析	1 分	能正确绘制里程数分布直方图得 1 分	
	分组里程数分布分析	3 分	能按分区绘制里程数分布直方图得 1 分；能正确绘制里程数分布提琴图得 2 分	
2. 任务总结	依据任务实施情况进行总结	2 分	总结内容切中本任务的重点和要点得 1 分；能结合市场对结果进行简要说明和解释得 1 分	
合　计		10 分		

重点笔记区

任务评价

任务解决方案关键步骤参考

（1）编写代码，查看车龄分布情况。

```
f, axes = plt.subplots(1, 2, figsize=(8, 4), sharex=True)
sns.histplot(cars['车龄'], kde=False, color="b",label='车龄/年',ax = axes[0])
axes[0].set_xlabel('车龄/年')
axes[0].set_ylabel('频数/次')
sns.histplot(cars['车龄'], kde=True, color="r", ax=axes[1])
axes[1].set_xlabel('车龄/年')
axes[1].set_ylabel('频数/次')
plt.tight_layout()
plt.show()
```

通过这一分析，我们可以得出市场上二手车的整体车龄结构，为买卖双方提供参考，二手车车龄整体分布情况如图 10.8 所示。

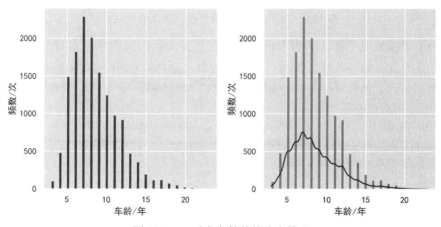

图 10.8　二手车车龄整体分布情况

（2）进一步将车辆划分为"1 年内新车"、"1～3 年车龄"、"3～5 年车龄"、"5～10 年车龄"和"10 年以上老旧车"等区间进行分布分析。

```
f, axes = plt.subplots(1, 2, figsize=(8, 4), sharex=True)
bins = [0, 1, 3, 5, 10, 20]  # 这里的区间是左闭右开的
labels = ['1 年内新车', '1~3 年车龄', '3~5 年车龄', '5~10 年车龄', '10 年以上老旧车']
# 使用 Pandas 的 cut() 函数对车龄进行分类
cars['车龄分类'] = pd.cut(cars['车龄'], bins=bins, labels=labels)
sns.histplot(cars, x='车龄', bins=bins, label='车龄分布', kde=True)
# 设置图例
plt.legend()
# 设置 x 轴标签
plt.xlabel('车龄/年')
# 设置 y 轴标签
plt.ylabel('频数/次')
plt.title('二手车车龄分布情况')
plt.show()plt.show()
```

二手车车龄分布情况如图 10.9 所示。

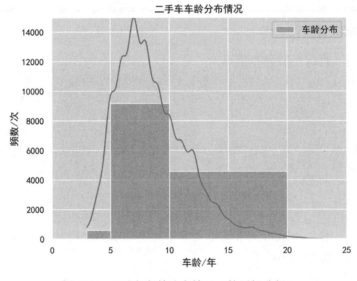

图 10.9　二手车车龄分布情况（按区间分组）

（3）为了更细致地了解二手车市场的地域性差异，我们将按照城市对二手车数据进行分组，并且重点考查深圳、北京、郑州、沈阳、青岛、上海、广州 7 大城市。

```
city = cars[cars['城市'].isin(['深圳','北京','郑州','沈阳','青岛','上海','广州'])]
plt.figure(figsize=(12, 4))
sns.violinplot(x='城市', y='车龄',data=city, showmeans=True, fliersize=1)
sns.swarmplot(x='城市', y='车龄',data=city,size = 1,color='blue')
plt.title("二手车车龄分布情况（按城市分组）")
plt.ylim(-1,23)
plt.ylabel("车龄/年")
```

二手车车龄分布情况如图 10.10 所示。通过这一分析，我们可以揭示不同城市对于不同车龄二手车的供应特点，为区域性市场营销策略的制定提供依据。

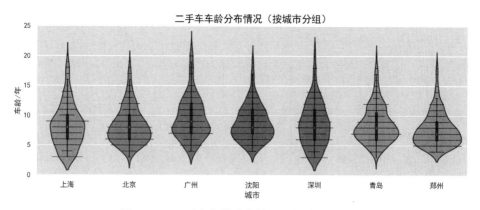

图 10.10　二手车车龄分布情况（按城市分组）

（4）除了车龄，里程数也是衡量二手车使用价值的重要因素。因此，需要将里程数划分为不同的区间（如"0～5万公里"、"5～10万公里"、"10～15万公里"等），并且统计各区间内的车辆数量及占比。

```
bins = [0, 5, 10, 15,100]
labels = ['0～5万公里', '5～10万公里', '10～15万公里', '15万公里以上']
sns.histplot(cars, x='里程数', bins=bins, label='里程数分布', kde=True)
plt.show()  plt.ylabel("车龄/年")
```

二手车里程数分布情况如图 10.11 所示。通过这一分析，我们可以了解不同城市中二手车的平均使用程度和维护状况。这一分析有助于买家根据所在城市的汽车使用习惯，选择更适合自己需求的车辆。

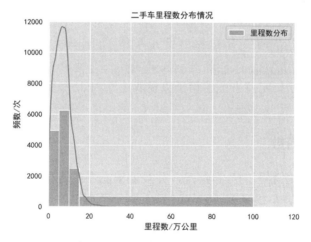

图 10.11　二手车里程数分布情况

（5）我们将进一步按城市分组，分析各个城市中二手车的里程数分布情况。

```
plt.figure(figsize=(12, 4))
sns.violinplot(x='城市', y='里程数',data=city, showmeans=True, fliersize=1)
sns.swarmplot(x='城市', y='里程数',data=city, color="blue", size =1)
plt.title("二手车里程分布情况（按城市分组）")
plt.ylim(-5,35)
plt.ylabel("里程数/万公里")
```

二手车里程数分布情况如图 10.12 所示，可以详细地展示数据分布的形状。

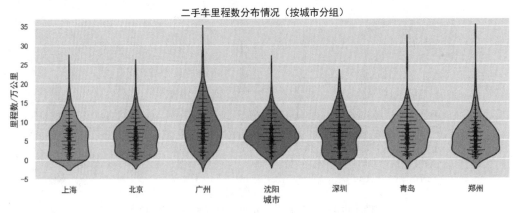

图 10.12　二手车里程数分布情况（按城市分组）

10.4.1　histplot()函数

Seaborn 中的 histplot()函数用于绘制直方图，展示单变量数据的分布情况。通过直方图的形状、峰度和偏度等特征，可以初步判断数据的分布形态，帮助我们识别异常值、数据偏斜等。

histplot()函数提供了丰富的定制选项，使绘制直方图变得简单而强大。其官方定义如下。

```
seaborn.histplot(
        data, x=None, y=None, hue=None, weights=None, stat='count', bins=None,
        binwidth=None, kde=False, kde_kws=None, cumulative=False, discrete=False,
        element='bars', fill=True, shrink=1, kde_kws=None, line_kws=None, thresh=0,
        pmax=0.05, cbar=False, cbar_ax=None, cbar_kws=None, palette=None,
legend=True,
        ax=None, **kwargs
        )
```

其中，bins 参数用于指定直方图的箱子数量或边界。kde 参数表示是否在直方图上绘制核密度估计图。

10.4.2　violinplot()函数

当我们希望对比多组数据的分布情况，并且期望能直观地观察到数据的中心趋势、离散程度和整体分布形态时，小提琴图（Violin Plot）是一个理想的选择。在数据分布不对称或存在多峰分布的情况下，小提琴图的优势更加明显。

小提琴图融合了箱形图和核密度估计图的精华，能够详尽地展示数据的分布情况和概率密度。与箱形图相比，小提琴图的信息量更丰富，它不仅能清晰地标示出中位数、四分位数和异常值，还能通过核密度估计图展现数据的整体分布。正因如此，小提琴图在科研、数据分析和统计报告等多个领域都被广泛应用，特别是在需要对比多组数据分布差异或探究单个变量在不同类别中的表现时。

在 Seaborn 中，violinplot()函数专门用于绘制小提琴图，它提供了丰富的参数，使用户能够轻松绘制满足各种需求的图表。其官方定义如下。

```
seaborn.violinplot(
        x=None, y=None, hue=None, data=None, order=None, hue_order=None, bw='scott',
```

```
        cut=2, scale='area', scale_hue=True, gridsize=100, width=0.8, inner='box',
        split=False, dodge=True, orient=None, linewidth=None, color=None,
        palette=None, saturation=0.75, errcolor='.26', errwidth=None, capsize=None,
        ax=None, **kwargs
    )
```

其中，x 参数和 y 参数用于定义数据分组的变量。hue 参数用于定义颜色分组的变量。

10.4.3　swarmplot()函数

蜂群图（Beeswarm Plot）是一种避免数据点重叠的散点图，它通过算法将数据点均匀而对称地分布在类别中心线两侧，用于展示离散数据的分布情况，帮助观察者更容易地识别数据的聚集、分散和异常值。

在 Seaborn 中，swarmplot()函数用于绘制蜂群图。其官方定义如下。

```
seaborn.swarmplot(
        x=None, y=None, hue=None, data=None, order=None, hue_order=None, orient=None,
        color=None, palette=None, size=5, edgecolor='gray', linewidth=0, dodge=False,
        ax=None, **kwargs
    )
```

其中，x 参数和 y 参数用于定义数据分组的变量。hue 参数用于定义颜色分组的变量。dodge 参数用于设置是否沿分类轴调整数据点的位置，以进一步减少重叠，默认为 False。

任务5　对二手车价格影响因素进行相关分析

鉴于当前二手车市场的迅速扩张和消费者对高性价比产品的热切追求，本任务将深入挖掘显著影响二手车价格的因素，为购车者、销售者和投资者提供精确而实用的市场动态视角。简而言之，本任务的重心在于分析影响二手车价格的主要因素。

微课：项目 10 任务 5-
对二手车价格影响因素
进行相关分析.mp4

动一动

（1）对二手车数据集中的各个因素进行相关性分析，并且直观展现它们之间的关联程度。

（2）进一步探讨车龄与里程数之间的相关性。

（3）分析里程数与价格之间的具体关联，揭示里程数对二手车价格的影响。

（4）对数据集中每两个因素进行逐一配对分析，以全面剖析它们之间的相关性。

任务单

任务单 10-5　对二手车价格影响因素进行相关分析
学号：＿＿＿＿＿＿＿　姓名：＿＿＿＿＿＿＿　完成日期：＿＿＿＿＿＿＿　检索号：＿＿＿＿＿＿＿
任务说明
通过数据分析深入探究二手车数据中各因素之间的相关性，特别是车龄、里程数与二手车价格之间的关联性，并且使用合适的图表展现分析结果。

续表

 引导问题

想一想

（1）哪些因素通常被认为会影响二手车的价格？如何量化和分类这些影响因素？

（2）如何利用统计方法来分析各因素与二手车价格之间的相关性？车龄和里程数是否存在相关性？如果存在，它们是如何相互影响的？

（3）如何使用 Pandas、Seaborn 对各因素进行相关性分析？

重点笔记区

任务评价

评价内容	评价要点	分值	分数评定	自我评价
1. 任务实施	热力图的绘制	2 分	能使用 Pandas 得到各因素之间的相关性得 1 分；能使用热力图展现相关性得 1 分	
	散点图的绘制	4 分	能分析两个因素间的相关性得 1 分，每项 1 分，合计 2 分；能使用散点图展现相关性得 1 分，每项 1 分，合计 2 分	
	散点图矩阵的绘制	2 分	能使用散点图矩阵展现两两因素的相关性得 1 分；设置散点图矩阵中的分组得 1 分	
2. 任务总结	依据任务实施情况进行总结	2 分	能解释说明各个图形所表达的信息得 1 分；能提出相对合理的改进建议得 1 分	
	合　计	10 分		

任务解决方案关键步骤参考

（1）使用热力图展现各数值型因素之间的相关性。

```
cars_num=cars.iloc[:,[2,3,5,8,9]]
cor = cars_num.corr()
plt.figure(figsize=(4, 3))
# 绘制热力图
sns.heatmap(cor)
```

二手车相关因素之间的相关性如图 10.13 所示。图中颜色越浅，表示两个因素之间的负相关性越强，即当一个因素增加时，另一个因素倾向于减少。相关系数的值为 1 表示完全正相关，为-1 表示完全负相关，为 0 表示不相关。

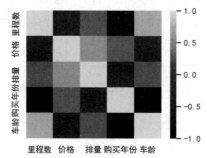

图 10.13　二手车相关因素之间的相关性

（2）使用散点图展现车龄与里程数的相关性。

```
from sklearn.preprocessing import LabelEncoder
le = LabelEncoder()
cars['档位 2'] = le.fit_transform(cars['档位'])


plt.figure(figsize=(4, 2))
sns.relplot(x='车龄', y='里程数', data=cars, hue='档位 2', alpha = 0.05)
plt.ylim(-1,25)
plt.xlim(2,20)
plt.xlabel('车龄/年')
plt.ylabel('里程数/万公里')
# 输出车龄与里程数的相关度
print(cars['车龄'].corr(cars['里程数']))
```

执行结果显示相关度为 0.7562886127483678。车龄与里程数的相关性分析散点图如图 10.14 所示。

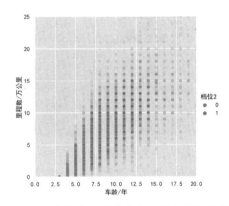

图 10.14 车龄与里程数的相关性分析散点图

（3）分析里程数与价格的相关性。

```
plt.figure(figsize=(4, 2))
ax = sns.jointplot(x='里程数', y='价格', data=cars,kind = 'reg')
ax.set_axis_labels('里程数/万公里', '价格/万元')


print(cars['里程数'].corr(cars['价格']))
```

执行结果显示相关度为 -0.247119922536978。里程数与价格的相关性分析散点图如图 10.15 所示。

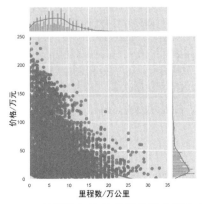

图 10.15 里程数与价格的相关性分析散点图

（4）按城市分组，分析两两因素之间的相关性。

```
city = city.rename(columns={"车龄":"车龄/年", "里程数":"里程数/万公里","价格":"价格/万元"})
sns.pairplot(city, vars=["车龄/年", "里程数/万公里","价格/万元"],hue='城市')
plt.show()
```

两两因素间的相关性分析如图 10.16 所示。

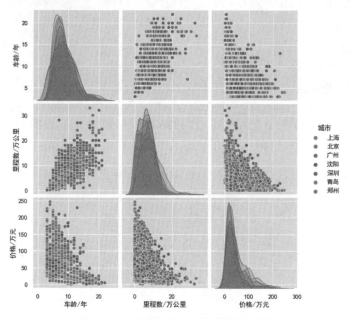

图 10.16　两两因素之间的相关性分析

10.5.1　heatmap()函数

热力图是一种强大的数据可视化工具，可以生动地将矩阵形式的数据以图形化方式展现出来。在热力图中，各个单元格的颜色深浅直观地映射出对应数据值的大小，进而揭示数据中潜在的规律和相关性。

在 Seaborn 中，heatmap()函数是专为生成热力图而设计的。它能够以清晰、直观的方式展现二维数组或类似数据结构中的数据值。通过颜色的深浅层次，我们可以迅速洞察数据矩阵中各元素值的相对大小关系。此外，heatmap()函数在展现数据间的相关性分析、聚类分析结果，以及任何需要以二维矩阵形式展现的数据集方面，都有着广泛的应用。其官方定义如下。

```
seaborn.heatmap(
        data, vmin=None, vmax=None, cmap=None, center=None, robust=False, annot=None,
        fmt='.2g', annot_kws=None, linewidths=0, linecolor='white', cbar=True,
        cbar_kws=None, cbar_ax=None, square=False, xticklabels='auto',
        yticklabels='auto', mask=None, ax=None, **kwargs
        )
```

其中，cbar 参数用于指定是否显示颜色条。

10.5.2　jointplot()函数

jointplot()是一个功能强大的函数，专门用于构建多面板图形，以全面地展示两个变量之间的关系，以及它们各自的单变量分布。这个函数特别适用于深入探索两个变量之间的相关性。它不仅能通过散点图、二维直方图或核密度估计图等多种方式展示两个变量的联合分布。在主图的顶部和右侧边缘，它还能以直方图或核密度估计图的形式，清晰地展示每个变量的单变量分布情况。这种综合展示方式使数据分析者能够一站式地洞察变量之间的关系及各自的分布特性。其官方定义如下。

```
seaborn.jointplot(
        x, y, data=None, kind='scatter', stat_func=None, color=None, height=6,
        ratio=5, space=0.2, dropna=True, xlim=None, ylim=None, joint_kws=None,
        marginal_kws=None, annot_kws=None, **kwargs
        )
```

在 jointplot()函数中，x 参数和 y 参数用于指定 DataFrame 中的列名或数组，它们代表要在 x 轴和 y 轴上展示的变量。如果 x 参数和 y 参数是列名，则它们必须在 data 参数所指定的 DataFrame 中存在。data 参数是 DataFrame 类型，它包含了 x 参数和 y 参数所引用的列数据。另外，kind 参数用于设置图表类型，包括 scatter（散点图）、hex（二维直方图，以六边形格子表示数据点密度）、kde（核密度估计图，展示数据的平滑概率分布）或 reg（带有线性回归拟合线的散点图）。这些选项允许用户根据数据的特性和分析需求，灵活地选择最合适的图表类型来可视化变量之间的关系。

10.5.3 pairplot()函数

pairplot()函数能够生成一个散点图矩阵，使用户能够一次性地全面观察并分析多个变量之间的关系。这个函数可以帮助用户清晰地了解各个变量之间的相关性、数据分布情况及潜在的异常值。其官方定义如下。

```
seaborn.pairplot(
        data, hue=None, vars=None, x_vars=None, y_vars=None, kind='scatter',
        diag_kind='hist', markers=None, height=2.5, aspect=1, dropna=True,
        plot_kws=None, diag_kws=None, grid_kws=None, hue_kws=None, palette=None
        )
```

其中，kind 参数用于指定非对角线上的图表类型，其默认为 scatter（散点图），也可以设置为 reg（附带回归线的散点图）。另外，hue 参数允许用户根据 DataFrame 中的某一个列名来对数据进行分类，并且为每一类赋予不同的颜色，以便更直观地展示数据的分类特征。

任务6 对二手车数据进行回归分析

回归分析（Regression Analysis）用于研究和确定两种或更多变量之间的定量依赖关系。通过这种方法，我们可以测量和分析具有相关性的变量之间的数量联系，并且建立相应的数学方程式。这样，我们就可以根据已知变量来预测未知变量的值。在本任务中，我们将运用回归分析来建立里程数与车龄、里程数与价格之间的数学关系式。

微课：项目 10 任务 6-对二手车数据进行回归分析.mp4

动一动

（1）以里程数为特征变量，使用一元线性回归分析方法来预测和模型化二手车的车龄。通过这种方式，我们希望能够建立一个简单而有效的模型，以估算给定里程数的二手车的车龄。

（2）以里程数为特征，使用多项式回归分析方法构建更复杂的模型，以预测二手车的价格。多项式回归能够捕捉变量之间的非线性关系，从而提供更准确的预测结果。通过这种方式，我们可以根据二手车的里程数来估算其市场价格。

 任务单

任务单 10-6 对二手车数据进行回归分析

学号：＿＿＿＿＿　姓名：＿＿＿＿＿　完成日期：＿＿＿＿＿　检索号：＿＿＿＿＿

➡ 任务说明

在本任务中，我们将借助 sklearn 中的回归分析工具，首先使用一元线性回归模型来探究里程数与车龄之间的线性关系，并且得出相应的数学方程式。接着，我们将采用多项式回归模型来深入分析里程数与价格之间的复杂关系。

➡ 引导问题

想一想

（1）里程数与车龄之间、里程数与价格之间存在什么样的关系？

（2）线性回归和多项式回归的本质区别是什么？

（3）在 sklearn 中如何实现多项式回归，在实现方法上与线性回归有何不同？

（4）在 sklearn 中，多元线性回归与多项式回归的实现有何共通之处？

（5）是否有其他可能影响二手车价格的变量未被考虑？

重点笔记区

➡ 任务评价

评价内容	评价要点	分值	分数评定	自我评价
1. 任务实施	线性回归分析	4 分	能正确准备训练数据集得 1 分；能初始化并训练模型得 1 分；能正确展现线性回归模型得 2 分	
	多项式回归分析	4 分	能正确准备训练数据集得 1 分；能初始化并训练模型得 2 分；能正确展现多项式回归模型得 1 分	
2. 任务总结	依据任务实施情况进行总结	2 分	能准确分析并解释结果得 1 分；能提供模型改进建议得 1 分	
合　计		10 分		

 任务解决方案关键步骤参考

（1）使用一元线性回归分析方法分析车龄与里程数的相关性。

```
from sklearn import linear_model
cars_grp1 = cars.groupby('名称')
cars_avg = cars_grp1[['里程数','车龄','价格']].mean()
x = cars_avg[['里程数']]
y = cars_avg[['车龄']]
# 初始化一元线性回归模型
regr = linear_model.LinearRegression()
# 一元线性回归模型拟合
```

```
regr.fit(x, y)
```

（2）使用图形化的方式展现回归分析模型。

```
# 定义一个一列的数组，最小值是 x_min，最大值是 x_max，步长是 0.5
x_min = x.values.min() - 0.1
x_max = x.values.max() + 0.1
x_new = np.arange(x_min,x_max,0.5).reshape(-1, 1)
# 一元线性回归模型结果的可视化
plt.plot(x_new, regr.predict(x_new),color ='blue',linewidth=1,label=u"线性回归")
plt.scatter(cars_avg['里程数'],cars_avg['车龄'])
plt.xlabel('里程数/万公里')
plt.ylabel('车龄/年')
```

里程数与车龄之间的相关性如图 10.17 所示。

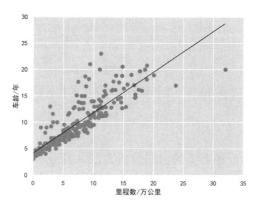

图 10.17　里程数与车龄之间的相关性

（3）进一步使用多项式回归分析方法分析里程数与价格的相关性。

```
from sklearn.preprocessing import PolynomialFeatures

cars_grp2= cars.groupby('购买年份')
cars_name_avg = cars_grp2[['里程数','价格']].mean()
x = cars_name_avg[['里程数']]
y = cars_name_avg[['价格']]
# 初始化多项式回归模型
polymodel = linear_model.LinearRegression()
poly = PolynomialFeatures(degree = 3)
xt = poly.fit_transform(x)
# 多项式回归模型拟合
polymodel.fit(xt, y)
```

（4）使用图形化的方式展现回归分析模型。

```
# 定义一个一列的数组，最小值是 x_min，最大值是 x_max，步长是 0.5
x_min = x.values.min() - 0.1
x_new = np.arange(x_min,x_max,0.5).reshape(-1, 1)
xt_new = poly.fit_transform(x_new)
# 多项式回归模型结果的可视化
plt.plot(x_new, polymodel.predict(xt_new), color='blue',linewidth=1,label=u"多项式
回归")
plt.scatter(cars_name_avg['里程数'],cars_name_avg['价格'])
plt.xlabel('里程数/万公里')
```

```
plt.ylabel('价格/万元')
plt.xlim(-1,20)
plt.ylim(-1,102)
```

里程数与价格之间的相关性如图 10.18 所示。

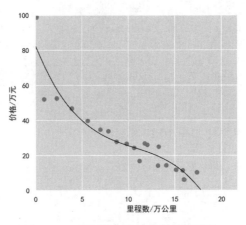

图 10.18　里程数与价格之间的相关性

10.6.1　多项式回归

多项式回归是统计学中一种重要的回归分析方法，其独特之处在于能够深入探索因变量（我们想要预测的目标）与自变量（影响目标的特征因素）之间的复杂非线性关系。在这种回归分析方法中，回归函数采用自变量的多项式形式，这意味着该函数不仅包含自变量的线性项，还包括自变量的二次方、三次方甚至更高阶的项。通过引入这些高阶项，多项式回归得以精准捕捉数据中存在的更加错综复杂的非线性关系。利用多项式回归分析，我们能够预测如股票价格、利率、产品需求等的未来趋势或结果，为决策者提供有力的数据支持，助其做出更加明智和精准的决策。

10.6.2　使用 sklearn 实现多项式回归

使用 sklearn 实现多项式回归通常包括以下步骤。

（1）数据准备：首先，准备一组自变量（特征）x 和一组因变量（目标）y。对于多项式回归，可能还需要基于原始特征生成一些额外的特征，这些特征是通过取原始特征的幂得到的。

（2）构造多项式特征：sklearn 中的 PolynomialFeatures 类可以非常方便地自动生成多项式特征。通过设置 degree 参数，可以轻松控制所需多项式的最高次数。

（3）数据集划分：在建立模型之前，通常需要将完整的数据集分割成训练集和测试集。训练集用于训练和优化模型，而测试集则用于评估模型的预测性能。

（4）模型创建与训练：尽管我们进行的是多项式回归，但一旦构造了多项式特征，就可以使用 LinearRegression 类来创建线性回归模型，并且拟合这些多项式特征与目标变量之间的关系。

（5）模型评估：使用独立的测试集来评估模型的性能是至关重要的。我们可以通过计算均方误差或其他相关评价指标来量化模型的预测能力。

（6）模型应用：经过训练和评估后，如果对模型性能满意，即可用于预测新数据点的目标值，从而辅助决策或进一步分析。

拓展实训：招考数据可视化分析

【实训目的】

通过本拓展实训，学生能够熟练掌握 Python 中的 Matplotlib 和 Seaborn 的使用方法，同时深入理解并熟练运用各种常用图表，以提升数据可视化能力。

【实训环境】

PyCharm 或 Anaconda、Python 3.11、Pandas、NumPy、Matplotlib、Seaborn、sklearn。

【实训内容】

根据给定的浙江省部分招考数据，对各项内容进行分析和可视化。

（1）招考数据准备与描述性统计分析，示例如图 10.19 所示，显示总共有 52619 条有效数据。

	最高分	平均分	年份
count	52619.000000	52619.000000	52619.000000
mean	546.665539	542.467740	2009.526046
std	51.865312	50.462224	3.701090
min	322.000000	55.000000	2005.000000
25%	517.000000	514.000000	2006.000000
50%	548.000000	544.000000	2008.000000
75%	583.000000	576.000000	2014.000000
max	951.000000	881.000000	2014.000000

图 10.19　招考数据描述性统计分析示例

（2）使用词云图展现热门专业、热门院校，示例如图 10.20 所示。

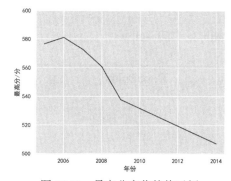

图 10.20　招考热门专业及热门院校示例

（3）使用折线图展现最高分变化趋势，示例如图 10.21 所示。

（4）使用饼图展现招考类别占比情况，示例如图 10.22 所示。

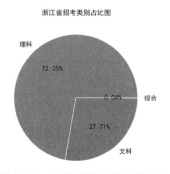

图 10.21　最高分变化趋势示例　　　　图 10.22　招考类别占比分析示例

（5）按招考批次查看计算机科学与技术专业招考最高分分值分布情况，示例如图 10.23 所示。

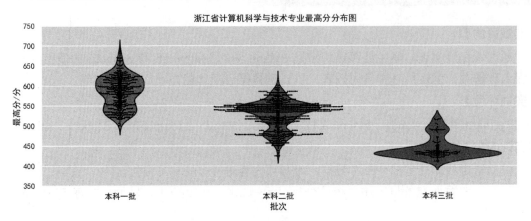

图 10.23　最高分分值分布分析示例

（6）按招考批次查看计算机科学与技术专业招考平均分分布情况，示例如图 10.24 所示。

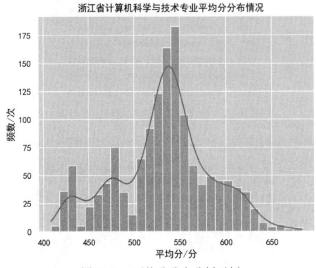

图 10.24　平均分分布分析示例

项目考核

【选择题】

1．Seaborn 是基于哪个库构建的？（　　　）

A. NumPy　　　　　　B. Pandas　　　　　　C. Matplotlib　　　　　　D. scipy

2．在 Seaborn 中，用于绘制热力图的函数是？（　　　）

A. heatmap()　　　　B. scatterplot( )　　　C. distplot()　　　　　D. pairplot()

3．以下哪个不是 Matplotlib 支持的图表类型？（　　　）

A. 折线图　　　　　　B. 散点图　　　　　　C. 饼图　　　　　　　　D. 思维导图

4．在 Seaborn 中，哪个函数可以用于绘制分布图？（　　　）

A. displot()　　　　　B. histplot()　　　　　C. kdeplot()　　　　　D. 以上全部

5．在 Seaborn 中，如果想要根据一个分类变量对另一个连续变量进行分布的可视化，并

且希望每个类别以不同的颜色表示，可以使用哪个函数？（　　　）

　A. distplot()　　　　　B. boxplot()　　　　　C. violinplot()　　　　　　　D. stripplot()

　6．在 Seaborn 中，哪个函数可以同时展示数据的分布情况和数据点？（　　　）

　A. jointplot()　　　　　B. pairplot()　　　　　C. lmplot()　　　　　　　　　D. regplot()

　7．如果想要在 Seaborn 中创建一个热力图来展示数据矩阵中的相关性，可以使用哪个函数？（　　　）

　A. heatmap()　　　　B. clustermap()　　　　C. corrplot()　　　　　　　　　D. pairplot()

　8．在 Seaborn 中，哪个函数可以用来绘制分类数据的比例或计数？（　　　）

　A. countplot()　　　　B. barplot()　　　　　C. boxplot()　　　　　　　　　D. violinplot()

　9．在 Seaborn 中绘制散点图时，哪个参数可以控制散点的大小？（　　　）

　A. S　　　　　　　　　B. size　　　　　　　　C. markersize　　　　　　　　D. scatter_size

　10．在多项式回归模型中，如果希望使用一个二次多项式来拟合数据，则回归方程可能具有以下哪种形式？（　　　）

　A. (y = ax + b)　　　　　　　　　　　　B. (y = ax^2 + bx + c)

　C. (y = a \log x + b)　　　　　　　　　　D. (y = ax^3 + bx^2 + cx + d)

　11．在多项式回归中，增加多项式的阶数通常会导致（　　　）。

　A. 欠拟合　　　　　B. 过拟合　　　　　C. 更好的泛化性能　　　D. 无法预测的影响

　12．在多项式回归中，如果模型的复杂度过高，以下哪种方法可以用于减少过拟合？（　　　）

　A. 增加训练数据量　　　　　　　　　B. 减少多项式的阶数

　C. 使用更多的特征进行训练　　　　　D. 仅使用一部分特征进行训练

【判断题】

1．Matplotlib 不支持 3D 图形的绘制。（　　　）

2．Seaborn 是 Matplotlib 的一个扩展库。（　　　）

3．在 Matplotlib 中，可以使用 scatter() 函数绘制散点图。（　　　）

4．在 Seaborn 中，可以使用 pairplot() 函数绘制成对关系图，以展示多个变量之间的关系。（　　　）

5．Matplotlib 和 Seaborn 都是 Python 中用于数据可视化的库。（　　　）

【简答题】

1．简述 Matplotlib 和 Seaborn 的主要区别。

2．在 Matplotlib 中，如何设置图表的标题和坐标轴标签？

附录 A

本书使用的工具包

序号	名称	版本	用途
1	NumPy	1.26.4	NumPy 支持大量的维度数组与矩阵运算，此外针对数组运算提供了大量的数学函数库
2	Matplotlib	3.8.0	Matplotlib 是一个 Python 的二维绘图库，它以各种硬拷贝格式和跨平台的交互式环境生成出版质量级别的图形
3	Pandas	2.1.4	Pandas 是一个强大的分析结构化数据的工具集，它的使用基础是 NumPy（提供高性能的矩阵运算），用于数据挖掘和数据分析，同时提供了数据清洗功能
4	Seaborn	0.12.2	Seaborn 基于 Matplotlib，提供了一种高度交互式界面，便于用户做出各种具有吸引力的统计图表
5	statsmodels	0.14.0	statsmodels 提供了丰富的统计模型和函数，用于进行统计估计、统计测试和统计数据探索
6	scipy	1.11.4	scipy 是基于 NumPy 的开源的 Python 算法库，它包含了许多高级的数学函数、算法和工具，可以用于科学和工程计算
7	sklearn	1.2.0	scikit-learn 简称 sklearn，支持分类、回归、降维和聚类四大机器学习方法。它还包括特征提取、数据处理和模型评估三大模块
8	folium	0.16.0	folium 是基于 Python 的数据可视化库，专门用于在地图上展示数据。
9	Pyecharts	2.0.5	Pyecharts 是用于生成 Echarts 图表的类库，使得用户能够在 Python 环境下轻松创建各种美观且交互性强的数据可视化图表
10	Pillow	9.5.0	Pillow 是 Python 中的强大图像处理库，支持图像打开保存、调整变换、增强滤镜、合成绘图及文本处理等多种功能
11	OpenCV-python OpenCV-contrib-python	4.9.0	OpenCV 是基于 BSD 许可（开源）发行的跨平台计算机视觉包，实现了图像处理和计算机视觉方面的很多通用算法
12	TensorFlow	2.16.1	TensorFlow 是基于数据流编程的符号数学系统，广泛应用于各类机器学习算法的编程实现
13	Keras	3.0.0	Keras 是使用 Python 编写的开源神经网络包，可以作为 TensorFlow、Microsoft-CNTK 和 Theano 的高阶应用程序接口，进行深度学习模型的设计、调试、评估、应用和可视化
14	wordcloud	1.9.3	wordcloud（词云）将文本数据中最常出现的词汇以不同大小和颜色的形式展示在一张图片上，便于直观地了解文本数据的关键词

微课：Anaconda 环境配
置.mp4

参考答案

项目一

【选择题】

1.【答案】A。

【解析】Python 是一种解释型、编译型、互动型和面向对象的脚本语言，其设计哲学强调代码的可读性，并且允许开发者使用少量代码表达想法。

2.【答案】D。

【解析】Python IDLE 提供了交互式 Shell、代码编辑器、自动补全等多种功能，因此选项 D"以上都是"是正确的。

3.【答案】D。

【解析】Python 中的控制结构包括 if 语句、for 循环和 while 循环等，而 switch 语句不是 Python 的控制结构，Python 中没有 switch 语句。

4.【答案】A。

【解析】Python 中的单行注释以井号（#）开头，直到该行末尾的所有内容都会被 Python 解释器忽略。因此，A 选项是正确的 Python 注释方式。

5.【答案】B。

【解析】Python 是动态类型语言，不需要声明变量类型。只需使用 x = 5 来定义一个整型变量 x，并且赋值为 5。

6.【答案】A。

【解析】print()函数用于打印指定的内容到控制台中显示。因此，A 选项正确。

7.【答案】C。

【解析】元组与列表类似，但它是不可变的，一旦创建就不能修改。

8.【答案】A。

【解析】可以使用"for i in list:"来遍历一个列表。这种方式会依次遍历列表中的每个元素。

项目二

【选择题】

1.【答案】C。

2.【答案】D。

3.【答案】A。

【解析】在 Python 中，我们可以在定义函数时为参数指定默认值，这样当调用函数时如果没有提供相应的参数值，就会使用这个默认值。具体做法是在函数定义的参数列表中，使用等号（=）为参数分配一个默认值。

4.【答案】A。

【解析】在 Python 中，将可变数量的位置参数传递给一个函数可以使用一个星号（*）和一个参数名来收集所有额外的位置参数。这种参数被称为"非关键字可变长参数"。选项 B 描述的是收集关键字参数的方式，而选项 C 和 D 不是 Python 中传递可变数量的参数的方法。

5.【答案】D。

【解析】在 Python 中，函数可以返回任意类型的值，包括但不限于单个值、列表、元组、字典等。当函数返回多个值时，这些值会自动封装成一个元组。因此，选项 D 是正确的描述。选项 A 和 B 都是错误的。选项 C 部分正确，但不全面，因为返回的多个值虽然默认是元组，但也可以是其他类型，如列表或字典。

6.【答案】C。

【解析】A 选项错误，Python 函数可以有返回值，也可以没有返回值，没有返回值时返回 None。B 选项错误，函数可以有一个或多个返回值。D 选项错误，除了使用 def 关键字定义函数，还可以使用 lambda 关键字定义匿名函数。

7.【答案】B。

8.【答案】A。

项目三

【选择题】

1.【答案】C。

【解析】面向对象编程的三大特点是封装、继承和多态。封装隐藏了内部实现细节，继承允许新的对象类基于现有的类来构建，多态则允许相同的接口用于不同的底层形态（数据类型）。

2.【答案】A。

【解析】在 Python 中，使用关键字 class 后跟类名和冒号来定义一个类。

3.【答案】A。

【解析】要创建一个类的实例，只需调用类名并加上括号。

4.【答案】A。

【解析】__init__()方法在 Python 中被称为构造函数，它在创建对象时自动被调用。

5.【答案】B。

【解析】在 Python 中，通过在属性名前加双下划线来定义私有属性，如__variable。

6.【答案】C。

【解析】在 Python 中，使用关键字 def 后跟方法名和括号来定义一个类的方法。

7.【答案】A。

8.【答案】A。

项目四

1.【答案】D。

【解析】本地文件中常用的格式，包括 TXT 文件、JSON 文件、CSV 文件、Excel 文件、SQLite 数据库等。

2.【答案】A。

3.【答案】A。

4.【答案】B。

5.【答案】A。

6.【答案】C。

7.【答案】D。

8.【答案】D。

【解析】常用聚合函数：count()函数用于统计指定列不为 null 的行数；max()函数用于计算指定列的最大值，如果指定列是字符串，则使用字符串进行排序运算；min()函数用于计算指定列的最小值；sum()函数用于计算指定列的数值和，如果指定列不是数值类型，则计算结果为 0；mean()函数用于计算指定列的平均值。

9.【答案】A。

【解析】Pandas 提供了灵活高效的 groupby()函数。

10.【答案】A。

11.【答案】C。

项目五

【选择题】

1.【答案】D。

2.【答案】C。

3.【答案】A。

4.【答案】D。

5.【答案】C。

6.【答案】D。

7.【答案】B。

8.【答案】C。

9.【答案】D。

10.【答案】ABD。

【填空题】

1.【答案】Index。

2.【答案】sort_values。

3.【答案】Count。

4.【答案】pivot_table()；crosstab()。

项目六

【选择题】

1.【答案】D。

【解析】常用的数据库包括 Oracle、MySQL、SQL Server、SQLite、PostgreSQL 等。

2.【答案】B。

3.【答案】C。

4.【答案】D。

5.【答案】B。

6.【答案】A。

7.【答案】A。

8.【答案】D。

【解析】常用的正态性检验方法如下。

（1）Q-Q 图检验：绘制 QQ 图（Quantile-Quantile 图），将数据的分位数与标准正态分布的分位数进行比较，如果数据点分布在一条直线附近，则表明数据符合正态分布。

（2）Shapiro-Wilk（S-W）检验：这是一种较常用的正态性检验方法，检验原理基于样本观测值与正态分布的理论值之间的相关性。该检验对于样本量较小的数据更有效。

（3）Kolmogorov-Smirnov（K-S）检验：该检验基于观测数据的累积分布函数与正态分布的累积分布函数之间的差异来进行判断。

（4）D'Agostino 检验：结合了偏度（skewness）和峰度（kurtosis）的信息，通过计算统计量来检验数据是否符合正态分布。

（5）Anderson-Darling 检验：类似于 S-W 检验，但对极端值更敏感。

9.【答案】C。

10.【答案】D。

项目七

【选择题】

1.【答案】B。

2.【答案】C。

3.【答案】C。

4.【答案】B。

5.【答案】B。

6.【答案】C。

7.【答案】C。

【解析】mean()函数用于计算算术平均值，而 average()函数用于计算加权平均值，允许指定权重。

8.【答案】B。

【解析】axis=0 表示对列进行操作，因此 np.sum(axis=0)会返回每一列的和。

9.【答案】A。

10.【答案】C。

【解析】A. import numpy as np 是正确的，它导入了 NumPy 库并使用别名 np。B. arr = np.array([[1, 2], [3, 4]])也是正确的，它创建了一个 2×2 的二维 NumPy 数组。C. result = arr + 5 会抛出异常。在 NumPy 中，当我们尝试将一个二维数组与一个标量（如整数5）进行加法操作时，如果数组的形状不是广播兼容的，就会抛出异常。二维数组 arr 的形状是(2, 2)，而标量 5 可以看作是形状为(1,)的数组。这两个形状不是广播兼容的，因此无法直接相加。D. slice_arr = arr[:, 1]是正确的，它使用了 NumPy 的切片功能来选取数组 arr 中每一行的第二个元素，生成一个新的一维数组。

项目八

【选择题】

1.【答案】C。

【解析】empty()函数用于创建指定形状和类型的新数组，但不初始化数组条目，即数组中的值是随机的。A 选项 zeros()函数用于创建全零数组，B 选项 ones()函数用于创建全一数组，D 选项 full()函数用于创建具有指定填充值的数组。

2.【答案】A。

【解析】shape 属性返回数组的维度。

3.【答案】A。

【解析】repeat()函数用于重复数组元素。

4.【答案】A。

【解析】数组切片返回原数组的一个视图，不会改变原数组。

5.【答案】A。

【解析】cov()函数用于计算协方差矩阵。

【填空题】

1.【答案】mean()。

【解析】mean()函数用于计算数组元素的平均值。

2.【答案】一维数组，包含所有大于 0 的元素。

【解析】A[A>0]使用布尔索引来选取数组 A 中所有大于 0 的元素，并且返回一个新的一维数组。

3.【答案】cv2.imread()。

【判断题】

1.【答案】正确。

【解析】NumPy 支持向量化操作，允许对整个数组进行数学运算，而无须显式编写循环。

2.【答案】错误。

【解析】tile()函数用于重复整个数组，而不仅仅是复制。

3.【答案】正确。

【解析】二值化处理通常是通过设定一个阈值，将图像中的像素值与这个阈值进行比较，从而实现图像的黑白分明。

4.【答案】正确。

【解析】NumPy 支持通过切片来访问和修改数组中的部分元素。

5.【答案】错误。

【解析】NumPy 本身不提供直接读取和保存图像文件的功能，通常需要先使用如 PIL、OpenCV 等来读取和保存图像，再将图像数据转换为 NumPy 数组进行处理。

6.【答案】正确。

【解析】pad()函数用于对数组进行填充，可以在数组的边界添加指定值的填充。

【简答题】

1.【答案】可以使用 NumPy 的 clip()函数来限制数组元素的值。例如，对于数组 a，可以使用 a.clip(0, 1)来将 a 中的元素值限制在 0 到 1 之间。

2.【答案】边缘检测是图像处理中的一个重要步骤，用于识别图像中的边缘信息。常见的边缘检测方法有 Sobel 边缘检测、Canny 边缘检测、Prewitt 边缘检测、Roberts 边缘检测等。这些方法通过计算图像灰度的一阶或二阶导数来检测边缘。例如，Sobel 边缘检测通过计算图像灰度的一阶导数来估计边缘的强度和方向；而 Canny 边缘检测则使用了更复杂的算法，包括高斯滤波、计算梯度强度和方向、非极大值抑制及双阈值检测等步骤来更精确地定位边缘。

3.【答案】tile()函数用于重复整个数组，创建一个新的数组，其形状是原始数组的倍数。而 repeat()函数沿着指定轴重复数组中的元素。例如，如果想要将一个一维数组的每个元素重复若干次，则可以使用 repeat()函数；如果想要创建一个由原始数组多次复制组成的新数组，则可以使用 tile()函数。

项目九

【选择题】

1．【答案】A。

2．【答案】C。

3．【答案】C。

4．【答案】B。

5．【答案】C。

【解析】本题目考查数据可视化在房屋租赁市场分析中的优势。数据可视化能够将复杂的数据转换为直观的图表，便于观察和理解市场趋势和特点，从而帮助市场参与者做出更明智的决策。因此，正确答案是 C。

6．【答案】C。

【解析】本题目考查热力图在数据可视化中的用途。热力图通过颜色深浅来表示不同区域的数据差异，因此常用于展示不同区域的数据差异或密度。所以正确答案是 C。

7．【答案】D。

【解析】本题目考查数据可视化分析在房屋租赁市场中的潜在应用。数据可视化分析可以用于价格趋势预测、区域竞争力评估、房源类型需求分析等与市场直接相关的方面，而房屋建筑设计优化则更多地属于建筑设计领域的范畴，与数据可视化分析在房屋租赁市场的应用不直接相关。因此，正确答案是 D。

【填空题】

数据可视化的主要作用包括数据记录和表达、数据操作与数据分析 3 个方面，这也是可视化技术支持计算机辅助数据认知的 3 个基本阶段。

【判断题】

1．【答案】错误。

【解析】需要对字体进行设置。

2．【答案】正确。

【解析】数据可视化可以帮助市场参与者通过直观的图表和图像更好地理解房屋租赁市场的动态变化，包括价格趋势、区域活跃度等，从而做出更明智的决策。

3．【答案】正确。

【解析】热力图通过颜色深浅表示数据的不同值，可以清晰地展示不同区域房屋租赁价格的差异，帮助用户快速识别价格高的区域和价格低的区域。

4．【答案】错误。

【解析】数据清洗在数据可视化分析中是非常必要的步骤。原始数据中可能存在缺失值、异常值或重复值等，如果不对数据进行清洗，则会影响数据可视化结果的准确性和可靠性。

5．【答案】错误。

【解析】数据可视化技术不仅可以为房屋租赁市场的决策提供科学依据，通过直观的图表展示市场趋势和特点，还可以为市场参与者提供有益的参考信息，帮助他们了解市场动态和竞争态势。

【简答题】

【答案】数据可视化是关于数据视觉表现形式的科学技术研究。它通过计算机图形图像等技术手段展现数据的基本特征和隐含的规律，辅助人们更好地认识和理解数据，进而支持从庞杂的数据中获取需要的信息和知识，使用更容易理解的方式将复杂的数据传递给受众。

项目十

【选择题】

1.【答案】C。

【解析】Seaborn 是一个基于 Matplotlib 的数据可视化库。

2.【答案】A。

【解析】heatmap()函数用于在 Seaborn 中绘制热图。

3.【答案】D。

【解析】思维导图不是 Matplotlib 支持的图表类型。

4.【答案】D。

【解析】在 Seaborn 中，displot()、histplot()和 kdeplot()函数都可以用于绘制分布图。

5.【答案】C。

【解析】violinplot()函数在 Seaborn 中用于创建小提琴图，它可以显示一个或多个分类变量的数据分布，并且能够展示数据的密度和概率分布。选项 A 的 distplot()函数主要用于展示单变量的分布情况，但不涉及分类变量；选项 B 的 boxplot()函数用于创建箱线图，虽然可以表示分类数据，但不如小提琴图详细；选项 D 的 stripplot()函数则更侧重于展示每一个数据点。

6.【答案】A。

【解析】jointplot()函数在 Seaborn 中用于同时展示两个变量之间的双变量关系和单变量的分布。它可以显示散点图、直方图或核密度估计图来展示数据的联合分布和边缘分布。选项 B 的 pairplot()函数用于展示多变量之间的成对关系；选项 C 的 lmplot()函数和选项 D 的 regplot()函数则主要用于绘制线性回归模型。

7.【答案】A。

【解析】在 Seaborn 中，heatmap()函数用于创建热力图，它非常适合展示数据矩阵，如相关性矩阵。选项 B 的 clustermap()函数虽然也可以用于创建热力图，但它更侧重于数据的层次聚类展示；Seaborn 没有名为 corrplot 的函数，这是一个干扰项；选项 D 的 pairplot()函数用于展示多变量之间的成对关系。

8.【答案】A。

【解析】countplot()函数在 Seaborn 中用于绘制分类数据的计数或比例。选项 B 的 barplot()函数通常用于展示某种统计量的估计值及其置信区间；选项 C 的 boxplot()函数和选项 D 的 violinplot()函数则用于展示数据的分布情况。

9.【答案】A。

【解析】在 Seaborn 的散点图绘制函数中，s 参数用于控制散点的大小。其他选项如 size、markersize 和 scatter_size 并不是 Seaborn 中用于控制散点大小的参数。需要注意的是，s 参数接收一个数值或数值数组，表示散点的大小。

10.【答案】B。

【解析】多项式回归是一种回归分析方法，其中自变量（预测变量）和因变量（响应变量）之间的关系被建模为一个多项式方程。在二次多项式中，我们期望模型具有形如$(y = ax^2 + bx + c)$的结构，其中 a、b 和 c 是待估计的参数。选项 A 表示线性关系，选项 C 表示对数关系，而选项 D 表示三次多项式关系。因此，正确答案是 B。

11.【答案】B。

【解析】在多项式回归中，增加多项式的阶数可以更灵活地拟合数据。但是，如果阶数过高，模型可能会变得非常复杂，以至于"记住"了训练数据的每一个细节，而不是学习到数据的总体趋势。这种情况被称为过拟合，它通常会导致模型在未见过的数据上表现不佳。因此，正确答案是 B。

12.【答案】B。

【解析】当多项式回归模型的复杂度过高时，减少多项式的阶数可以降低模型的复杂度，从而减少过拟合的风险。增加训练数据量（选项 A）也可以帮助减少过拟合，但这不是直接通过调整模型复杂度来实现的。使用更多的特征进行训练（选项 C）实际上可能会增加过拟合的风险。仅使用一部分特征进行训练（选项 D）可能有助于减少过拟合，但这取决于所选择的特征，并且不如直接调整多项式阶数来得直接和有效。因此，正确答案是 B。

【判断题】

1.【答案】错误。

【解析】Matplotlib 支持 3D 图形的绘制，可以通过 mplot3d 模块实现。

2.【答案】正确。

【解析】Seaborn 是基于 Matplotlib 构建的，提供了更高级的绘图界面和更多样化的图表类型。

3.【答案】正确。

【解析】scatter()函数是 Matplotlib 中用于绘制散点图的函数。

4.【答案】正确。

【解析】pairplot()函数是 Seaborn 中用于绘制多个变量之间成对关系的函数。

5.【答案】正确。

【解析】Matplotlib 和 Seaborn 都是 Python 中流行的数据可视化库。

【简答题】

1.【答案】Matplotlib 是一个基础的数据可视化库，提供了丰富的绘图功能，但需要更多的代码来配置图表。Seaborn 则是基于 Matplotlib 构建的，提供了更高级的绘图界面和更多样化的图表类型，可以更方便地创建美观且信息丰富的图表。

2.【答案】在 Matplotlib 中，可以使用 title()函数设置图表的标题，使用 xlabel()和 ylabel()函数分别设置 X 轴和 Y 轴的标签，如 plt.title('My Title'), plt.xlabel('X Axis Label'), plt.ylabel('Y Axis Label')。

[1]　龙马高新教育. Python 3 数据分析与机器学习实战. 北京：北京大学出版社，2018.

[2]　Ivan Idris. Python 数据分析基础教程：NumPy 学习指南. 2 版. 北京：人民邮电出版社，2014.

[3]　Wes McKinney. Python 数据分析. 2 版. 南京：东南大学出版社，2018.

[4]　余本国. 基于 Python 的大数据分析基础及实战. 北京：中国水利水电出版社，2018.

[5]　朱晓峰. 大数据分析与挖掘. 北京：机械工业出版社，2019.

反侵权盗版声明

电子工业出版社依法对本作品享有专有出版权。任何未经权利人书面许可，复制、销售或通过信息网络传播本作品的行为；歪曲、篡改、剽窃本作品的行为，均违反《中华人民共和国著作权法》，其行为人应承担相应的民事责任和行政责任，构成犯罪的，将被依法追究刑事责任。

为了维护市场秩序，保护权利人的合法权益，我社将依法查处和打击侵权盗版的单位和个人。欢迎社会各界人士积极举报侵权盗版行为，本社将奖励举报有功人员，并保证举报人的信息不被泄露。

举报电话：（010）88254396；（010）88258888

传　　真：（010）88254397

E-mail： dbqq@phei.com.cn

通信地址：北京市海淀区万寿路 173 信箱
　　　　　电子工业出版社总编办公室

邮　　编：100036